MATHEMATIQUES & APPLICATIONS

Directeurs de la collection:
J. M. Ghidaglia et P. Lascaux

12

Patrick Dehornoy

Complexité et Décidabilité

Springer-Verlag
Paris Berlin Heidelberg New York
Londres Tokyo Hong Kong
Barcelone Budapest

Patrick Dehornoy
Mathématiques
Université de Caen
14032 Caen cedex, France

Mathematics Subject Classification (1991):
03 B 25, 03 D 10, 03 D 15, 03 F 30, 03 F 35, 68 Q 05, 68 Q 10, 68 Q 15

ISBN 3-540-56899-9 Springer-Verlag Berlin Heidelberg New York

© Springer-Verlag France, Paris, 1993
Imprimé en Allemagne

41/3140 - 5 4 3 2 1 0 - Imprimé sur papier non acide

Table des matières

Introduction

Le but de ce texte est de présenter d'une façon précise mais concise quelques résultats significatifs de la théorie de la complexité en liaison avec la logique. L'accent est mis sur des résultats négatifs affirmant l'impossibilité d'une solution simple à un problème donné. Les théorèmes visés sont l'indécidabilité des logiques du premier ordre et de l'arithmétique, et leurs versions « miniaturisées » que constituent la NP-complétude du problème de satisfaisabilité pour le calcul booléen et la borne inférieure doublement exponentielle pour la complexité de l'addition des entiers. Ces résultats sont établis au moyen de codages convenables du problème de l'arrêt d'une machine de Turing. Comme corollaires on déduit le premier théorème d'incomplétude de l'arithmétique, ainsi que l'incomplétude des logiques du second ordre.

Les preuves présentées pour les résultats ci-dessus sont rédigées de la façon la plus complète qu'il a semblé possible d'obtenir dans une longueur raisonnable. Aucune connaissance préalable n'est supposée en théorie de la complexité, ni en logique. Il a donc été nécessaire d'inclure toute une étude préliminaire des bases de la théorie de la complexité, à commencer par un modèle universel de calcul. On a choisi ici les machines de Turing, qui offrent un bon compromis entre un pouvoir d'expression facilement disponible et une simplicité théorique qui autorise des preuves (presque) rigoureuses et complètes. L'approche suivie ici est donc essentiellement celle développée il y a soixante ans par Alan Turing apportant grâce à l'idée de la machine universelle une réponse négative à l'Entscheidungsproblem de Hilbert.

Le texte s'organise en deux parties. Dans la première on construit l'échelle de complexité associée aux machines de Turing dont on établit les propriétés fondamentales : équivalence des divers types de machines, robustesse par rapport aux changements de représentation, équivalence avec l'approche par les fonctions récursives, machines universelles et machines non déterministes. Dans la seconde il s'agit de placer dans l'échelle ainsi définie des ensembles issus de la logique et de l'arithmétique, et de déduire quelques conséquences de la complexité déterminée de la sorte, notamment en terme de prouvabilité : incomplétude, existence de modèles non-standard de l'arithmétique.

La première partie ne vise pas à présenter une étude exhaustive des machines de Turing, pas davantage que la seconde ne prétend faire le tour d'une littérature aujourd'hui très riche en résultats de décidabilité et d'indécidabilité. Néanmoins il se trouve que, pour parvenir finalement aux résultats choisis, on aura eu à aborder une partie assez large de la théorie actuelle, et à utiliser toute une variété d'outils : simulation d'algorithmes, accélération par changement d'alphabet, contrôle par fonctions récursives, arguments d'autoréférence, processus non déterministes, réductions et codage, définissabilité et exprimabilité, notion de dérivation et d'indémontrabilité. Ainsi, on peut espérer qu'au terme du voyage vers ces résultats toujours fascinants que sont l'indécidabilité et l'incomplétude de l'arithmétique on aura acquis une première idée de la théorie de la complexité dans son ensemble, malgré d'évidentes lacunes pour lesquelles on se bornera à donner quelques indications bibliographiques au fil des chapitres. D'une façon générale, pour la première partie, on trouvera dans (Hopcroft & Ullmann 1979) ou (Balcázar & *al* 1988) un exposé systématique des bases de la théorie de la complexité, et, pour la seconde partie, (Boolos & Jeffrey 1989) et (Smoryński 1991) donnent de nombreux compléments. (Börger 1988) recouvre et approfondit l'ensemble des sujets traités ici. En français, (Stern 1990) offre une introduction très abordable, et (Margenstern 1989) est un ouvrage touffu et complet. Enfin (Grigorieff 1991) propose sans démonstration, mais avec des références bibliographiques, une liste quasiment exhaustive de tous les résultats connus à ce jour dans le domaine de la complexité des théories logiques.

Le développement du livre est essentiellement linéaire, orienté vers le problème de l'arrêt des machines de Turing puis l'indécidabilité de la logique et de l'arithmétique. Comme tous les chapitres néanmoins n'utilisent pas directement tous les résultats antérieurs, on trouvera au début de chacun d'entre eux l'indication des préalables souhaités.

Le texte présent est une version étoffée d'un cours de troisième cycle enseigné pendant plusieurs années à l'université de Caen. Je remercie Etienne Grandjean, Serge Grigorieff et Jacques Stern pour leurs apports et les discussions sur la matière de ce livre. Ma reconnaissance va également à Donald Knuth car la dactylographie en PlainTEX est, pour moi, la plus agréable des façons de rédiger un texte mathématique. Cet ouvrage est publié avec le concours de la Direction de la Recherche et des Etudes Doctorales du Ministère de l'Education Nationale et de la Culture, et avec ceux de la SMAI et du GDR Mathématiques & Informatique du CNRS, je les en remercie,

Patrick Dehornoy, janvier 1993.

Chapitre 1
Algorithmes et machines de Turing

Ce chapitre donne un cadre précis pour la notion d'algorithme et en introduit une famille essentielle pour la suite du cours : les algorithmes associés aux machines de Turing. Divers exemples sont développés, et on établit des lemmes préliminaires, ainsi qu'un premier résultat de borne inférieure de complexité.

1 Problème de décision

On peut poser comme point de départ que déterminer la complexité d'un objet mathématique X donné comme ensemble, c'est mesure la difficulté du problème, qu'on appellera *problème de décision pour* X,

Donnée : un objet x quelconque ;
Question : x appartient-il à X ?

En pratique l'ensemble X est généralement introduit comme partie d'un ensemble « simple » Z (par exemple X est un ensemble d'entiers, un ensemble de fonctions, *etc...*), et le problème ci-dessus est plus précisément posé comme

Donnée : un élément x de Z ;
Question : x appartient-il à X ?

Résoudre ce problème, c'est proposer une méthode menant de la donnée à la réponse. Si une telle méthode est *déterministe*, c'est-à-dire ne fait pas intervenir, une fois le point de départ fixé, de choix référant à d'autres opérations ou connaissances non mentionnées, et si elle se laisse décomposer en une succession *discrète* (par oppposition à continue) d'étapes élémentaires de caractère *finitiste*, c'est-à-dire ne mettant en jeu localement qu'un nombre fini de paramètres variant dans des ensembles finis, alors on la nommera usuellement *algorithme.* Ceci ne constitue évidemment pas une définition formelle de la notion d'algorithme, qu'il s'agira précisément de cerner de plus près ultérieurement. Pour le moment, on retiendra que déterminer la complexité d'un ensemble X, c'est mesurer la complexité du ou des algorithmes qui résolvent son problème de décision, s'il en existe.

En fait, le propos sera plutôt non de mesurer dans l'absolu la complexité des algorithmes, mais de les comparer entre eux. La première étape de ce projet consiste donc nécessairement à trouver un langage *unifié* permettant de présenter simultanément tous les algorithmes (ou, au moins, le plus grand nombre possible d'entre eux) afin de les rendre comparables. Ainsi on cherchera à isoler un petit nombre d'opérations élémentaires (peut-être même une seule) telles que tout algorithme se décompose en une suite de ces opérations de base. Si ce but est atteint, un simple comptage du nombre d'opérations de chaque type utilisées par un algorithme donné pourra constituer une évaluation satisfaisante de la complexité de celui-ci.

Exemple. On imagine bien de comparer des algorithmes d'arithmétique travaillant sur les nombres entiers en dénombrant pour chacun le nombre d'additions, soustractions, multiplications et divisions qu'il effectue. De même (à la fin du siècle dernier) la géométrographie évaluait la complexité des constructions à la règle et au compas en géométrie plane en dénombrant les cinq opérations élémentaires suivantes : faire passer la règle par un point, tracer une droite, mettre une pointe du compas sur un point, mettre une pointe du compas sur un point indéterminé d'une droite ou d'un cercle, tracer un cercle (Rouché et Comberousse, 1935).

On dispose d'une concrétisation parfaite pour cette notion de processus déterministe, discret et finitiste : un calcul d'ordinateur répond aux trois qualificatifs, et, inversement, il est tentant de définir un algorithme comme tout calcul pouvant être implanté (au moins en théorie) sur un ordinateur, donc descriptible à l'aide d'un langage de programmation tel que PASCAL. Cette approche trouve sa formalisation avec la notion de machine à registres : les algorithmes sont alors spécifiés à l'aide d'instructions issues d'une version très rudimentaire de PASCAL (afin de ne pas noyer l'outil théorique dans les détails purement pratiques et contingents). Quoi que d'un grand intérêt tant pratique que théorique, les machines à registres, qui utilisent un nombre élevé d'opérations élémentaires, induisent, au moins pour les premières étapes, des preuves particulièrement longues. De plus certains outils comme l'adressage indirect, précieux lorsque la puissance d'expression est requise, sont d'un traitement malaisé en termes d'évaluation de la complexité. On va donc chercher ici une réduction plus drastique du nombre des opérations élémentaires autorisées, que permettra la notion de *machine de Turing*.

Une difficulté à unifier, en vue de les comparer, tous les algorithmes est que les mathématiques manipulent de nombreux *types* d'objets différents : entiers, réels, points, droites, fonctions, *etc.*.. En fait, un algorithme, une méthode concrète quelle qu'elle soit, ne travaille jamais sur les objets eux-mêmes, mais toujours sur une *représentation* de ces objets. Ces représentations sont, presque toujours, constituées de *mots*, c'est à dire de suites finies de caractères pris dans un alphabet (fini) fixé une fois pour toutes. Ainsi, les entiers ne sont utilisés pratiquement que *via* leurs développements dans une base donnée : « se donner un entier » (en base B) signifie usuellement se donner une suite finie de caractères pris dans (un ensemble en bijection avec) l'ensemble $\{0, 1, \ldots, B-1\}$, c'est à dire se donner un mot sur l'alphabet $\{0, 1, \ldots, B-1\}$. De même se donner un rationnel consiste à le déterminer comme quotient de deux entiers, donc comme mot sur l'alphabet

$\{0, 1, \ldots, B-1, /\}$ (où / est le trait de fraction). On pourra noter que l'exemple des contructions de géométrie plane mentionné plus haut, comme tout ce qui concerne les cartes géographiques, échappe à ce cadre en fournissant des cas où l'information n'est pas mémorisée sous forme de mots. Néanmoins, on voit bien qu'on pourrait se ramener aux mots moyennant un *codage* convenable.

Le cas des nombres réels par contre pose davantage problème : un développement décimal infini n'est pas un mot fini, et on ne peut espérer coder par des mots sur un alphabet fini tous les réels. En effet l'ensemble des mots formés sur un alphabet fini est un ensemble dénombrable, alors qu'on sait, depuis Cantor, que l'ensemble des réels ne l'est pas : il ne peut donc exister de surjection du premier sur le second. Le point important ici est que, lorsqu'il s'agit de discuter l'application d'algorithmes à des réels, les seuls nombres réels dont il puisse s'agir sont des réels qui, d'une façon ou d'une autre, doivent être spécifiables, ou, mieux, *définissables.* Il y a évidemment à préciser un cadre formel pour cette notion de réel définissable (définissable par une phrase en français, par une formule mathématique...). Ici il suffira de remarquer que la restriction à une notion de définissabilité, quelle qu'elle soit, revient à représenter un réel par sa définition, qui, à nouveau, peut certainement se coder par un mot sur un alphabet fini.

Ces remarques permettent donc désormais de ne plus envisager que des algorithmes travaillant sur des mots, indépendamment de ce que ces mots représentent. Les notations seront les suivantes. Si $\mathcal{A}$ est un alphabet, $\mathcal{A}^*$ est l'ensemble des mots formés sur $\mathcal{A}$, c'est à dire l'ensemble des suites finies d'éléments de $\mathcal{A}$. Si u, v sont deux éléments de $\mathcal{A}^*$, on notera simplement uv le mot obtenu en *concaténant* les mots u et v, c'est à dire en écrivant le second à la suite du premier. Formellement, un mot w sur l'alphabet $\mathcal{A}$ est défini comme une application d'un intervalle entier du type $1 \ldots n$ à valeurs dans $\mathcal{A}$, l'entier n étant alors appelé *longueur* du mot, et noté $|w|$. Le concaténé de deux mots u et v de longueurs respectives p et q est le mot w de longueur $p+q$ défini par

$$w(k) = \begin{cases} u(k) & \text{si } 1 \leq k \leq p, \\ v(k-p) & \text{si } p+1 \leq k \leq p+q. \end{cases}$$

On sait que $\mathcal{A}^*$ muni de la concaténation est le monoïde libre engendré par l'ensemble $\mathcal{A}$.

2 Configurations

On va fixer ici un vocabulaire spécifique adapté à la description des algorithmes. D'abord le caractère à la fois déterministe et discret retenu (on se limite aux algorithmes « séquentiels ») permet d'envisager le déroulement d'un algorithme comme l'application itérée d'une *fonction* donnant lieu à une succession d'étapes indexées par des entiers. A chaque étape, un certain nombre de paramètres sont susceptibles de varier : on appellera *configuration* l'ensemble des valeurs instantanées, ou « courantes », de tous ces paramètres variables. Ainsi un algorithme pourra être vu essentiellement comme un ensemble de configurations $\mathcal{C}$ muni d'une fonction (non nécessairement partout définie)

$$\mathcal{T} : \mathcal{C} \longrightarrow \mathcal{C}$$

qu'on appellera la *fonction de transition* de l'algorithme.

Un *calcul* de l'algorithme est alors une suite (finie ou infinie) de configurations $(c_0, c_1, c_2, \ldots)$ telle que, pour chaque entier i, on ait

$$c_{i+1} = \mathcal{T}(c_i).$$

Les calculs d'un algorithme en constituent la partie « interne ». Pour établir le lien avec le problème posé au départ et avec la réponse éventuellement fournie à la fin, il convient de disposer d'outils adaptés. Le point de départ du déroulement d'un algorithme est une *donnée*, elle-même structurée comme un mot (ou représentée par un tel mot). Pour spécifier un algorithme utilisant comme données des mots écrits sur l'alphabet $\mathcal{A}$, il conviendra donc, pour chaque mot w dans $\mathcal{A}^*$, de préciser le point de départ du calcul à partir de ce mot, c'est à dire l'initialisation des valeurs de tous les paramètres. Ceci sera donc fait par une fonction

$$\mathcal{E} : \mathcal{A}^* \longrightarrow \mathcal{C}$$

qu'on appellera la *fonction d'entrée* de l'algorithme. Les configurations dans l'image de la fonction $\mathcal{E}$, c'est-à-dire les configurations du type $\mathcal{E}(w)$ pour w dans $\mathcal{A}^*$, seront dites configurations *initiales*.

De façon symétrique, la *fonction de sortie* de l'algorithme associe à *certaines* configurations (qu'on dira *terminales*) un mot qui est la réponse, la conclusion du calcul. Ce mot peut être formulé à l'aide d'un alphabet $\mathcal{B}$ différent de l'alphabet d'entrée $\mathcal{A}$: par exemple pour un algorithme visant à résoudre un problème de décision comme au paragraphe 1, le mot de sortie sera ou bien « oui », ou bien « non », ou tout autre choix binaire comme « 0 » et « 1 ». On aura donc une fonction (partielle)

$$\mathcal{S} : \mathcal{C} \longrightarrow \mathcal{B}^*$$

et c'est une convention naturelle de se restreindre au cas où les domaines des fonctions de transition et de sortie constituent une partition de l'ensemble des configurations : étant donnée une configuration, ou bien la fonction de transition peut être appliquée, c'est-à-dire que le calcul peut continuer, ou bien le calcul ne peut se poursuivre et un « message de sortie » est délivré.

Finalement donc, tous les algorithmes considérés ici pourront être entièrement décrits par un ensemble de configurations et trois fonctions d'entrée, de transition et de sortie :

$$\begin{cases} \mathcal{E} : \mathcal{A}^* \longrightarrow \mathcal{C} \\ \mathcal{T} : \mathcal{C} \longrightarrow \mathcal{C} \\ \mathcal{S} : \mathcal{C} \longrightarrow \mathcal{B}^* \end{cases}$$

En ces termes, le calcul de l'algorithme à partir d'une donnée w (un mot dans $\mathcal{A}^*$) sera la suite

$$\mathcal{E}(w), \quad \mathcal{T}(\mathcal{E}(w)), \quad \mathcal{T}(\mathcal{T}(\mathcal{E}(w))), \quad etc...$$

qui soit se poursuit indéfiniment, auquel cas on dira que l'algorithme ***ne termine pas*** sur l'entrée w, soit aboutit à une configuration terminale $\mathcal{T}^t(\mathcal{E}(w))$ et on dira que le mot $\mathcal{S}(\mathcal{T}^t(\mathcal{E}(w)))$ est ***produit*** par l'algorithme à partir de l'entrée w. Ceci nous mène naturellement à la définition suivante.

Définition. Soit $\mathcal{A}$ un alphabet quelconque et X une partie de $\mathcal{A}^*$.

i) L'algorithme $\boldsymbol{A}$ ***décide*** l'ensemble X si son alphabet d'entrée inclut $\mathcal{A}$, son alphabet de sortie inclut $\{0,1\}$, et, pour tout mot w dans $\mathcal{A}^*$, si w est dans X, alors $\boldsymbol{A}$ produit 1 à partir de w, et si w n'est pas dans X, alors $\boldsymbol{A}$ produit 0 à partir de w.

ii) L'algorithme $\boldsymbol{A}$ ***semi-décide*** l'ensemble X si son alphabet d'entrée inclut $\mathcal{A}$, son alphabet de sortie inclut $\{1\}$, et, pour tout mot w dans $\mathcal{A}^*$, si w est dans X, alors $\boldsymbol{A}$ produit 1 à partir de w, et si w n'est pas dans X, alors le calcul de $\boldsymbol{A}$ à partir de w ne se termine pas.

iii) L'ensemble X est ***décidable*** (***resp. semi-décidable***) s'il existe un algorithme qui le décide (***resp.*** qui le semi-décide).

Il est immédiat de modifier tout algorithme décidant un ensemble en un algorithme le semi-décidant : il suffit d'ajouter pour toute configuration produisant la sortie 0 une nouvelle transition de la configuration vers elle-même (et de supprimer la sortie). Donc tout ensemble décidable est automatiquement semi-décidable. La « définition » précédente n'en devient réellement une qu'à la condition qu'une définition préalable de ce qu'est un algorithme soit posée, ce que nous n'avons pas encore réellement fait. Le cadre formel décrit plus haut donne une sorte de forme nécessaire à tout algorithme (de type séquentiel). Mais cette forme n'est en aucun cas suffisante : la donnée d'un ensemble $\mathcal{C}$ avec des fonctions $\mathcal{E}$, $\mathcal{T}$, $\mathcal{S}$ ne correspond à ce qu'on entend par algorithme si les fonctions $\mathcal{E}$, $\mathcal{T}$ et $\mathcal{S}$ elles-mêmes sont « effectives », autrement dit « algorithmiques ». Sinon le cadre précédent reste vide. En particulier, si X est une partie quelconque de $\mathcal{A}^*$, on peut définir un « faux » algorithme décidant X en prenant comme ensemble de configurations l'ensemble $\mathcal{A}^*$, comme fonction d'entrée l'identité, comme fonction de transition la fonction vide et comme fonction de sortie la fonction indicatrice de X, c'est à dire la fonction définie par

$$\mathcal{S}(w) = \begin{cases} 1 & \text{si } w \text{ appartient à } X, \\ 0 & \text{sinon.} \end{cases}$$

Il est clair que cet « algorithme » n'avance en rien la résolution réelle du problème de décision pour l'ensemble X tant qu'on n'a pas décrit de manière plus précise comment la fonction $\mathcal{S}$ peut être évaluée.

On va illustrer le formalisme précédent sur un exemple facile. Soit X l'ensemble des entiers divisibles par 9. Comme on l'a dit au paragraphe 1, la question qui se pose n'est pas exactement celle de la décidabilité de X, mais plutôt celle de la décidabilité de la représentation de X obtenue en choisissant une représentation des entiers. Supposons qu'on utilise la représentation (usuelle) des entiers en base 10. On notera $(N)_{10}$ le mot (suite de chiffres entre 0 et 9) représentant N, et, de façon naturelle, $(X)_{10}$ pour l'ensemble des nombres $(N)_{10}$ pour N dans X, c'est à dire, dans le cas présent, pour N divisible par 9. Une méthode est bien connue : puisque la base choisie est congrue à 1 *modulo* 9, la classe *modulo* 9 d'un nombre est la classe de la somme de ses chiffres, donc il suffit de lire, par exemple de gauche à droite, les chiffres du nombre et d'en faire la somme *modulo* 9. Ce procédé consiste en une succession d'étapes élémentaires, chacune consistant à ajouter un nouveau chiffre au reste *modulo* 9 de la somme des précédents. Les paramètres qui interviennent peuvent être (il n'y a pas exactement unicité, on peut décrire le même procédé en termes de divers choix de paramètres)

- le nombre à décider (ou plutôt sa représentation),
- le nombre de chiffres déjà lus,
- le reste *modulo* 9 de la somme des chiffres déjà lus.

On peut donc choisir comme configurations les triplets du type (w, k, x) où w est un mot formé sur l'alphabet $\{0, 1, \ldots, 9\}$, k est un entier et x est un entier compris entre 0 et 8. Notant $\mathcal{C}$ cet ensemble, l'algorithme précédent est décrit par les trois fonctions d'entrée, de transition et de sortie suivantes.

La configuration initiale $\mathcal{E}(w)$ correspondant à la donnée w est le triplet $(w, 0, 0)$: au départ, aucun chiffre n'a été lu, et la somme des chiffres lus est nulle.

La fonction de transition $\mathcal{T}$ représente la lecture d'un nouveau chiffre. Partant de la configuration (w, k, x), où le second paramètre indique que k chiffres ont été lus, on lit le $k+1$-ième chiffre. Alors $k+1$ chiffres ont été lus, et on retient de la lecture du dernier la modification qu'il fait subir à x lorsqu'on l'ajoute *modulo* 9. Ceci n'a de sens que si k est au plus la longueur de w. Donc formellement on a (en notant $+_9$ l'addition *modulo* 9)

$$\mathcal{T}((w, k, x)) = (w, k+1, x +_9 w(k)) \quad \text{si } k < |w|.$$

Enfin la fonction de sortie $\mathcal{S}$ doit s'appliquer lorsque le dernier chiffre a été lu, et donne 1 ou 0 selon que la somme des chiffres *modulo* 9 vaut 0 ou non. Ce qui conduit à

$$\mathcal{S}((w, k, x)) = \begin{cases} 1 & \text{si } k = |w| \text{ et } x = 0, \\ 0 & \text{si } k = |w| \text{ et } x \neq 0. \end{cases}$$

Par exemple, le calcul à partir du nombre 3271 sera la suite de configurations

$$(3271, 0, 0), \quad (3271, 1, 3), \quad (3271, 2, 5), \quad (3271, 3, 3), \quad (3271, 4, 4)$$

et la sortie est 0 puisque le dernier reste, 4, n'est pas nul : 3271 n'est pas divisible par 9.

On voit donc que le procédé de décision proposé se décrit en termes de configurations et de fonction de transition. Comme on l'a dit plus haut, il reste à apprécier le caractère algorithmique des fonctions ainsi introduites pour décider si ce procédé peut être appelé lui-même algorithme. Dans le cas présent, chaque opération répond bien aux qualificatifs de locale et finitiste qui ont été proposés. En particulier la fonction de transition ne suppose que la connaissance des 90 possibiltés pour le reste *modulo* 9 de la somme d'un chiffre entre 0 et 9 et d'un chiffre entre 0 et 8. Il semble donc assez naturel de considérer cet exemple comme un archétype d'algorithme.

3 Automates finis

Du fonctionnement de l'algorithme précédent on peut dégager quelques caractéristiques : chaque étape élémentaire, chaque transition, consiste à modifier le résultat issu des étapes antérieures en fonction de la valeur d'un caractère du mot à étudier, puis à recommencer la même opération pour le caractère suivant. Ainsi chaque étape ne fait appel qu'à un caractère du mot à étudier (et non à la totalité de celui-ci, ce qui pourrait contredire le caractère finitiste du système car l'ensemble de tous les mots est infini). De plus ce qui est retenu des étapes antérieures n'est pas l'intégralité de ce qui a été lu, ici la suite des k premiers chiffres du nombre, ou leur somme, mais simplement un paramètre attaché à cette somme à valeurs dans un ensemble fini, ici le reste *modulo* 9.

Ceci mène directement à la notion d'*automate fini*. Supposons donnés un alphabet $\mathcal{A}$ et un ensemble fini quelconque Q dont les éléments sont appelés *états* et dans lequel on a distingué un élément particulier dit état initial. A chaque fonction (finie)

$$T : Q \times \mathcal{A} \longrightarrow Q$$

(on dira « table ») on peut associer un algorithme sur le modèle de l'exemple précédent. Son déroulement à partir d'un mot w de $\mathcal{A}^*$ consiste à lire les caractères de w du premier au dernier tout en actualisant à l'aide de la fonction T une valeur de l'état initialement égale à l'état initial. Si on s'est donné une partition de l'ensemble des états en deux sous-ensembles, c'est-à-dire si on s'est donné une application S de Q dans $\{0,1\}$, on pourra répartir les mots de $\mathcal{A}^*$ en deux classes disjointes suivant que l'état q obtenu à l'issue de la lecture du mot est tel que $S(q)$ vaut 0 ou 1.

Pour spécifier un tel algorithme suivant le formalisme introduit plus haut, on pourra prendre comme ensemble de configurations les triplets formés d'un mot w, d'un entier p représentant le numéro du caractère courant (c'est à dire en cours de lecture) et d'un élément de Q représentant l'état courant. Alors les règles à fixer pour définir l'algorithme sont simplement la table T, le choix de l'état initial et la partition S de Q en états dits refusants et acceptants. Cet ensemble de données sera appelé un automate fini.

Définition. Soient $\mathcal{A}$ et Q deux ensembles finis. Un *automate fini* d'alphabet $\mathcal{A}$ et d'ensemble d'états Q est un triplet (T, I, S), où T est une fonction de $Q \times \mathcal{A}$ dans Q, I est un élément particulier de Q, et S une application de Q dans $\{0,1\}$.

Exemple. Le tableau ci-dessous représente la table d'un automate d'alphabet $\{0, 1, \ldots, 9\}$ et d'ensemble d'états $\{R_0, R_1, \ldots, R_8\}$. Si on ajoute que l'état R_0 est initial, et est le seul état acceptant, alors on a complètement spécifié un automate. Dans l'algorithme associé comme ci-dessus à cet automate, l'état R_x correspond à la valeur x du reste courant *modulo* 9.

caractère→ état ↓	0	1	2	3	4	5	6	7	8	9
R_0	R_0	R_1	R_2	R_3	R_4	R_5	R_6	R_7	R_8	R_0
R_1	R_1	R_2	R_3	R_4	R_5	R_6	R_7	R_8	R_0	R_1
R_2	R_2	R_3	R_4	R_5	R_6	R_7	R_8	R_0	R_1	R_2
R_3	R_3	R_4	R_5	R_6	R_7	R_8	R_0	R_1	R_2	R_3
R_4	R_4	R_5	R_6	R_7	R_8	R_0	R_1	R_2	R_3	R_4
R_5	R_5	R_6	R_7	R_8	R_0	R_1	R_2	R_3	R_4	R_5
R_6	R_6	R_7	R_8	R_0	R_1	R_2	R_3	R_4	R_5	R_6
R_7	R_7	R_8	R_0	R_1	R_2	R_3	R_4	R_5	R_6	R_7
R_8	R_8	R_0	R_1	R_2	R_3	R_4	R_5	R_6	R_7	R_8

La description formelle de l'algorithme associé à un automate est facile.

Définition. Supposons que (T, I, S) est un automate fini d'alphabet $\mathcal{A}$ et d'ensemble d'états Q. L'*algorithme associé* à cet automate, est déterminé comme suit :

- l'ensemble des configurations $\mathcal{C}$ est $\mathcal{A}^* \times \mathbb{N} \times Q$;
- la fonction d'entrée associe au mot w de $\mathcal{A}^*$ la configuration $(w, 1, I)$;
- la fonction de transition associe à toute configuration (w, p, q) telle que p est au plus $|w|$ la configuration $(w, p+1, T(q, w(p)))$;
- la fonction de sortie associe à toute configuration (w, p, q) telle que p est $|w| + 1$ le mot $S(q)$.

Exemple. Le calcul de l'automate dont la table est donnée plus haut à partir du mot 3271 est exactement la suite des configurations énumérées au paragraphe précédent.

Ayant ainsi défini une famille d'algorithmes de décision, on peut introduire une notion (partielle) de décidabilité associée.

Définition. Un ensemble X, partie de $\mathcal{A}^*$, est *décidable par automate fini*, ou *AF-décidable*, s'il existe un ensemble d'états (fini) Q et un automate fini d'alphabet $\mathcal{A}$ et d'ensemble d'états Q tel que l'algorithme associé décide l'ensemble X.

Ainsi l'exemple précédent montre que l'ensemble des entiers divisibles par 9 est AF-décidable.

Remarque. La restriction à un ensemble d'états fini est *fondamentale*. L'idée est que l'état correspond à chaque instant à ce qui a été « retenu » du passé : concrètement il représente la mémoire du système. Si on supprime la restriction à un ensemble d'états fini, c'est-à-dire si la capacité de la mémoire est infinie, alors on abandonne le cadre finitiste souhaité et la notion de décidabilité par automate se vide : tout ensemble est décidable par « automate infini ». En effet, pour décider une partie X quelconque de $\mathcal{A}^*$, on pourra utiliser l'automate dont l'ensemble d'états est $\mathcal{A}^*$ lui-même, l'état initial étant le mot vide, les états acceptants les éléments de X et la table la fonction

$$(w, s) \mapsto ws.$$

Il est clair qu'une telle notion de décidabilité n'a guère d'intérêt puisqu'elle ne peut pas *séparer* des ensembles.

4 Machines de Turing

Il semble naturel d'appeler algorithmique tout procédé construit comme ci-dessus à partir d'un automate fini. En particulier il est bien clair qu'un tel procédé peut être décrit dans un langage de programmation comme PASCAL et implanté sur tout système informatique. La réciproque par contre semblerait beaucoup trop restrictive : il ne serait pas défendable de prétendre que tout procédé qu'on souhaite qualifier d'algorithmique peut se décrire suivant le modèle des algorithmes associés aux automates finis. Des résultats en ce sens seront *démontrés* dans la dernière section de ce chapitre, ainsi qu'au chapitre 5.

On a vu qu'abolir purement et simplement le caractère fini de l'ensemble des états (de la « mémoire » donc) était beaucoup trop brutal. Pour conserver le caractère finitiste souhaité tout en augmentant les possibilités de calcul, on peut amender le principe de l'automate par la possibilité que le mot initial lui-même soit modifié localement : lorsque l'algorithme en est à lire un certain caractère, il pourra non seulement retenir quelque chose de la lecture de ce caractère en modifiant son état, mais également modifier le caractère lui-même. Ceci n'a d'intérêt que si, à son tour, le défilement automatique des caractères de la droite vers la gauche est abandonné, car sinon l'algorithme n'aurait jamais à réexaminer les caractères éventuellement modifiés, et ces modifications seraient sans objet.

Pour décrire commodément les algorithmes envisagés, et dans la mesure où on conserve le principe d'un travail local, c'est-à-dire portant sur un caractère à la fois (et ne tenant compte que d'un caractère à la fois), on peut utiliser une analogie entre une suite de caractères et une suite de signaux sur une bande (par exemple magnétique), et faire référence à l'unique caractère sur lequel porte une étape de calcul comme le caractère *accessible*, ou encore *visé par le pointeur*. Avec ce vocabulaire imagé, le déroulement de l'algorithme associé à un automate dont la table est la fonction T est une suite d'étapes dont chacune correspond à la séquence élémentaire suivante :

lire le caractère s visé par le pointeur ;
- déplacer le pointeur d'un caractère vers la droite ;
- passer de l'état précédent, soit q, à un nouvel état dépendant de q et s.

Les amendements envisagées plus haut consistent à étendre ces étapes en respectant la séquence suivante :
- lire le caractère s visé par le pointeur ;
- remplacer (éventuellement) le caractère s visé par un nouveau caractère ;
- déplacer le pointeur d'un caractère soit vers la gauche, soit vers la droite ;
- passer de l'état précédent, soit q, à un nouvel état ;

les trois éléments nouveaux (nouveau caractère, déplacement et nouvel état) dépendant toujours de q et s.

Pour définir de telles transitions, il est donc nécessaire de stipuler comment le nouvel état, le nouveau caractère et le déplacement (gauche ou droite) s'obtiennent à partir de l'ancien état et du caractère lu. Le déterminisme requis exige que ces correspondances soient fonctionnelles, et on introduira donc, à la place de l'unique table d'un automate, trois fonctions (ou tables)

$$\begin{cases} Q \times \mathcal{A} \longrightarrow \mathcal{A} \\ Q \times \mathcal{A} \longrightarrow \{-1, +1\} \\ Q \times \mathcal{A} \longrightarrow Q \end{cases}$$

en supposant que Q est l'ensemble des états et $\mathcal{A}$ l'alphabet utilisé.

Dès lors qu'on envisage la possibilité de modifier les caractères du mot à décider, autrement dit d'écrire des nouveaux caractères, ainsi que de se déplacer parmi ces caractères dans les deux sens, il est naturel de s'affranchir également de la limitation au nombre de caractères du mot de départ. Les résultats du chapitre 5 montreront que cette nouvelle extension est stricte. En termes de définition des transitions, il suffit d'étendre le domaine des trois fonctions de sorte qu'elles soient définies même dans le cas où il n'y a aucun caractère à lire. Pour cela, et reprenant l'analogie du ruban évoquée plus haut, il est commode d'imaginer que les mots considérés sont inscrits sur un ruban infini divisé en cases contenant chacune soit un caractère, soit rien du tout, ce que, par convention on pourra appeler le caractère « blanc » et noter □. Dans toute la suite, pour chaque alphabet $\mathcal{A}$ rencontré, nous supposerons que □ n'est pas dans $\mathcal{A}$ et nous noterons $\widetilde{\mathcal{A}}$ l'alphabet $\mathcal{A} \cup \{\square\}$.

Exemple. Supposons que l'alphabet est $\{0, 1, \ldots, 9\}$. Le « ruban » illustrant le mot 3271 est

...	□	□	3	2	7	1	□	□		...

ou encore, si on omet les « blancs » □,

...			3	2	7	1				...

On est arrivé ainsi à la notion de *machine de Turing*. Un ruban, autrement dit une suite de cases indexée par l'ensemble $\mathbb{Z}$ des entiers relatifs, contient des caractères (en nombre fini) et des blancs (toutes les autres cases). Une case particulière est distinguée : on dit qu'elle est accessible (au pointeur). La machine de Turing effectue à partir d'un tel ruban des transitions élémentaires consistant à modifier le caractère de la case accessible, à rendre accessible soit la case immédiatement à gauche de la précédente, soit la case immédiatement à droite, et à modifier un état interne du système astreint à varier dans un ensemble fini fixé à l'avance. Dans ce processus, les paramètres qui décrivent le système sont

- les caractères figurant dans chacune des cases du ruban, qu'on peut représenter à l'aide d'une fonction de $\mathbb{Z}$ dans $\widetilde{\mathcal{A}}$,

le numéro de la case accessible, qu'on peut représenter par un entier relatif,

- l'état du système, qui est un élément d'un ensemble fini fixé.

On posera donc

Définition. Une *configuration à un ruban* d'alphabet $\mathcal{A}$ et d'ensemble d'états Q est un triplet (f, p, q) où f est une application de $\mathbb{Z}$ dans $\widetilde{\mathcal{A}}$ telle que l'ensemble des x tels que $f(x)$ n'est pas $\square$ est fini, p est un entier relatif et q est un élément de $\widetilde{Q}$. L'ensemble de ces configurations est noté $Conf_1^{\mathcal{A},Q}$.

Alors, de même qu'un automate a pu être défini comme la table permettant de construire les transitions, la machine de Turing elle-même peut être définie comme les trois tables permettant de construire les transitions « étendues » considérées ci-dessus. Les éléments additionnels sont, à nouveau, les données relatives à l'initialisation et à la terminaison. Pour le premier point, il suffit à nouveau de préciser un état initial, ainsi que la case accessible au départ. Si, dans le cas de l'automate, le critère d'arrêt évident est la rencontre du caractère blanc marquant la fin du mot à étudier, il n'en est plus de même avec la machine de Turing qu'on veut apte à continuer même s'il n'y a plus de caractère à lire. On reportera sur les états le critère d'arrêt, en supposant qu'on distingue dans l'ensemble Q des états *terminaux* à partir desquels aucune transition n'est possible. Il est bien adapté aux problèmes de décision qui nous intéressent ici de supposer qu'il y a exactement deux états terminaux, un état *acceptant* et un état *refusant*. Comme dans le cas des automates, on peut soit considérer que le choix des états initiaux, acceptants et refusants font partie de la spécification d'une machine de Turing, soit, et c'est ce qu'on fera ici, supposer qu'on a fixé une fois pour toute trois objets **init**, **acc** et **ref** (par exemple les entiers 0, 1 et 2) qui seront toujours utilisés comme état initial, état acceptant et état refusant.

Définition. Un *ensemble d'états* est un ensemble fini quelconque contenant **init** et ne contenant ni **acc** ni **ref**. Si Q est un ensemble d'états, l'ensemble $Q \cup \{\mathbf{acc}, \mathbf{ref}\}$ est noté $\widetilde{Q}$.

D'après la description ci-dessus, la spécification d'une machine de Turing est la donnée des trois tables déterminant le nouveau caractère, le déplacement à effectuer et le nouvel état, qu'on peut regrouper comme la donnée d'une seule table dont les valeurs ont trois composantes.

Définition. Soient $\mathcal{A}$ un alphabet et Q un ensemble d'états. Une *machine de Turing* d'alphabet $\mathcal{A}$ et d'ensemble d'états Q est une application de l'ensemble $Q \times \widetilde{\mathcal{A}}$ dans l'ensemble $\widetilde{\mathcal{A}} \times \{-1, +1\} \times \widetilde{Q}$. Si $\boldsymbol{M}$ est une telle machine de Turing, les ***composantes*** de $\boldsymbol{M}$ sont les trois applications de $Q \times \widetilde{\mathcal{A}}$ respectivement dans $\widetilde{\mathcal{A}}$, dans $\{-1, +1\}$ et dans $\widetilde{Q}$ obtenues par composition de $\boldsymbol{M}$ avec les trois projections. On les note $\boldsymbol{M}_{(1)}$, $\boldsymbol{M}_{(2)}$ et $\boldsymbol{M}_{(3)}$.

Exemple. Le tableau ci-dessous représente une machine de Turing d'alphabet $\{0, 1, \ldots, 9\}$ et d'ensemble d'états $\{\textbf{init}, R_1, \ldots, R_8\}$. Il doit être clair qu'il s'agit de la traduction en termes de machines de Turing de l'automate défini plus haut.

car.→ état ↓	0	1	2	3	4	5	6	7	8	9	□
init	0,1,**init**	1,1,R_1	2,1,R_2	3,1,R_3	4,1,R_4	5,1,R_5	6,1,R_6	7,1,R_7	8,1,R_8	9,1,**init**	□,1,**acc**
R_1	0,1,R_1	1,1,R_2	2,1,R_3	3,1,R_4	4,1,R_5	5,1,R_6	6,1,R_7	7,1,R_8	8,1,**init**	9,1,R_1	□,1,**ref**
R_2	0,1,R_2	1,1,R_3	2,1,R_4	3,1,R_5	4,1,R_6	5,1,R_7	6,1,R_8	7,1,**init**	8,1,R_1	9,1,R_2	□,1,**ref**
R_3	0,1,R_3	1,1,R_4	2,1,R_5	3,1,R_6	4,1,R_7	5,1,R_8	6,1,**init**	7,1,R_1	8,1,R_2	9,1,R_3	□,1,**ref**
R_4	0,1,R_4	1,1,R_5	2,1,R_6	3,1,R_7	4,1,R_8	5,1,**init**	6,1,R_1	7,1,R_2	8,1,R_3	9,1,R_4	□,1,**ref**
R_5	0,1,R_5	1,1,R_6	2,1,R_7	3,1,R_8	4,1,**init**	5,1,R_1	6,1,R_2	7,1,R_3	8,1,R_4	9,1,R_5	□,1,**ref**
R_6	0,1,R_6	1,1,R_7	2,1,R_8	3,1,**init**	4,1,R_1	5,1,R_2	6,1,R_3	7,1,R_4	8,1,R_5	9,1,R_6	□,1,**ref**
R_7	0,1,R_7	1,1,R_8	2,1,**init**	3,1,R_1	4,1,R_2	5,1,R_3	6,1,R_4	7,1,R_5	8,1,R_6	9,1,R_7	□,1,**ref**
R_8	0,1,R_8	1,1,**init**	2,1,R_1	3,1,R_2	4,1,R_3	5,1,R_4	6,1,R_5	7,1,R_6	8,1,R_7	9,1,R_8	□,1,**ref**

La description formelle de l'algorihme associé à une machine de Turing est facile. Pour la fonction de transition, les principes retenus ci-dessus donnent une description complète. Pour la fonction d'entrée, comme pour un automate, on convient que le mot à décider est écrit sur le ruban, à partir de la case de numéro 1 (clairement il y a invariance de tout le calcul par rapport à une translation initiale), et que la case accessible est celle où se trouve le premier caractère du mot. Pour la fonction de sortie, on utilise les deux états spéciaux **acc** et **ref**. Il ne reste qu'à transcrire.

Définition. Supposons que $\boldsymbol{M}$ est une machine de Turing d'alphabet $\mathcal{A}$ et d'ensemble d'états Q. L'*algorithme associé* à $\boldsymbol{M}$, noté $\boldsymbol{Alg}_1(\boldsymbol{M})$, est déterminé comme suit :

- l'ensemble des configurations est $\mathcal{C}onf_1^{\mathcal{A},Q}$;
- la fonction d'entrée associe au mot w de $\mathcal{A}^*$ la configuration $(\widetilde{w}, 1, \textbf{init})$ où $\widetilde{w}$ est la fonction de domaine $\mathbb{Z}$ qui prend la valeur $w(k)$ pour k compris entre 1 et $|w|$, et □ pour tout autre entier ;
- la fonction de transition associe à toute configuration (f, p, q) telle que q n'est ni **acc** ni **ref** la configuration $(g, p + \boldsymbol{M}_{(2)}(q, f(p)), \boldsymbol{M}_{(3)}(q, f(p)))$ où g satisfait

$$g(x) = \begin{cases} \boldsymbol{M}_{(1)}(q, f(p)) & \text{si } x = p, \\ f(x) & \text{sinon.} \end{cases}$$

la fonction de sortie associe à toute configuration (f, p, q) telle que q est **acc** ou **ref** le mot 1 (*resp.* 0) si q est **acc** (*resp.* **ref**).

Exemple. Le calcul de la machine de Turing dont la table est donnée plus haut à partir du mot 3271 est la suite de configurations représentée ci-dessous. La convention est de désigner d'une flèche la case accessible, et d'inscrire au dessous l'état la configuration.

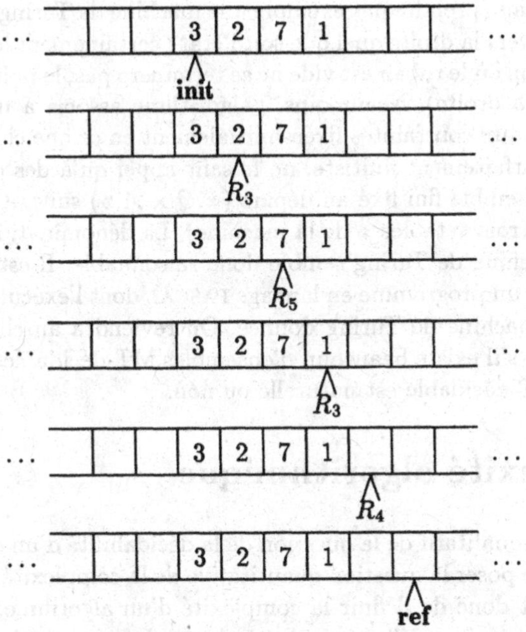

Ayant ainsi défini une nouvelle famille d'algorithmes de décision, on introduit naturellement une notion de décidabilité associée.

Définition. Un ensemble X, partie de $\mathcal{A}^*$, est ***décidable par machine de Turing***, ou ***MT-décidable***, s'il existe un ensemble d'états (fini) Q et une machine de Turing $\boldsymbol{M}$ d'alphabet $\mathcal{A}$ et d'ensemble d'états Q tel que l'algorithme $\boldsymbol{Alg}_1(\boldsymbol{M})$ décide l'ensemble X. De même X est ***MT-semi-décidable*** s'il existe une machine de Turing telle que l'algorithme associé semi-décide l'ensemble X.

L'exemple précédent montre que l'ensemble des entiers divisibles par 9 est MT-décidable, et, plus généralement, on voit immédiatement que tout ensemble AF-décidable est MT-décidable, puisqu'un automate fini est, à d'inessentielles modifications près, un cas particulier de machine de Turing (voir le chapitre 2 pour une mise en forme plus précise).

La suite de ce cours va principalement être consacrée à l'étude des ensembles MT-décidables et MT-semi-décidables. Par construction le résultat suivant est évident.

Proposition 4.1. *Tout ensemble MT-décidable est MT-semi-décidable.*

On verra au chapitre 5 que le résultat réciproque est faux.

Remarque. Par rapport à l'automate, la machine de Turing lève l'hypothèse que l'ensemble des configurations dérivables par transitions successives à partir d'une configuration initiale est fini, ce qui laisse en particulier la possibilité que le calcul ne se termine jamais (prendre par exemple une machine de Turing qui, lorsqu'elle voit un blanc, va vers la droite quel que soit l'état : certainement le calcul à partir d'une configuration où le ruban est vide ne se terminera pas, le pointeur « partant à l'infini » vers la droite). Néanmoins, l'algorithme associé à une machine de Turing obéit bien aux contraintes fixées initialement en ce que chaque transition a un caractère parfaitement finitiste, ne faisant appel qu'à des données locales prises dans un ensemble fini fixé au départ (« $Q \times \mathcal{A}$ ») suivant une procédure déterministe (les trois « tables » de la machine). La dénomination d'algorithme associé à une machine de Turing semble donc raisonnable. Il est au demeurant très facile d'écrire un programme en langage PASCAL dont l'exécution correspond au calcul d'une machine de Turing donnée. On reviendra au chapitre 4 sur la question de savoir s'il existe beaucoup d'ensembles MT-décidables, et si la classe des ensembles MT-décidable est naturelle ou non.

5 Complexité algorithmique

A côté de l'aspect qualitatif de la question de la décidabilité d'un ensemble, il est aussi naturel de se poser la question quantitative de la complexité d'un ensemble décidable. Il s'agit donc de définir la complexité d'un algorihme, la complexité d'un ensemble étant alors définie comme la borne inférieure (si elle existe) des complexités des différents algorithmes qui décident cet ensemble. Pour évaluer cette dernière, il est usuel de considérer à la fois le *temps* pris par l'exécution de l'algorithme, et l'*espace* utilisé par celui-ci. Dans le cas d'un algorithme associé à une machine Turing, il est naturel de définir ces paramètres comme respectivement le nombre d'étapes nécessaires pour parvenir de la configuration initiale à une configuration terminale, et le nombre de cases qui ont été accessibles au moins une fois durant le calcul. On négligera la taille de l'ensemble des états, fixée une fois pour toutes, et dont l'importance ne serait réelle que dans le cas d'un nombre de cases borné (c'est-à-dire essentiellement dans le cas d'un automate).

Définition. On suppose que M est une machine de Turing d'alphabet $\mathcal{A}$ et d'ensemble d'états Q.

i) Soit $\vec{c}$ un calcul de M. Le *coût en temps* de $\vec{c}$ est la longueur de c diminuée de 2 unités. Le *coût en espace* de $\vec{c}$ est le cardinal de l'ensemble des entiers p tels qu'au moins une des configurations de $\vec{c}$, qui n'est ni la première ni la dernière, a la forme (f, p, q).

ii) Soit w un mot de $\mathcal{A}^*$. La machine M *s'arrête en temps t (resp. en espace s) sur l'entrée w* s'il existe un calcul de M dont le premier élément est la configuration initiale associée à w, le dernier est une configuration terminale et dont le coût en temps (*resp.* en espace) est t (*resp.* s).

Exemple. La machine de Turing présentée plus haut s'arrête en temps et en espace 4 sur l'entrée 3271 .

D'une façon générale, on voit que les coûts en temps et en espace d'un calcul d'un automate fini (plus exactement de la machine de Turing qui lui correspond) sur une entrée de longueur n sont exactement n. La convention consistant à ne compter que les configurations intermédiaires du calcul à l'exception de la première et de la dernière vise simplement à éviter des coûts du type $n+1$ ou $n+2$ dans les cas usuels. Par ailleurs il doit être clair que le coût en espace de tout calcul d'une machine de Turing est au plus égal à son coût en temps (puisqu'une seule case est accessible à chaque étape).

Usuellement on ne cherchera pas à évaluer le coût du calcul relatif à une entrée donnée, mais à obtenir une information plus condensée synthétisant les coûts de divers calculs. Le paramètre jugé important est la longueur de l'entrée, et on s'intéressera donc

soit à la valeur moyenne des coûts des calculs pour les entrées d'une longueur donnée n,

- soit à la borne supérieure des coûts de ces calculs.

Dans le premier cas on parlera de ***complexité en moyenne***, dans le second, de ***complexité dans le pire cas*** (un cas étant considéré, d'un point de vue quasi-industriel, comme « mauvais » lorsque le calcul correspondant est long). Nous retiendrons ici la seconde notion. Dans tous les cas, le résultat de l'évaluation sera une fonction de l'entier représentant la longueur de l'entrée.

Définition. Supposons que $\boldsymbol{M}$ est une machine de Turing, et T, S deux applications de $\mathbb{N}$ dans lui-même. On dit que la machine $\boldsymbol{M}$ ***s'arrête en temps*** T (***resp. en espace*** S), si, pour tout mot w dans $\mathcal{A}^*$ de longueur au plus égale à n, la machine $\boldsymbol{M}$ s'arrête en temps au plus égal à $T(n)$ (***resp.*** en espace au plus égal à $S(n)$).

Exemple. Toute machine de Turing associée à un automate s'arrête en temps et espace $\mathrm{id}_{\mathbf{N}}$. Par souci de lisibilité et respect des conventions – quoi que celle qui suit soit bien réprouvable ! –, on réservera dans toute la suite la lettre n pour désigner la longueur des entrées (supposées définies de façon non ambiguë) et on remplacera le nom des fonctions de complexité par la valeur prise en n. Ainsi on dira dans le cas ci-dessus que la machine s'arrête en temps et espace n.

La valeur ponctuelle des fonctions de complexité n'a pas de signification réelle quant à la complexité de l'ensemble étudié.

Lemme 5.1. *Soit X un ensemble quelconque. Supposons qu'il existe une machine de Turing décidant X et s'arrêtant en temps $T(n)$ et espace $S(n)$. Soit N un entier quelconque, et T', S' les fonctions définies par*

$$T'(n) = \begin{cases} n & \text{si } n < N, \\ T(n) + 2N & \text{sinon,} \end{cases} \qquad S'(n) = \begin{cases} n & \text{si } n < N, \\ S(n) & \text{sinon.} \end{cases}$$

Alors il existe une machine de Turing décidant X et s'arrêtant en temps $T'(n)$ et espace $S'(n)$.

Démonstration. On peut utiliser l'ensemble des états pour « tricher » et enregistrer la réponse pour un nombre quelconque *fini* de mots, par exemple pour tous les mots de longueur inférieure ou égale à N. Alors la machine ainsi modifiée pourra décider chacun de ces mots en le nombre minimal d'étapes nécessaires pour les lire, soit n. Si, au bout de N étapes la machine n'est pas parvenue à la fin du mot, alors elle revient à la case de départ et reprend le calcul « véritable ». Formellement, en supposant que la machine de départ est $\boldsymbol{M}$, d'alphabet $\mathcal{A}$ et d'ensemble d'états Q, on définira la nouvelle machine $\boldsymbol{M}'$ par les clauses suivantes :

- $Q'{=}Q \cup \{w \in \mathcal{A}^*; |w| \leq N\} \cup \{R\}$ (où R est un « nouvel » état non dans Q qui sera utilisé pour le retour à la case initiale) ;
- $\boldsymbol{M}'_{(1)}(s,q) = \begin{cases} \boldsymbol{M}_{(1)}(s,q) & \text{si } q \in Q, \\ s & \text{si } q \in \{w \in \mathcal{A}^*; |w| \leq N\} \cup \{R\} ; \end{cases}$
- $\boldsymbol{M}'_{(2)}(s,q) = \begin{cases} \boldsymbol{M}_{(2)}(s,q) & \text{si } q \in Q, \\ +1 & \text{si } q \in \{w \in \mathcal{A}^*; |w| \leq N\}, \\ -1 & \text{si } q = R \text{ and } s \neq \square, \\ +1 & \text{si } q = R \text{ and } s = \square ; \end{cases}$
- $\boldsymbol{M}'_{(3)}(s,q) = \begin{cases} \boldsymbol{M}_{(3)}(s,q) & \text{si } q \in Q, \\ qs & \text{si } q \in \{w; |w| \leq N\} \text{ et } qs \in \{w; |w| \leq N\}, \\ R & \text{si } q \in \{w; |w| \leq N\} \text{ et } qs \notin \{w; |w| \leq N\}, \\ \mathbf{acc} & \text{si } q \in \{w; |w| \leq N\} \text{ et } s = \square \text{ and } q \in X, \\ \mathbf{ref} & \text{si } q \in \{w; |w| \leq N\} \text{ et } s = \square \text{ and } q \notin X, \\ R & \text{si } q = R \text{ et } s \neq \square, \\ \mathbf{init} & \text{si } q = R \text{ et } s = \square. \end{cases}$

L'état initial de $\boldsymbol{M}'$ est l'état ε associé au mot vide. Pour respecter la convention suivant laquelle l'état initial est toujours appelé **init**, il resterait à recopier les tables ci-dessus pour y remplacer ε par **init** et **init** par une copie disjointe **init'**. Pour tous les mots de longueur au plus N, le calcul se réduit à la lecture du mot « à la façon d'un automate » . Pour les autres, le pointeur commence par un aller-et-retour inutile (mais ne modifiant rien) sur les N premières cases, à la suite duquel on revient à l'état **init** (ou plutôt à sa copie **init'**) pour reprendre le calcul de la machine d'origine. □

Ce résultat rend naturel de ne considérer que les germes à l'infini des fonctions de complexité.

Définition. i) La machine $\boldsymbol{M}$ d'alphabet $\mathcal{A}$ *décide l'ensemble X en temps $T(n)$* (*resp. en espace* $S(n)$) si $\boldsymbol{M}$ décide X et s'il existe un entier N tel que, pour tout entier n au moins égal à N et pour tout mot w dans $\mathcal{A}^*$ de longueur au plus égale à n, la machine $\boldsymbol{M}$ s'arrête à partir de w en temps au plus égal à $T(n)$ (*resp.* en espace au plus égal à $S(n)$).

ii) La classe de complexité $\boldsymbol{DTIME}_1^{\mathcal{A}}(T(n))$ (*resp.* $\boldsymbol{DSPACE}_1^{\mathcal{A}}(S(n))$) est l'ensemble des parties X de $\mathcal{A}^*$ telles qu'il existe au moins une machine de Turing d'alphabet $\mathcal{A}$ décidant X en temps $T(n)$ (resp en espace $S(n)$).

Avec cette définition, où l'indice 1 fait référence à l'utilisation de configurations à un seul ruban, on pourra énoncer par exemple que l'ensemble des entiers divisibles par 9 représenté en base 10 appartient, de même que tout ensemble AF-décidable, aux classes $\boldsymbol{DTIME}_1^{\{0,\ldots,9\}}(n)$ et $\boldsymbol{DSPACE}_1^{\{0,\ldots,9\}}(n)$.

Définition. La fonction T de $\mathbb{N}$ dans $\mathbb{N}$ est une *fonction de complexité* si elle est croissante (au sens large) et si $T(n) \geq n$ est vrai pour n suffisamment grand.

Dans toute la suite, on ne s'intéressera qu'aux classes de complexité associées à des fonctions de complexité : l'hypothèse de croissance est automatiquement vérifiée pour toute fonction de coût d'après nos définitions. Quant aux complexités « infra-linéaires », elles relèvent de la théorie des automates plus que de celle des machines de Turing.

Complexités en temps et en espace sont liées.

Proposition 5.2. *Soit S une fonction de complexité. Les inclusions suivantes sont toujours vérifiées :*

$$\boldsymbol{DTIME}_1^{\mathcal{A}}(S(n)) \subseteq \boldsymbol{DSPACE}_1^{\mathcal{A}}(S(n)) \subseteq \bigcup_{c>0} \boldsymbol{DTIME}_1^{\mathcal{A}}(2^{cS(n)}).$$

Démonstration. Comme une seule case est accessible à chaque étape de calcul, il est évident que le nombre total de cases qui sont accessibles au moins une fois dans un calcul est majoré par la longueur de celui-ci. Inversement supposons que $\boldsymbol{M}$ est une machine de Turing d'alphabet $\mathcal{A}$ et d'ensemble d'états Q. Soient k et d les cardinaux respectifs de $\mathcal{A}$ et Q. Pour chaque entier s il existe $(2s+1)k^{2s+1}d$ configurations distinctes telles que les parties du ruban situées au delà de la case $1+s$ et en deça de la case $1-s$ soient vides. Si le coût en espace d'un calcul $\vec{c}$ de $\boldsymbol{M}$ à partir du mot w est majoré par s (avec s plus grand que $|w|$), alors toutes les configurations figurant dans $\vec{c}$ sont du type précédent. Donc si la longueur de $\vec{c}$ excédait $(2s+1)k^{2s+1}d$, le calcul $\vec{c}$ repasserait au moins deux fois par la même configuration. Il serait donc périodique, et ne pourrait se terminer, contrairement à l'hypothèse. Donc le coût en temps de $\vec{c}$ est certainement majoré par $(2s+1)k^{2s+1}d$, donc par 2^{cs} pour une constante c assez grande indépendante de s. □

6 Complexité de la comparaison de deux longueurs

Afin de mettre en pratique les machines de Turing, nous considérons ici un exemple de manipulation de mots moins immédiat que celui qui a été donné précédemment.

Soit X_0 l'ensemble des mots de la forme 0^p1^p avec $p \geq 1$. Dans l'écriture ci-dessus, 0^p désigne le mot formé de p fois le caractère 0. On se propose d'étudier la complexité de l'ensemble X_0, c'est-à-dire essentiellement celle du problème de reconnaître si deux mots ont la même longueur (ici un bloc de 0 et un bloc de 1). Pour cela il s'agit de construire une machine de Turing $\boldsymbol{M}$, d'alphabet $\{0,1\}$, qui décide l'ensemble X_0. L'idée d'un algorithme de décision est évidente : partant d'un mot w quelconque, on va lire, par exemple de gauche à droite, les caractères du mot, compter les 0 initiaux, puis les 1 et le mot sera accepté si et seulement si après avoir ainsi lu le préfixe maximal de type 0^p1^q de w on est parvenu à l'extrémité de w et que, d'autre part, les entiers p et q sont égaux. Le premier critère est facile à représenter par des instructions de machine de Turing, et même d'automate fini. En effet, introduisons les transitions suivantes :

$$\boldsymbol{M}(\mathbf{init}, 0) = (0, +1, \mathbf{init}), \quad \boldsymbol{M}(\mathbf{init}, 1) = (1, +1, A),$$
$$\boldsymbol{M}(A, 0) = (1, +1, \mathbf{ref}), \quad \boldsymbol{M}(A, \Box) = (1, +1, \mathbf{acc}).$$

Partant de l'état **init** et lisant le mot $0^p1^qw'$, où w' ne commence pas par 1 (noter que tout mot sur l'alphabet $\{0,1\}$ a une unique écriture de ce type), le calcul sera

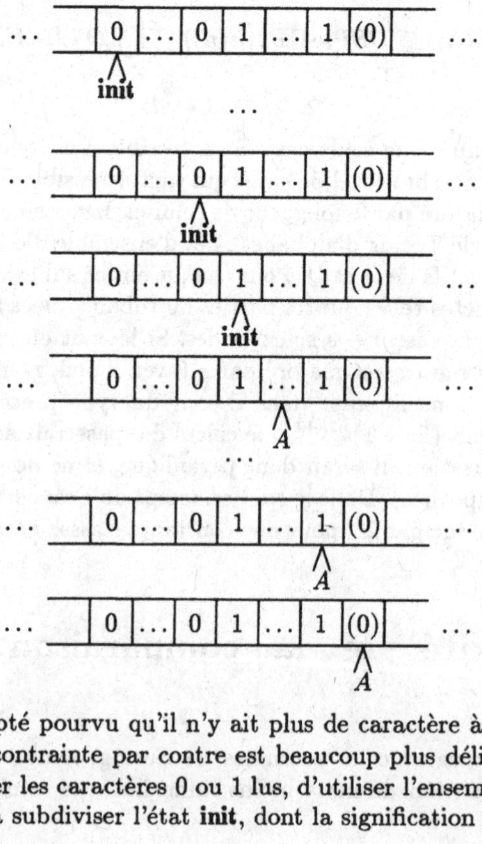

et le mot est accepté pourvu qu'il n'y ait plus de caractère à lire après le bloc de 1. La seconde contrainte par contre est beaucoup plus délicate. Il serait naturel, pour compter les caractères 0 ou 1 lus, d'utiliser l'ensemble des états. Par exemple on pourra subdiviser l'état **init**, dont la signification dans l'algorithme ci-dessus est « je suis en train de lire des 0 initiaux » en plusieurs états avec les significations « j'ai déjà lu 1, 2, 3, *etc.*.. caractères 0 ». Ceci n'est pas possible directement car une telle liste d'états aurait à être infinie, en contradiction avec les définitions. On peut se demander si une définition plus subtile des états utilisés pourrait permettre de contourner la difficulté. Il n'en est rien, ainsi qu'on le démontrera plus loin. Ne pouvant utiliser l'ensemble des états pour compter les caractères, il ne reste comme possibilité que d'utiliser le ruban lui-même. Ce que peut faire la machine de Turing, c'est par exemple effacer un caractère 0 et un caractère 1 consécutif, ou séparés par des blancs. On peut alors en tirer un algorithme de décision pour X_0 : il suffit, partant du mot $0^p1^qw'$ d'aller effacer les paires centrales 01, puis $0\Box\Box1$, puis $0\Box\Box\Box\Box1$, *etc.*.. Le mot initial est dans X_0 si ce procédé aboutit à un mot vide. La première approche est donc d'avoir deux états B et C, où B signifie « je vais effacer le premier 1 que je vois à droite », et C signifie « je vais effacer le premier 0 que je vois à gauche ». Ceci correspond aux instructions suivantes :

$$M(B,0) = (0,+1,B), \quad M(B,1) = (\Box,-1,C), \quad M(B,\Box) = (\Box,+1,B),$$
$$M(C,0) = (\Box,+1,B), \quad M(C,1) = (1,-1,C), \quad M(C,\Box) = (\Box,-1,C).$$

Il reste à adapter cette procédure pour tirer du calcul les conclusions souhaitées. Considérons le cas particulier du mot 0^p1^p qu'il s'agit d'accepter. Lorsqu'on aura effacé p fois 1 puis 0, on repartira vers la droite à la recherche d'un nouveau 1 à effacer, qu'on ne rencontrera jamais. Pour arrêter le calcul il faut un butoir qui marque la fin du mot. Le même problème se pose à gauche pour un mot 0^p1^{p+1} (ou, plus généralement pour tout mot $0^p1^qw'$ avec $q > p$). Avant de débuter la phase d'effacements, on peut transformer le mot initial $0^p1^qw'$ pour lui donner la forme 10^p1^q0 si w' est vide, et le refuser sinon. Ecrire le 1 initial se fait en deux étapes, simplement en introduisant, partir de l'état initial **init** deux états D_1 et D_2 avec pour tout caractère s les transitions

$$M(\mathbf{init},s) = (s,-1,D_1), \quad M(D_1,\Box) = (1,+1,D_2),$$

puis en considérant D_2 comme le point de départ pour la suite du calcul. De même aller écrire un 0 après le premier bloc de 0 suivi du premier bloc de 1 peut se faire à l'aide de nouveaux états D_3, D_4, D_5 et des transitions

$$M(D_2,0) = (0,+1,D_2), \quad M(D_2,1) = (1,+1,D_3),$$
$$M(D_3,0) = (0,+1,\mathbf{ref}), \quad M(D_3,1) = (1,+1,D_3), \quad M(D_3,\Box) = (0,-1,D_4),$$
$$M(D_4,0) = (0,-1,D_5), \quad M(D_4,1,) = (1,-1,D_5),$$
$$M(D_5,0) = (0,+1,B).$$

Les significations des états D_2 à D_5 sont respectivement « je lis le bloc de 0 », « je lis le bloc de 1 », « j'écris le caractère 0 de droite » et « je retraverse le bloc de 1 vers la gauche ». Le début du calcul à partir du mot $0^p1^qw'$ en partant de l'état initial conduira à un refus si w' n'est pas vide, et à la configuration où le mot 10^p1^q0 est écrit (à partir de la case 0), la case accessible est celle du début du second bloc de 1 et l'état est 0. On peut alors débuter les effacements grâce aux instructions données plus haut, et utiliser le 1 initial et le 0 final comme butoirs et tests de sortie en ajoutant

$$\boldsymbol{M}(B,0) = (0,+1,E), \quad \boldsymbol{M}(B,1) = (1,-1,\mathbf{ref}),$$
$$\boldsymbol{M}(E,0) = (0,-1,E), \quad \boldsymbol{M}(E,1) = (1,+1,\mathbf{acc}), \quad \boldsymbol{M}(E,\square) = (\square,+1,E).$$

Voir 1 dans l'état B signifie qu'il n'y a plus de 0 à effacer et donc qu'on avait $p < q$. L'état E intervient de façon symétrique quand il n'y a plus de 1 à effacer, c'est-à-dire pour $p \geq q$. On va alors vérifier s'il reste ou non des 0 à gauche : si oui, on est dans le cas $p > q$ et il faut rejeter, sinon, on est dans le cas $p = q$ et il faut accepter. Au terme de cet argument, on peut conclure à la MT-décidabilité de l'ensemble X_0, et en donner une borne supérieure de complexité.

Proposition 6.1. *L'ensemble* $\{0^p1^p; p \geq 1\}$ *appartient à la classe de complexité* $\boldsymbol{DTIME}_1^{\{0,1\}}(n^2)$.

Démonstration. Pour un mot w de longueur n, la phase initiale de marquage des extrémités demandera au plus $2n+2$ étapes. Ensuite le premier effacement demande 2 étapes, le second 6, la troisième 10, *etc.*.. Comme il y a au plus $n/2$ effacements à effectuer, le coût total des effacements est majoré par $n^2/2$. Enfin le test final demande au plus n étapes, et, au total, on obtient comme majorant du coût la quantité $n^2/2 + 3n + 2$, qui, pour n assez grand, est certainement moindre que n^2. □

Une question très naturelle est de se demander si la complexité quadratique obtenue pour l'ensemble $\{0^p1^p; p \geq 1\}$ (vis à vis des algorithmes associés aux machines de Turing) est inévitable. La réponse est positive en vertu du critère suivant, qui est accessoire pour la suite de ce cours, mais permettra d'établir un premier résultat non trivial :

Lemme 6.2. *Supposons que l'ensemble* X *appartient à la classe de complexité* $\boldsymbol{DTIME}_1^{\{0,1\}}(cn)$. *Alors il existe une constante* M *telle que, pour tout mot* w *de* X *de longueur supérieure ou égale à* M, *il existe une décomposition de* w *en* uxv *avec* $|ux| \leq M$ *et* x *non vide telle que, pour tout entier* m, *le mot* ux^mv *appartienne à* X.

Démonstration. Il s'agit d'un argument de dénombrement. On suppose que $\boldsymbol{M}$ est une machine de Turing décidant l'ensemble X en temps kn. On note d le cardinal de l'ensemble des états de $\boldsymbol{M}$, et on suppose que tout calcul de $\boldsymbol{M}$ sur une entrée de longueur n s'arrête en temps kn pour $n \geq N$. Soit $\vec{c}$ un calcul quelconque (fini) de $\boldsymbol{M}$: $\vec{c}$ est une suite de configurations $(f_1, p_1, q_1), \ldots,$ (f_m, p_m, q_m). Pour chaque entier p, on définit la suite de passage $S(\vec{\gamma}, p)$ comme la sous-suite $(q_{i_1}, \ldots, q_{i_\ell})$ de la suite des états dans $\vec{\gamma}$ obtenue en ne prenant que les états correspondant aux configurations (f_i, p_i, q_i) telles que p_i est p et p_{i+1} est $p+1$ et à celles qui sont telles que p_i est $p+1$ et p_{i+1} est p. Autrement dit on extrait les états correspondant aux passages du pointeur de la case p à la case

$p+1$ et de la case $p+1$ à la case p (remarquer que ces deux types de passages alternent nécessairement, et que le premier d'entre eux est du type $p \to p+1$ si p est positif puisqu'initialement la case accessible est, par convention, la case 1). Supposons alors que le mot w, de longueur $n \geq N$, est tel que, dans le calcul $\vec{c}$ de $\boldsymbol{M}$ à partir de w, les suites de passage pour les cases 1 à n sont deux à deux distinctes. Posons

$$N_i = \text{card}\{p \; ; \; 1 \leq p \leq n \text{ et } |S(\vec{c}, p)| = i\}.$$

Les inégalités

$$(k+1) \sum_{i=k+1}^{\infty} N_i \leq \sum_{i=0}^{\infty} iN_i \leq kn$$

sont certainement vérifiées, puisque la somme des iN_i représente le nombre de configurations dans le calcul $\vec{c}$ telles que l'entier p associé soit entre 1 en n, et que ce nombre est majoré par la longueur du calcul, lequel est majoré par hypothèse par kn. D'un autre côté, le nombre de suites de passage distinctes de longueur inférieure ou égale à k est majoré par $1 + d + d^2 + \ldots + d^k$, donc par d^{k+1} (en supposant $d \geq 2$, ce qui est loisible, car on peut toujours ajouter des états superflus). On en tire

$$\sum_{i=k+1}^{\infty} N_i \geq n - d^{k+1}.$$

En rapprochant les deux inégalités ci-dessus, on obtient

$$n \leq (k+1)d^{k+1},$$

ce qui signifie que, dans le calcul de $\boldsymbol{M}$ à partir de tout mot w dont la longueur excède N et $(k+1)d^{k+1}$, nécessairement deux suites de passage associées à des indices de cases différents coïncident. Or supposons que $\boldsymbol{M}$ accepte le mot w, et que, dans le calcul de $\boldsymbol{M}$ sur w, les suites de passages d'indices p_1 et p_2 coïncident. Notons u le début de w formés des p_1 premiers caractères, x le mot formé par les $p_2 - p_1$ caractères suivants, et v le mot formé par les $n - p_2$ derniers caractères de w. Considérons le mot $uxxv$ obtenu à partir de w en insérant le motif central x. Si $\vec{c}'$ est le calcul de $\boldsymbol{M}$ à partir de ce mot, on a

$$S(\vec{c}', p) = \begin{cases} S(\vec{c}, p) & \text{pour } p \leq p_2, \\ S(\vec{c}, p - p_2 + p_1) & \text{pour } p \geq p_2. \end{cases}$$

On déduit cette relation de la relation analogue pour les suites de passages augmentées obtenues en sélectionnant outre l'état q_i le caractère accessible $f_i(p_i)$. Cette dernière s'établit par induction sur le nombre d'étapes total : si l'état et le caractère accessible sont les mêmes, les transitions effectuées coïncident et l'induction continue. De façon plus précise, supposons que, dans le calcul à partir de uxv le pointeur « entre » pour la première fois sur le segment $p_1 \ldots p_2 - 1$ en venant de la gauche à l'instant t_1 et en ressort pour le première fois par la droite à l'instant t_2, après avoir transformé le motif x en un nouveau motif

x'. Par hypothèse les états à l'instant t_1 et t_2 ont une même valeur q. Donc dans le calcul à partir de $uxxv$, le pointeur arrive à l'instant t_2 sur le second motif x dans l'état q. Les $t_2 - t_1$ étapes suivantes se déroulent donc exactement comme les précédentes puisque, partant d'un même état, on rencontre les mêmes caractères. Donc, finalement, à l'instant $t_2 + (t_2 - t_1)$ le pointeur ressort par la droite du second x, maintenant transformé lui aussi en x'. L'état étant q, on voit que la continuation des deux calculs, aussi longtemps qu'on reste dans la partie « v », c'est-à-dire à droite des motifs x' et $x'x'$, reste la même. On réabordera le motif x' en venant de la droite et certainement dans le même état pour les deux calculs. L'argument se poursuit de façon analogue. Le raisonnement est similaire si on suppose qu'au lieu de ressortir par la droite du motif x lors de la première visite on en ressort par la gauche. Les détails sont fastidieux et seront omis car il faudrait introduire des notations plus complètes. Finalement la conclusion est que l'état final du calcul à partir de $uxxv$ est le même que l'état final du calcul à partir de uxv (c'est à dire de w), et donc que $uxxv$ sera accepté si et seulement si w l'est. Le même argument s'applique à tout mot du type ux^mv. Par construction, le mot x n'est pas vide. De plus on peut supposer $|ux| \leq \sup(N, (c+1)d^{k+1})$ en considérant la première répétition de suites de passage possible. La preuve est donc terminée. □

Notons que, d'après la remarque de la section 5, la propriété précédente s'applique en particulier à tout ensemble AF-décidable (il s'agit alors du classique « lemme de l'étoile »). Ici on en déduit le résultat de borne inférieure de complexité suivant.

Proposition 6.3. *Quel que soit la constante c positive, l'ensemble* $\{0^p1^p; p \geq 1\}$ *n'appartient pas à la classe de complexité* $\mathbf{DTIME}_1^{\{0,1\}}(cn)$.

Démonstration. Il s'agit de montrer que le critère nécessaire établi ci-dessus ne s'applique pas à l'ensemble $\{0^p1^p; p \geq 1\}$. Supposons que cet ensemble satisfait au critère du lemme, et soit M l'entier correspondant. Considérons le mot 0^M1^M. Il doit posséder une décomposition

$$0^M1^M = uxv$$

telle que, pour tout entier m, le mot ux^mv appartient encore à $\{0^p1^p; p \geq 1\}$. De plus x n'est pas vide et la longueur de ux est bornée par M. Cette dernière condition implique que x ne contient que des 0, et pas de 1. Mais alors le mot $uxxv$ contient strictement plus de 0 que de 1, et ne peut donc appartenir à l'ensemble $\{0^p1^p; p \geq 1\}$. L'hypothèse est donc à rejeter. □

De ce résultat nous pouvons déduire que la hiérarchie de complexité introduite n'est pas triviale, autrement dit que toutes les classes de complexité ne coïncident pas.

Corollaire 6.4. *L'inclusion de la classe* $\mathbf{DTIME}_1^{\{0,1\}}(n)$ *dans la classe* $\mathbf{DTIME}_1^{\{0,1\}}(n^2)$ *est stricte.*

On terminera ce chapitre d'introduction en indiquant de façon informelle comment améliorer le résultat de la proposition 1, et obtient ainsi un meilleur encadrement de la complexité de l'ensemble $\{0^p1^p; p \geq 1\}$, c'est-à-dire du problème de comparaison des longueurs.

Proposition 6.5. *Il existe une constante c telle que l'ensemble* $\{0^p1^p; p \geq 1\}$ *appartient à la classe* $\boldsymbol{DTIME}_1^{\{0,1\}}(cn\log_2 n)$.

Démonstration. Reprenons l'idée naturelle consistant à décider $\{0^p1^p; p \geq 1\}$ en comptant les caractères 0 et 1 qui le composent. On a dit qu'il était inévitable d'utiliser le ruban pour cela. L'idée est, puisqu'on dispose des caractères 0 et 1, d'écrire sur le ruban le développement binaire du nombre de 0 lus diminué du nombre de 1 lus. On sait que le développement binaire du nombre p utilise au plus $\log_2(p)$ chiffres. Par ailleurs incrémenter (ajouter 1) ou décrémenter (retrancher 1) un entier en représentation binaire se fait en temps linéaire par rapport à la taille de cette représentation. Autrement dit, pour décider un mot de longueur n, on n'aura, pour chacun des caractères successifs de ce mot, qu'à actualiser (incrémenter ou décrémenter) un nombre dont le développement binaire est porté sur le ruban, soit n étapes faisant intervenir un nombre de longueur $\log_2(n)$. Si le nombre est fixe, par exemple débute toujours à la case de numéro 0 du ruban, la i-ième étape nécessitera de revenir du caractère qui vient d'être lu (et qu'il conviendra de marquer d'une certaine façon pour le retrouver ensuite) jusqu'à la case de numéro 0, soit typiquement i étapes, et on retrouvera un nombre final d'étapes de l'ordre de n^2. Par contre, si, en plus de tenir à jour le compteur binaire, on le translate à chaque étape d'une case vers la droite, alors on évite les retours et on obtient une complexité de l'ordre de $n\log_2 n$. Il reste donc à vérifier qu'on peut, en un temps linéaire par rapport à la longueur du développement binaire du nombre, simultanément translater et incrémenter, ou translater et décrémenter un nombre représenté par son développement binaire. Les détails sont fastidieux, mais le principe est clair. □

7 Commentaires

Les machines de Turing ont été introduites vers 1935 par Alan Turing, et, à peu près simultanément dans un formalisme un peu différent, par Emil Post. Plusieurs modèles pour la notion de calcul effectif ont été proposés dans les années 30 : λ-calcul, fonctions récursives, divers types de « machines » décrites par exemple dans (Minsky 1967). Tous ces modèles se sont tous révélés essentiellement équivalents.

Malgré le caractère fastidieux de certaines vérifications élémentaires (comme celles des chapitres 2 et 3 de ce cours), les machines de Turing se prêtent bien à une approche quantitative de la complexité, et, par ailleurs, la familiarité actuelle avec les ordinateurs les rendent très accessibles. Il est par contre remarquable que Turing (qui devait prendre une part très active dans l'élaboration des premiers ordinateurs une décennie plus tard) ait conçu ces outils de façon purement théorique et bien avant qu'une quelconque réalisation ne vienne en étayer l'intuition (voir la biographie d'Andrew Hodges, disponible en traduction française).

Les notions de complexité quantitative sont plus récentes, principalement motivées par le développement de l'informatique dans les années 1960. Un des premiers articles de référence pour l'introduction des classes de complexité en temps et en espace et l'étude de leurs propriétés fondamentales est (Hartmanis & Stearns, 1965).

Chapitre 2
Simulation d'algorithmes

La définition des machines de Turing comporte beaucoup d'aspects contingents, sinon arbitraires. On peut donc envisager de nombreuses variantes qui sont ni plus, ni moins naturelles. Par ailleurs, lorsqu'on cherche à démontrer tel ou tel résultat au moyen de machines de Turing, il est fréquent d'imaginer qu'un type de machine légèrement différent serait d'usage plus commode pour cette preuve-là, sans pour autant être meilleur en général. Cette situation n'affaiblit pas le modèle constitué par les machines de Turing, mais au contraire lui donne davantage de souplesse, dans la mesure où on va pouvoir établir que toutes ces variantes envisageables sont en fait équivalentes en un sens convenable, et donc pouvoir ultérieurement utiliser à chaque endroit celle qui conviendra le mieux.

L'outil pour concrétiser ce type d'équivalence est la notion de *simulation* qu'on va développer et illustrer dans ce chapitre.

Chapitre préalable : 1.

1 Machines pour un demi-ruban

Dès lors qu'on s'affranchit de la limitation à un espace constitué par les caractères du mot à décider, c'est-à-dire essentiellement dès qu'on sort de la classe de complexité $\boldsymbol{DSPACE}_1^{\mathcal{A}}(n)$, et qu'on considère un ruban potentiellement infini, autrement dit non borné, il est assez naturel de faire jouer un rôle symétrique aux deux orientations et d'étendre le ruban tant vers la droite que vers la gauche. Néanmoins on peut également considérer le cas où l'extension n'est faite que d'un côté, par exemple vers la droite. On voit bien comment définir les configurations associées, en remplaçant simplement l'indexation par $\mathbb{Z}$ des cases par une indexation par $\mathbb{N}$.

Pour travailler sur de telles configurations, on peut utiliser sans grande modification les tables d'une machine de Turing, à ceci près qu'il faut une clause interdisant de dépasser la case de numéro 0 vers la gauche. Plusieurs solutions formelles sont possibles. L'une des plus simples est de fixer un « nouveau » caractère $\|$ (par nouveau, on entend qu'il sera supposé distinct de tous les autres caractères considérés) qui sera inscrit au départ sur la case 0, et de supposer que les transitions des machines correspondant à ce caractère spécial le laissent invariant et comportent toutes un déplacement vers la droite.

Définition. Une *configuration à un demi-ruban* d'alphabet $\mathcal{A}$ et d'ensemble d'états Q est un triplet (f, p, q) où f est une application de $\mathbb{N}$ dans $\widetilde{\mathcal{A}} \cup \{\|\}$ telle que $f(0)$ est $\|$, $f(x)$ est différent de $\|$ pour $x \geq 1$ et l'ensemble des x tels que $f(x)$ n'est pas $\square$ est fini, p est un entier naturel et q est un élément de $\widetilde{Q}$. L'ensemble de ces configurations est noté $Conf_{1/2}^{\mathcal{A},Q}$.

On représentera évidemment les configurations à un demi-ruban de façon analogue aux configurations à un ruban, comme, par exemple, dans le schéma suivant.

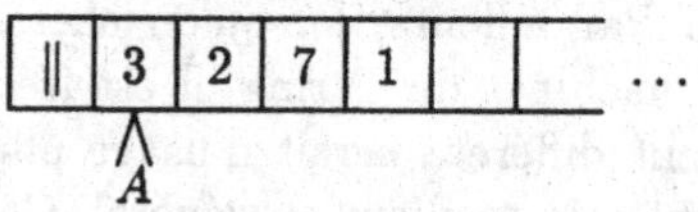

Définition. Une *machine de Turing pour un demi-ruban* d'alphabet $\mathcal{A}$ et d'ensemble d'états Q est une machine de Turing $\boldsymbol{M}$ (au sens défini au chapitre 1) d'alphabet $\mathcal{A} \cup \{\|\}$ et d'ensemble d'états Q telle que, pour tout état q dans Q, $\boldsymbol{M}_{(1)}(q, \|)$ est $\|$ et $\boldsymbol{M}_{(2)}(q, \|)$ est $+1$.

L'algorithme associé à une machine à un demi-ruban se formalise alors exactement comme l'algorithme associé à une machine « standard », à ceci près que la fonction d'entrée associe au mot w la configuration $(\widehat{w}, 1, \textbf{init})$ où

$$\widehat{w}(x) = \begin{cases} \| & \text{si } x = 0, \\ w(x) & \text{si } 1 \leq x \leq |w|, \\ \square & \text{sinon.} \end{cases}$$

On notera $\boldsymbol{Alg}_{1/2}(\boldsymbol{M})$ l'algorithme « à un demi-ruban » associé à la machine $\boldsymbol{M}$.

Il est trivial que tout ce qui peut être fait par un algorithme « à un demi-ruban » peut être fait par un algorithme « à un ruban ». Pour être plus précis, supposons que l'algorithme $\boldsymbol{Alg}_{1/2}(\boldsymbol{M})$ décide la partie X de $\mathcal{A}^*$. On obtient une machine de Turing $\boldsymbol{M}'$ telle que l'algorithme $\boldsymbol{Alg}_1(\boldsymbol{M}')$ décide encore X en ajoutant avant le premier caractère du mot à étudier le caractère $\|$ (sur la case 0), puis en revenant sur la case 1 et effectuant le calcul de $\boldsymbol{M}$. On notera que la nouvelle machine $\boldsymbol{M}'$ est une machine d'alphabet $\mathcal{A} \cup \{\|\}$ et non une machine d'alphabet $\mathcal{A}$. On verra au chapitre 3 que de telles modifications d'alphabet sont peu importantes en pratique, de sorte que la méthode précédente confirme bien le résultat annoncé.

2 Simulation d'un algorithme par un autre algorithme

Pour le moment il s'agit de donner un sens précis à l'idée qu'un certain type d'algorithme est aussi puissant qu'un autre type, par exemple ici que les algorithmes « à un ruban » sont aussi puissants que les algorithmes « à un demi-ruban ». Partant d'un algorithme à un demi-ruban quelconque, l'algorithme à un ruban construit pour témoigner de cette comparaison n'est *pas* le même algorithme (même si, dans le cas présent, les deux algorithmes diffèrent peu), mais un algorithme parallèle qui aboutit à la même conclusion par une suite d'étapes qui correspond point par point à la suite des étapes de l'algorithme initial. On dira que le second algorithme *simule* le premier.

Supposons que $(\mathcal{C},\mathcal{E},\mathcal{T},\mathcal{S})$ et $(\mathcal{C}',\mathcal{E}',\mathcal{T}',\mathcal{S}')$ sont deux algorithmes. L'outil nécessaire à la formalisation d'une telle simulation est un *codage* des configurations du premier algorithme dans les configurations du second : tous les paramètres significatifs du premier algorithme doivent se retrouver, sous une forme ou une autre, dans le second. Donc on considère une application

$$\Gamma : \mathcal{C} \longrightarrow \mathcal{C}'.$$

L'hypothèse qu'il y a simulation (on pourrait également dire ici *homomorphisme*) se traduit par la commutativité du diagramme

$$\begin{array}{ccc}
\mathcal{C} & \xrightarrow{\mathcal{T}} & \mathcal{C} \\
\Big\downarrow \Gamma & & \Big\downarrow \Gamma \\
\mathcal{C}' & \xrightarrow{\mathcal{T}'} & \mathcal{C}'
\end{array}$$

En fait, il n'est pas nécessaire de supposer qu'une étape du premier algorithme doive nécessairement correspondre à une seule étape du second, et, de fait, cette hypothèse ne serait jamais réalisée dans les utilisations que nous ferons de la notion. Pour assurer que le second algorithme arrive à la même conclusion que le premier, l'essentiel est que chaque étape du premier soit simulée par un certain nombre d'étapes du second, fini mais pouvant varier suivant l'étape considérée. Ainsi, il s'agira de la commutativité du diagramme suivant, où $\mathcal{T}'^*$ représente la réunion de toutes les fonctions composées $\mathcal{T}'^k$ pour k entier (attention ! cette notation est abusive, car $\mathcal{T}'^*$ n'est pas une fonction à valeurs dans $\mathcal{C}'$, mais dans l'ensemble des parties de $\mathcal{C}'$)

$$\begin{array}{ccc}
\mathcal{C} & \xrightarrow{\mathcal{T}} & \mathcal{C} \\
\Big\downarrow \Gamma & & \Big\downarrow \Gamma \\
\mathcal{C}' & \xrightarrow{\mathcal{T}'^*} & \mathcal{C}'
\end{array}$$

Aux bornes, il doit exister une correspondance analogue. Mais, à nouveau, il n'est pas nécessaire que le codage de la configuration initiale du premier algorithme à partir d'un certain mot w soit exactement *la* configuration initiale du second algorithme pour w, mais simplement que le second algorithme parvienne à cette dernière configuration à partir du codage de la configuration initiale du premier algorithme. Et, symétriquement, il suffit que le codage d'une configuration terminale du premier algorithme soit, sinon elle-même terminale pour le second algorithme, du moins qu'elle mène à une configuration terminale de celui-ci, avec le même message de sortie évidemment. Ceci nous conduit à la définition suivante.

Définition. Supposons que $(\mathcal{C}, \mathcal{E}, \mathcal{T}, \mathcal{S})$ et $(\mathcal{C}', \mathcal{E}', \mathcal{T}', \mathcal{S}')$ sont deux algorithmes admettant $\mathcal{A}$ comme alphabet d'entrée et $\mathcal{B}$ comme alphabet de sortie. L'application Γ de $\mathcal{C}$ dans $\mathcal{C}'$ est une *simulation* de $(\mathcal{C}, \mathcal{E}, \mathcal{T}, \mathcal{S})$ dans $(\mathcal{C}', \mathcal{E}', \mathcal{T}', \mathcal{S}')$ si

- pour tout mot w de $\mathcal{A}^*$, $\mathcal{E}(w)$ appartient à $\mathcal{T}'^*(\Gamma(\mathcal{E}(w)))$;
- pour toute configuration non terminale c dans $\mathcal{C}$, $\Gamma(\mathcal{T}(c))$ appartient à $\mathcal{T}'^*(\Gamma(c))$;
- pour toute configuration terminale c dans $\mathcal{C}$, $\mathcal{S}(c)$ appartient à $\mathcal{S}'(\mathcal{T}'^*(\Gamma(c)))$, c'est à dire qu'il existe un entier t tel que $\mathcal{T}'^t(\Gamma(c))$ est une configuration terminale dont l'image par $\mathcal{S}'$ est $\mathcal{S}(c)$.

Lemme 2.1. *S'il existe une simulation de l'algorithme* **A** *dans l'algorithme* **A'**, *et si* **A** *décide l'ensemble* X, *il en est de même de* **A'**.

Démonstration. La définition de la simulation a été posée exactement de façon à assurer le résultat. Supposons que $\mathcal{A}$ est l'alphabet d'entrée des algorithmes. On note $\mathcal{C}$, $\mathcal{E}$, *etc...* les éléments de **A**, et, de même $\mathcal{C}'$, $\mathcal{E}'$, *etc...* ceux de **A'**. Soit w un mot quelconque dans $\mathcal{A}^*$, et soit $c_0, \ldots, c_t$ le calcul de **A** à partir de w. Soit Γ la simulation de **A** dans **A'**. Il existe des entiers $k_0, k_1, \ldots, k_t, k_{t+1}$ vérifiant

$$\mathcal{E}'(w) = \mathcal{T}'^{k_0}(c_0),$$
$$\mathcal{T}'^{k_i}(\Gamma(c_i)) = \Gamma(c_{i+1}) \text{ pour } i = 0, \ldots, t-1,$$
$$\mathcal{S}'(\mathcal{T}'^{k_{t+1}}(\Gamma(c_t))) = \mathcal{S}(c_t).$$

Donc le message de sortie de **A'** est égal au message de sortie de **A** à partir de w. □

Avec les notations précédentes, les calculs des algorithmes **A** et **A'** à partir d'un même mot w se correspondent comme dans le diagramme ci-dessous.

$$\begin{array}{ccccccccccccccc}
\mathcal{A}^* & & \xrightarrow{\quad\mathcal{E}\quad} & & \mathcal{C} & \xrightarrow{\mathcal{T}} & \mathcal{C} & \ldots & \mathcal{C} & \xrightarrow{\mathcal{T}} & \mathcal{C} & & \xrightarrow{\quad\mathcal{S}\quad} & & \mathcal{B}^* \\
\| & & & & \downarrow{\scriptstyle\Gamma} & & \downarrow{\scriptstyle\Gamma} & & \downarrow{\scriptstyle\Gamma} & & \downarrow{\scriptstyle\Gamma} & & & & \| \\
\mathcal{A}^* & \xrightarrow{\mathcal{E}'} & \mathcal{C}' & \xrightarrow{\mathcal{T}'^*} & \mathcal{C}' & \xrightarrow{\mathcal{T}'^*} & \mathcal{C}' & \ldots & \mathcal{C}' & \xrightarrow{\mathcal{T}'^*} & \mathcal{C}' & \xrightarrow{\mathcal{T}'^*} & \mathcal{C}' & \xrightarrow{\mathcal{S}'} & \mathcal{B}^*
\end{array}$$

Ce formalisme s'applique bien à la situation des algorithmes de machines de Turing travaillant respectivement sur un demi-ruban et sur un ruban envisagée au paragraphe 1. Avec les notations employées alors, le codage à considérer est la fonction Γ de $Conf_{1/2}^{\mathcal{A},Q}$ dans $Conf_1^{\mathcal{A}\cup\{\|\},Q}$ défini par

$$\Gamma((f,p,q)) = (f^-,p,q),$$

où, pour f application de $\mathbb{N}$ dans $\widetilde{\mathcal{A}}$, f^- est l'application de $\mathbb{Z}$ dans $\widetilde{\mathcal{A}}$ définie par

$$f^-(k) = \begin{cases} f(k) & \text{pour } k > 0, \\ \| & \text{pour } k = 0, \\ \square & \text{pour } k < 0. \end{cases}$$

On peut donc énoncer

Lemme 2.2. *Si M est une machine de Turing pour un demi-ruban d'alphabet $\mathcal{A}$, alors il existe une existe une machine de Turing $\widehat{M}$ d'alphabet $\mathcal{A} \cup \{\|\}$ telle que l'algorithme $\mathbf{Alg}_{1/2}(M)$ est simulable dans l'algorithme $\mathbf{Alg}_1(\widehat{M})$.*

3 Passage d'un ruban à un demi-ruban

S'il est quasiment évident qu'on peut simuler un algorithme de machine de Turing à un demi-ruban dans un algorithme de machine de Turing à un ruban (ce qu'on exprime souvent en disant « on peut simuler une machine de Turing pour un demi-ruban par une machine de Turing pour un ruban »), la réciproque est évidemment beaucoup moins évidente, et constitue un résultat significatif.

A priori un ruban entier contient davantage d'informations qu'un demi-ruban. Cependant il est aisé d'imaginer une bijection entre $\mathbb{N}$ et $\mathbb{Z}$, et d'en déduire un codage injectif de toutes les configurations à un ruban dans les configurations à un demi-ruban. Par exemple, notons φ la bijection de $\mathbb{N} \setminus \{0\}$ définie par $\varphi(2n+1) = n+1$, $\varphi(2n+2) = -n$, et ψ la bijection réciproque. On définit un codage Γ de $Conf^{\mathcal{A},Q}$ dans $Conf_{1/2}^{\mathcal{A},Q}$ en posant

$$\Gamma((f,p,q)) = (f \circ \psi, \psi(p), q).$$

Par exemple le codage de la configuration

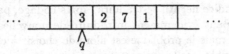

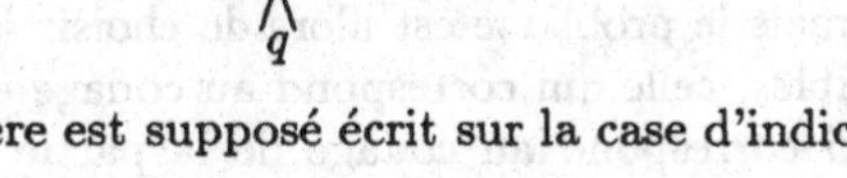

(où le premier caractère est supposé écrit sur la case d'indice 1) sera la configuration

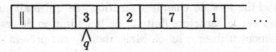

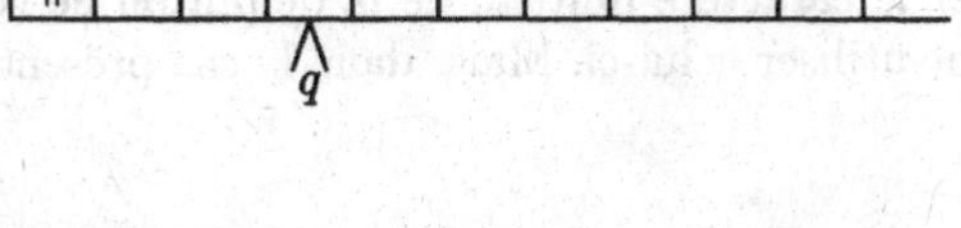

Supposons fixée une machine de Turing $\boldsymbol{M}$ d'alphabet $\mathcal{A}$ et d'ensemble d'états Q. Le problème qui se pose est de savoir si on peut fabriquer une machine de Turing pour un demi-ruban $\widehat{\boldsymbol{M}}$ de sorte que, si $\boldsymbol{M}$ fait passer de la configuration $\boldsymbol{c}$ à la configuration $\boldsymbol{c}'$ (en une étape), alors $\widehat{\boldsymbol{M}}$ fait passer de $\Gamma(\boldsymbol{c})$ à $\Gamma(\boldsymbol{c}')$. Comme les indices des cases accessibles dans $\boldsymbol{c}$ et $\boldsymbol{c}'$ diffèrent d'une unité, les indices des cases accessibles dans $\Gamma(\boldsymbol{c})$ et $\Gamma(\boldsymbol{c}')$ diffèrent en général (c'est à dire si la case 0 n'est pas concernée) de deux unités, et on voit déjà qu'il est impossible d'espérer qu'une étape de la nouvelle machine simule une étape de l'ancienne : il faudra au moins deux étapes, pour assurer un déplacement de deux cases du pointeur.

Considérons une « instruction » de la machine $\boldsymbol{M}$, du type

$$\boldsymbol{M}(q, a) = (a', d, q').$$

Nous voulons que la nouvelle machine, lorsqu'elle lit le caractère a dans l'état q, fasse en deux étapes les transitions qui correspondent à la transition « écrire a', faire le déplacement d et passer dans l'état q' ». Supposons que la nouvelle machine parte d'une case de numero impair, autrement dit d'une case codant une case de numero positif de l'ancien ruban. Alors au déplacement d sur cet ancien ruban doit correspondre un déplacement $2d$ sur le nouveau demi-ruban. L'idée est d'introduire pour la nouvelle machine des états additionnels (en plus des états de l'ancienne machine), et d'utiliser ceux-ci pour intégrer les informations nécessaires qu'on ne peut porter sur le ruban. Ainsi la nouvelle machine comportera, pour chaque état q' de l'ancienne, et chaque déplacement d possible (c'est à dire $d = 1$ et $d = -1$) un nouvel état qu'on notera q'^d et dont l'interprétation sera (du point de vue de la machine) « je veux passer dans l'état q' mais j'ai d'abord encore un déplacement d à effectuer ». Les instructions correspondantes de la nouvelle machine seront

$$\widehat{\boldsymbol{M}}(q, a) = (a', d, q'^d)$$
$$\widehat{\boldsymbol{M}}(q'^d, x) = (x, d, q') \text{ pour tout caractère } x.$$

Elles assurent que la transition de la nouvelle machine sera la même que celle de l'ancienne, à ceci près que le déplacement sera doublé.

La situation n'est pas tout à fait aussi simple. Si le procédé précédent convient lorsqu'il s'agit de simuler une transition à partir d'une case codant une case de numéro positif, il ne convient plus dans le cas opposé. Car le déplacement d à partir d'une case d'indice négatif se traduira, après codage, par un déplacement $-2d$ et non $2d$. On peut évidemment introduire de nouvelles instructions correspondant à ce cas, mais le problème est alors de choisir à chaque étape entre deux transitions possibles, celle qui correspond au codage de la partie négative du ruban, et celle qui correspond au codage de la partie positive de celui-ci. Comme l'indice de la case utilisée ne figure *pas* parmi les paramètres pris en compte par la machine lors de chaque transition (ce qui était une hypothèse essentielle pour assurer le caractère finitiste de la définition de ces transitions), on ne peut directement utiliser celui-ci. Mais, dans le cas présent, l'information nécessaire n'est pas l'indice complet de la case accessible, mais simplement, avant codage, son signe, soit, après codage, sa parité. Ce paramètre ne peut prendre que deux valeurs : il pourra donc être mis en mémoire dans l'état. Cela signifie qu'on va dédoubler l'ensemble des états considérés jusqu'à présent (à la fois les états issus de l'ancienne machine et les états intermédiaires introduits pour assurer les doubles déplacements). Chaque état q aura donc deux avatars, q_+ dont la signification sera « je suis dans l'état q et le numéro de la case accessible est impair (autrement dit code une case de numéro positif) » et q_- à la signification symétrique. Les instructions de la nouvelle machine correspondant à l'instruction ci-dessus seront alors, dans le cas des états positifs, celles qui commandent le déplacement $2d$, et, dans le cas des états négatifs, celles qui commandent le déplacement $-2d$, de sorte qu'il n'y aura pas de problème de choix. Avec nos notations, il s'agira de

$$\widehat{M}(q_+, a) = (a', d, q'^{d}_+)$$
$$\widehat{M}(q'^{d}_+, x) = (x, d, q'_+) \text{ pour tout caractère } x \text{ (distinct de } \|)$$
$$\widehat{M}(q_-, a) = (a', -d, q'^{d}_-)$$
$$\widehat{M}(q'^{d}_-, x) = (x, -d, q'_-) \text{ pour tout caractère } x \text{ (distinct de } \|).$$

Il doit être à peu près clair que le procédé précédent permet de définir la machine escomptée. Il reste encore un problème, qui concerne la gestion du signe des états, autrement dit de la parité des numéros des cases. Il est clair que, puisque par convention on débute sur la case de numéro 1, on sait qu'au début du calcul l'état est un état positif. Précisément, l'état initial de $\widehat{M}$ correspond à l'état « $\mathbf{init}_+$ » issu de l'état **init** de l'ancienne machine. Mais il reste à gérer ce signe au fur et à mesure que les transitions sont effectuées. Le problème est évidemment de tenir compte des passages par la case de numéro 0. Pour cela, on dispose du marqueur $\|$ sur le demi-ruban. Un des cas critiques est de simuler un déplacement négatif à partir de la case de numéro 1 qui code la case de numéro 0 (ce qui ne peut se produire qu'en venant d'un état positif). On doit provoquer le passage aux états négatifs et un déplacement d'une case à droite, et non de deux cases à gauche comme ce serait normalement le cas. Cette situation se reconnaît à ce que, ayant effectué une étape du déplacement à gauche (sur les deux qui seraient usuelles), on rencontre le caractère $\|$. Il suffit donc de définir les instructions relatives au caractère $\|$ de façon *ad hoc*, soit

$$\widehat{M}(q'^{-1}_+, \|) = (\|, +1, q'^{+1}_-).$$

L'autre cas critique est celui de la simulation d'un déplacement positif à partir de la case 2 codant la case de numéro -1 (ce qui ne peut se produire qu'en venant d'un état négatif). Il s'agit cette fois de provoquer le passage aux états positifs et un déplacement d'une case à gauche, et non de deux comme ce serait normalement le cas. Cette situation se reconnaît à ce que, ayant effectué les deux étapes du déplacement à gauche, on rencontre le caractère $\|$. L'adaptation sera la suivante

$$\widehat{M}(q'_-, \|) = (\|, +1, q'_+).$$

Au total, et en répétant cette opération pour toutes les instructions, on aura une table simulant les transitions de façon satisfaisante, c'est à dire que, Γ étant maintenant définie par

$$\Gamma((f,p,q)) = (f{\circ}\psi, \psi(p), q_{\mathbf{sgn}(p)})$$

(afin de tenir compte de la gestion des signes des numéros de cases), il est vrai que, si $\boldsymbol{M}$ fait passer en une étape de la configuration $\boldsymbol{c}$ à la configuration $\boldsymbol{c}'$, alors la nouvelle table fait passer en deux ou trois étapes de $\Gamma(\boldsymbol{c})$ à $\Gamma(\boldsymbol{c}')$ (il y a trois étapes dans certains des cas associés au passage de la case de numéro 0).

On a presque achevé la construction d'une machine à un demi-ruban dont l'algorithme simule l'algorithme de $\boldsymbol{M}$. Le dernier point concerne l'initialisation. Avec les définitions posées, la configuration d'entrée de l'ancien algorithme pour le mot $a_1a_2\ldots$ est

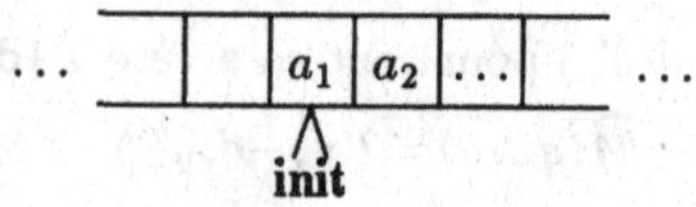

(où le premier caractère a_1 est écrit sur la case d'indice 1) dont le codage par Γ est

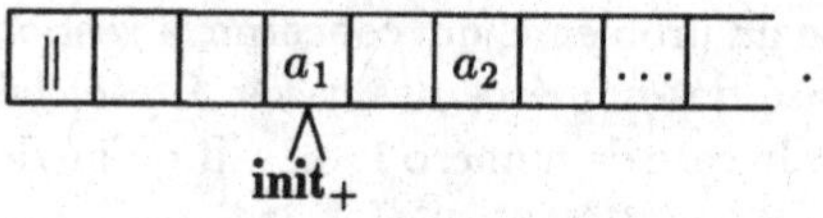

Or la configuration initiale d'un algorithme à un demi-ruban pour le mot w est

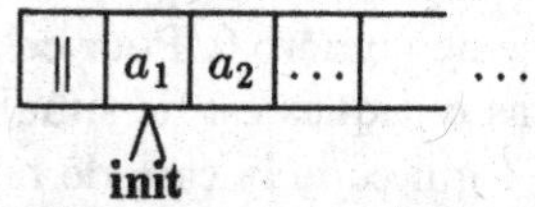

Il n'y a pas une « grande » différence entre ces deux configurations, mais elles ne coïncident certainement pas. Il faut donc encore inclure dans la nouvelle table des instructions qui permettront, avant le calcul proprement dit, de passer de l'une de ces configurations à l'autre. Considérons les instructions suivantes faisant intervenir un état (a) pour chaque élément a de l'alphabet $\widetilde{\mathcal{A}}$.

$$\widehat{\boldsymbol{M}}(a,(b)) = (b, +1, (a)).$$

Le résultat du calcul à partir d'un mot w et de l'état $(\Box)$ sera de recopier w en le décalant d'une case vers la droite. En effet l'état contient à chaque instant en mémoire le précédent caractère lu, et le fait écrire à l'étape suivante. Si on ajoute les transitions

$$\widehat{\boldsymbol{M}}(\Box,(b)) = (b, -1, R)$$

avec

$$\widehat{\boldsymbol{M}}(b, R) = (b, -1, R)$$

pour $b \neq \Box$, et

$$\widehat{M}(\Box, R) = (\Box, 1, \mathbf{init}),$$

alors le calcul après avoir translaté le mot w revient au premier caractère qui suit un blanc. Si donc on initialise le processus par

$$\widehat{M}(\mathbf{init}, a) = (a, +1, (\Box)),$$

la boucle de recopiage-translation va reprendre à partir du caractère suivant. Par exemple, en partant de la configuration

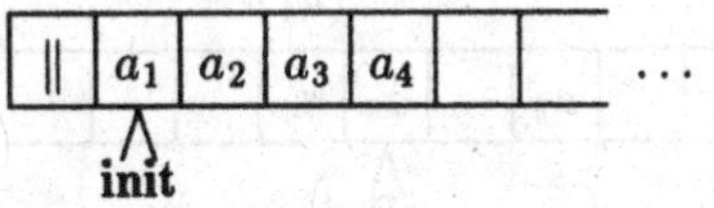

la calcul de la machine ainsi définie sera

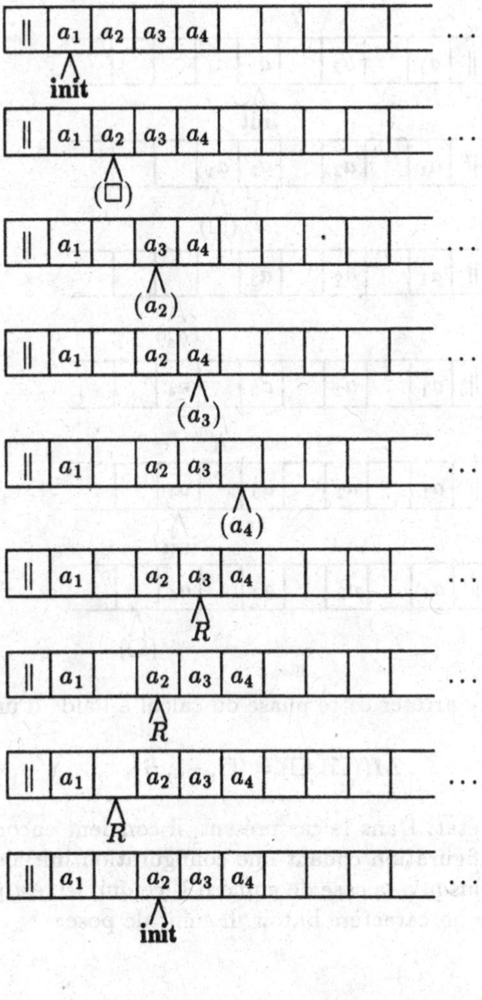

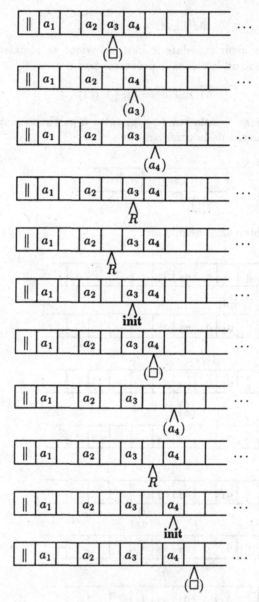

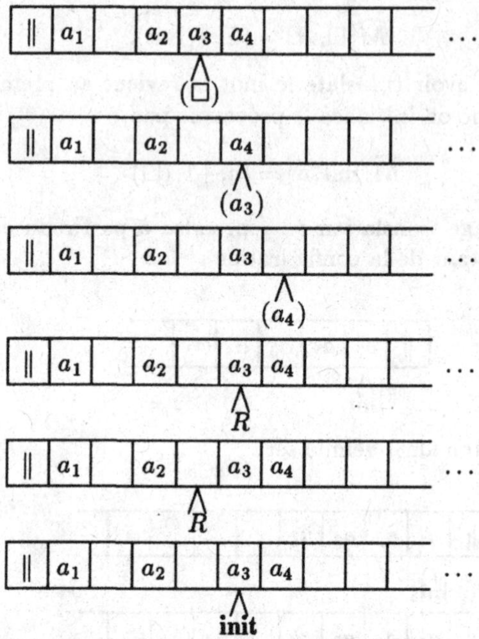

et il est facile de faire arrêter cette phase du calcul à l'aide d'une instruction

$$\widehat{\boldsymbol{M}}((\square), \square) = (\square, -1, B),$$

où B est un nouvel état. Dans le cas présent, il convient encore pour parvenir exactement à la configuration codant une configuration initiale à un ruban de ramener le pointeur jusqu'à la case de numéro 1, ce qui, ici, est particulièrement facile puisqu'il existe un caractère-butoir. Il suffit de poser

$$\widehat{M}(B,a) = (a,-1,B)$$

pour tout caractère a sauf $\|$, et de poser finalement

$$\widehat{M}(B,\|) = (\|,1,\mathbf{init}_+)$$

où $\mathbf{init}_+$ est l'avatar positif de l'état initial de M. La dernière adaptation serait de modifier légèrement le début du processus en initialisant dans l'état ($\Box$) et non dans l'état **init**, afin que le premier caractère soit décalé et non laissé fixe. Il doit être clair que la construction précédente fournit finalement une machine de Turing $\widehat{M}$ ayant les propriétés souhaitées. On pourra donc énoncer :

Proposition 3.1. *Si M est une machine de Turing pour un ruban, alors il existe une machine de Turing pour un demi-ruban $\widehat{M}$ de même alphabet telle que l'algorithme $\mathbf{Alg}_1(M)$ est simulable dans l'algorithme $\mathbf{Alg}_{1/2}(\widehat{M})$.*

Avec ce premier résultat non trivial, on voit qu'il est indifférent de faire opérer les machines de Turing sur un ruban indexé par $\mathbb{Z}$ ou par $\mathbb{N}$: tout ensemble pour lequel il existe un algorithme de décision de type « machine de Turing à un ruban » possède automatiquement un algorithme de décision de type « machine de Turing à un demi-ruban » (et réciproquement). Ainsi, dans la suite, il sera loisible d'utiliser l'un ou l'autre de ces types d'algorithmes selon la commodité locale.

Notons que si, sur le plan qualitatif, machines de Turing à un ruban et machines de Turing à un demi-ruban sont strictement équivalentes, il n'en est plus tout à fait de même lorsqu'on considère l'aspect quantitatif.

Lemme 3.2. *Avec les notations précédentes, si le coût en temps (resp. en espace) du calcul de M à partir de w est t (resp. s), alors le coût en temps (resp. en espace) du calcul de $\widehat{M}$ à partir d'un mot de longueur n est majoré par $3t+8n^2$ (resp. $2s+2n+1$).*

Démonstration. Chaque étape du calcul de M à partir du mot w est simulée par 2 ou 3 étapes du calcul de $\widehat{M}$ (trois étapes peuvent être nécessaires au voisinage de l'extrémité du demi-ruban). Quant à la phase d'initialisation, la transformation d'un mot de longueur n par insertion des blancs intermédiaires requiert $2(n+1)$ étapes pour le traitement du premier caractère, $2n$ étapes pour le second, $2(n-1)$ étapes pour le suivant, *etc.*.. et finalement $2n$ étapes pour le retour final du pointeur jusqu'à la case de numéro 1, soit en tout n^2+5n+2 étapes, ce qu'on peut toujours majorer, pour $n \geq 1$ par $8n^2$. $\Box$

Définissant les classes de complexité relatives aux machines à un demi-ruban comme celles du chapitre 1, on obtient, avec des notations évidentes :

Corollaire 3.3. *Pour toutes fonctions T et S on a les inclusions suivantes :*

$$\boldsymbol{DTIME}^{\mathcal{A}}_{1/2}(T(n)) \subseteq \boldsymbol{DTIME}^{\mathcal{A}}_{1}(T(n)) \subseteq \boldsymbol{DTIME}^{\mathcal{A}}_{1/2}(3T(n)+8n^2)$$
$$\boldsymbol{DSPACE}^{\mathcal{A}}_{1/2}(S(n)) \subseteq \boldsymbol{DSPACE}^{\mathcal{A}}_{1}(S(n)) \subseteq \boldsymbol{DSPACE}^{\mathcal{A}}_{1/2}(2S(n)+2n+1).$$

On pourra noter que la constante 8 dans la formule ci-dessus n'a pas beaucoup de signification : de par la définition asymptotique des classes de complexité, la valeur 8 peut être remplacée par toute constante strictement supérieure à 1 puisque le terme quadratique provient de la majoration de n^2+5n+2. On verra au chapitre 3 que ces questions sont de toute façon inessentielles.

4 Machines à plusieurs rubans

A l'opposé de la restriction d'un ruban indexé par $\mathbb{Z}$ à un demi-ruban indexé par $\mathbb{N}$, on peut envisager l'extension de un à plusieurs rubans. L'idée « physique » est claire : une configuration comporte k rubans (k étant un nombre fixé) et, sur chaque ruban, une case est accessible. Chaque transition se fait en tenant compte d'un état, toujours pris dans un ensemble fini, et des k caractères accessibles. La réponse consiste en k nouveaux caractères (un par ruban), et en k déplacements si on se place dans le cas le plus général où on ne suppose pas que les déplacements aient à être parallèles, et en un nouvel état. La formalisation est immédiate.

Définition. Une *configuration à k rubans* d'alphabet $\mathcal{A}$ et d'ensemble d'états Q est un $2k+1$-uplet $(f_1,\ldots,f_k,p_1,\ldots,p_k,q)$ où les f_i sont des applications de $\mathbb{Z}$ dans $\widetilde{\mathcal{A}}$ telles que l'ensemble des x tels que $f_i(x)$ n'est pas $\square$ est fini, les p_i sont des entiers relatifs et q est un élément de $\widetilde{Q}$. L'ensemble de ces configurations est noté $\mathcal{C}onf_k^{\mathcal{A},Q}$.

On représente les configurations à k de façon analogue aux configurations à un ruban. Par exemple ce qui suit est une représentation d'une configuration à deux rubans

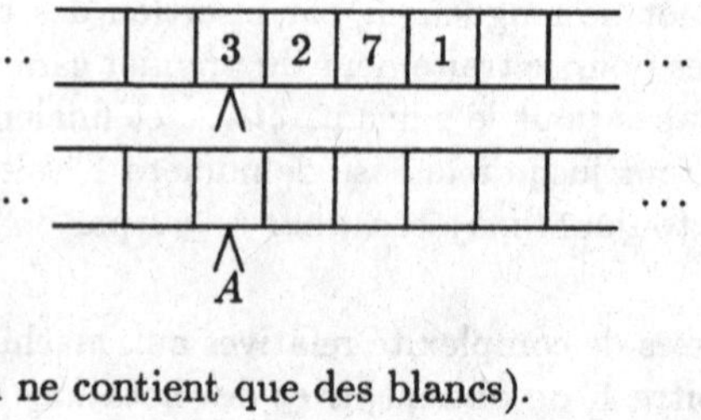

(dont le second ruban ne contient que des blancs).

Il est à nouveau très facile de définir une notion adaptée de machine de Turing pour opérer sur de telles configurations à k rubans. On notera que, comme les pointeurs des divers rubans ont des mouvements indépendants, il est raisonnable d'envisager le cas où un pointeur ne bouge pas (autrement dit la même case reste accessible après la transition), ce qui n'avait guère d'intérêt dans le cas d'un seul ruban, car une transition sans mouvement pourrait toujours être regroupée avec la suivante.

Définition. Soient $\mathcal{A}$ un alphabet, Q un ensemble d'états, et k un entier non nul. Une *machine de Turing pour k rubans* d'alphabet $\mathcal{A}$ et d'ensemble d'états Q est une application de l'ensemble $Q \times (\widetilde{\mathcal{A}})^k$ dans l'ensemble $(\widetilde{\mathcal{A}})^k \times \{-1,0,1\}^k \times \widetilde{Q}$.

Définir l'algorithme associé à une machine de Turing à k rubans suivant les principes décrits ci-dessus est immédiat. On notera comme précédemment $\boldsymbol{M}_{(i)}$ la i-ième composante de $\boldsymbol{M}$ vue comme application à valeurs dans un espace-produit.

Définition. Supposons que $\boldsymbol{M}$ est une machine de Turing pour k rubans d'alphabet $\mathcal{A}$ et d'ensemble d'états Q. L'*algorithme associé* à $\boldsymbol{M}$, noté $\boldsymbol{Alg_k}(\boldsymbol{M})$, est déterminé comme suit :

l'ensemble des configurations est $Conf_k^{\mathcal{A},Q}$; • la fonction d'entrée associe au mot w de $\mathcal{A}^*$ la configuration $(\widetilde{w}, \widetilde{\varepsilon}, \ldots, \widetilde{\varepsilon}, 1, 1, \ldots, 1, \mathbf{init})$ (où ε est le mot vide) ;

la fonction de transition associe à toute configuration non terminale $(f_1, \ldots, f_k, p_1, \ldots, p_k, q)$ la configuration $(f'_1, \ldots, f'_k, p'_1, \ldots, p'_k, q')$ où

$$f'_i(x) = \begin{cases} \boldsymbol{M}_{(i)}(q, f_1(p_1), \ldots, f_k(p_k)) & \text{si } x = p_i, \\ f_i(x) & \text{sinon.} \end{cases}$$

$$p'_i = p_i + \boldsymbol{M}_{(k+i)}(q, f_1(p_1), \ldots, f_k(p_k))$$

$$q' = \boldsymbol{M}_{(2k+1)}(q, f_1(p_1), \ldots, f_k(p_k));$$

la fonction de sortie associe à toute configuration terminale $(f_1, \ldots, f_k, p_1, \ldots, p_k, q)$ le mot 1 (*resp.* 0) si q est **acc** (*resp.* **ref**).

Une machine de Turing pour k rubans pourait être représentée comme $2k+1$ tables à $k+1$ arguments. Il est clair que le résultat est assez illisible dès que la valeur de k dépasse 1. De fait, les machines de Turing pour plusieurs rubans sont, encore davantage que les machines à un ruban, des outils théoriques qu'il ne s'agit pas vraiment d'utiliser en pratique.

Comme seul exemple, on se bornera à considérer la table suivante, qui décrit une machine pour deux rubans d'alphabet $\{0,1\}$ et d'ensemble d'états $\{\mathbf{init}, A\}$. Les lignes correspondent aux états, les colonnes aux couples de caractères. On a indiqué dans chaque case les 5 éléments de réponse, à savoir 2 caractères, 2 déplacements et 1 état. On pourra compléter à volonté les éléments manquants sans changer l'ensemble décidé par la machine, car, partant de la configuration initiale associée à un mot w de $\{0,1\}^*$, ces éléments n'interviendront jamais.

	0,□	1,□	1,0	□,0	□,□	...
init	0, 0, 1, 1, **init**	1, □, 0, −1, A	...	...	**ref**	...
A	..., **ref**	..., **ref**	1, □, 1, −1, A	**ref**	**acc**	...

Partant d'un mot w de $\{0,1\}^*$, le calcul de la machine ci-dessus consiste à lire de gauche à droite les caractères de w. Supposons que w s'écrit $0^i 1^j w'$ avec w' ne commençant pas par 1, ce qui peut toujours se faire d'une et une seule manière. Partant dans l'état **init**, la machine va écrire i fois la caractère 1 sur le second ruban en restant dans l'état **init**. Ensuite au premier caractère 1, l'état devient A, et aussi longtemps que possible on lit des 1 en effaçant les caractères 0 du second ruban. Si, à un moment, il reste un caractère sur le premier ruban alors qu'il y un blanc sur le second, c'est à dire si on a $j > i$ ou $w' \neq \varepsilon$, le mot est refusé. De même, s'il y a un blanc sur le premier ruban alors qu'il reste au moins un 0 sur le second, c'est à dire pour $i < j$, le mot est refusé. Le mot n'est accepté que si la lecture de son dernier caractère coïncide avec l'effacement du dernier 0 sur le second ruban, c'est à dire si i et j sont égaux et w' est vide. L'algorithme précédent décide donc l'ensemble $\{0^p 1^p; p \geq 1\}$. Introduisant les classes de complexité pour les machines à plusieurs rubans comme pour celles à un ruban ou un demi-ruban, et comme il est clair que le calcul précédent pour un mot de longueur n se termine en au plus $n+1$ étapes, on pourra énoncer,

Lemme 4.1. *L'ensemble* $\{0^p 1^p; p \geq 1\}$ *appartient à la classe* $\boldsymbol{DTIME}_2^{\{0,1\}}(n)$.

On mettra en parallèle ce résultat avec la proposition 1.6.3. De façon non surprenante, l'usage d'un second ruban comme ruban de calcul facilite grandement toutes les opérations de comptage, de comparaison ou de recopiage qui étaient particulièrement laborieuses avec un seul ruban.

5 Passage de plusieurs rubans à un seul

Les questions qui se posent avec la définition des machines de Turing pour plusieurs rubans sont claires : peut-on simuler chaque type de machine dans les autres, ou, plus précisément, peut-on simuler l'algorithme associé à une machine pour k rubans dans l'algorithme associé à une machine pour k' rubans, k et k' étant deux entiers quelconques ?

Une partie de la réponse est évidente. Il est clair qu'on peut simuler (l'algorithme associé à) une machine pour un ruban dans (l'algorithme associé à) une machine pour un nombre quelconque de rubans. L'adaptation est facile. Par exemple, on code trivialement les configurations à un ruban dans les configurations à deux rubans en ajoutant un second ruban blanc, et, si $\boldsymbol{M}$ est une machine pour un ruban, on construit une machine $\widehat{\boldsymbol{M}}$ pour deux rubans en posant

$$\widehat{\boldsymbol{M}}(q, a_1, a_2) = (\boldsymbol{M}_{(1)}(q, a_1), \boldsymbol{M}_{(2)}(q, a_1), a_2, 0, \boldsymbol{M}_{(3)}(q, a_1)).$$

Dans les calculs de $\widehat{\boldsymbol{M}}$, le second ruban ne sert absolument pas, et on obtient la simulation escomptée. Plus généralement on obtient de la sorte tout passage de k rubans à k' rubans pour $k' \geq k$.

A l'évidence le problème concerne le passage à un nombre de rubans strictement inférieur. On va s'intéresser maintenant au passage de deux rubans à un ruban, l'adaptation au passage d'un nombre quelconque de rubans à un ruban étant facile.

La première étape est de définir un codage des configurations à deux rubans dans les configurations à un ruban. Comme pour le passage de un ruban à un demi-ruban, il n'est pas difficile d'imaginer une injection de l'ensemble $\mathbb{Z} \times \{1, 2\}$ qui indexe les cases des configurations à deux rubans dans l'ensemble $\mathbb{Z}$ qui indexe celles des configurations à un ruban. Par exemple, on pourra associer aux cases du premier des « anciens » rubans les cases d'indice pair de l'unique « nouveau » ruban, et à celles du second ancien ruban les cases d'indice impair du nouveau. Cela à revient à grouper en colonnes deux par deux les cases de l'ancienne configuration, puis à les juxtaposer sur le nouveau ruban. Ainsi

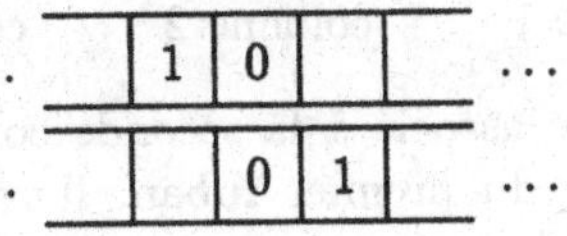

serait codée en

Le problème est alors celui des cases accessibles. Il y en a deux dans la configuration ancienne, il ne peut y en avoir qu'une dans la configuration codante. Si la définition des machines pour deux rubans était faite de sorte que les déplacements soient toujours parallèles, il n'y aurait pas de problème à ne garder dans la nouvelle configuration que la position d'une des cases accessibles, l'autre se trouvant par construction sur la case immédiatement voisine. Par contre, avec la définition large posée, la position de la case accessible sur le premier ruban ne renseigne en rien sur la position de la case accessible du second. On pourrait penser ne marquer qu'une des cases accessibles, et mettre en mémoire au moyen d'états suppplémentaires l'information indiquant la position de la seconde case accessible par rapport à la première. *Ceci est fondamentalement impossible.* En effet, l'écart entre les indices des deux cases accessibles dans les configurations à deux rubans pouvant se rencontrer dans un calcul associé à une machine de Turing n'est pas borné : on peut imaginer une machine très simple provoquant à chaque étape un déplacement positif sur le premier ruban, et négatif sur le second, de sorte qu'après t étapes l'écart entre les indices des cases accessibles (supposé nul au départ) sera $2t$. La seule possibilité pour conserver une information dont la taille n'est pas bornée est d'utiliser le ruban lui-même. Ainsi on pourra dédoubler chaque case et réserver les nouvelles cases ainsi considérées pour marquer l'accessibilité éventuelle de cette case. Par exemple on convient que la présence d'un caractère indique que la case codée est accessible, alors qu'un blanc signifie qu'elle ne l'est pas. De la sorte chaque colonne de la configuration initiale à deux rubans sera codée dans quatre cases de la nouvelle configuration à un ruban. Par exemple la portion

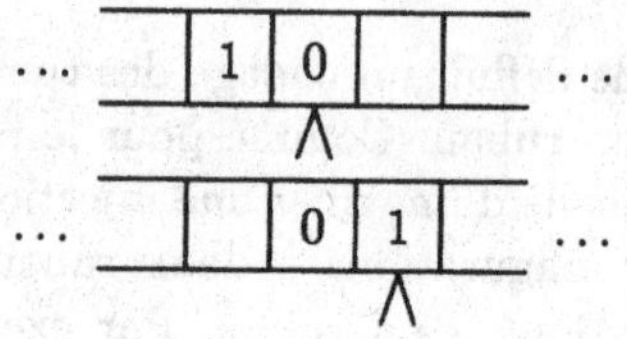

serait codée en

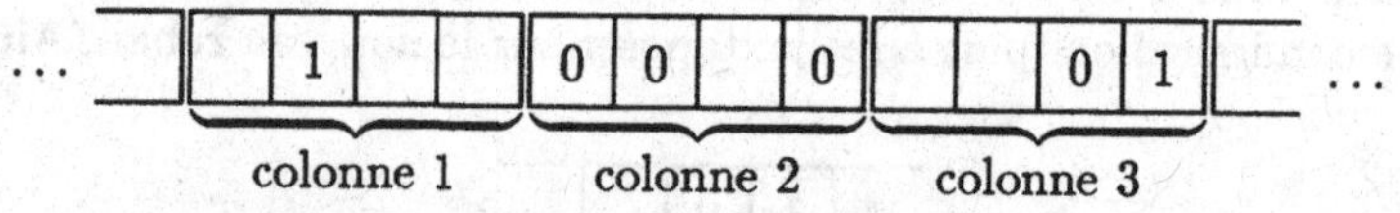

où le 0 initial dans le bloc associé à la seconde colonne indique l'accessibilité de la case correspondante du premier ruban. Il reste à décider quelle est la case accessible dans la configuration codante : on fait le choix qu'il s'agit de la première des quatre cases associée à la colonne où se trouve la plus à gauche des deux cases accessibles de la configuration initiale. Donc nous considérons le codage

$$\Gamma : Conf_2^{\mathcal{A},Q} \longrightarrow Conf_1^{\mathcal{A},Q}$$

qui envoie la configuration (f_1, f_2, p_1, p_2, q) sur la configuration (f, p, q) telle que

$$f(4x-3) = \begin{cases} 0 & \text{si } x = p_1, \\ \square & \text{sinon ;} \end{cases} \quad f(4x-2) = f_1(x),$$

$$f(4x-1) = \begin{cases} 0 & \text{si } x = p_2, \\ \square & \text{sinon ;} \end{cases} \quad f(4x) = f_2(x),$$

$$p = 4\inf(p_1, p_2) - 3.$$

Soit maintenant $\boldsymbol{M}$ une machine de Turing pour deux rubans, d'alphabet $\mathcal{A}$ et d'ensemble d'états Q. Il s'agit de construire une machine de Turing pour un ruban $\widehat{\boldsymbol{M}}$, d'alphabet $\mathcal{A}$ et d'ensemble d'états incluant Q de sorte que la codage Γ soit une simulation de $\boldsymbol{Alg_2(M)}$ dans $\boldsymbol{Alg_1(\widehat{M})}$.

Le point délicat est évidemment la simulation des transitions. Pour effectuer une transition élémentaire à partir d'une configuration c, la machine $\boldsymbol{M}$ prend en compte trois éléments de c, à savoir les deux caractères accessibles a_1, a_2 (un par ruban) et l'état q. Dans la configuration codante $\Gamma(c)$, l'état q est directement lisible, mais pas les deux caractères a_1 et a_2, dont on sait seulement qu'ils se trouvent à la droite de la case accessible de $\Gamma(c)$. La simulation de la transition de $\boldsymbol{M}$ à partir de c se décompose en phases successives.

i) Dans toute la première phase, qu'on appellera de lecture, les déplacements sont toujours à droite, et les caractères lus ne sont pas modifiés. Il n'y a donc qu'à préciser les changements d'états. Comme dans le cas de la simulation d'un ruban sur un demi-ruban où les cases de numéro pair et impair jouaient des rôles différents et où on gardait l'information correspondante dans l'état, on va systématiquement introduire ici 4 copies de chaque état, autrement dit remplacer chaque état q par un couple (q, x) où x représentera la classe *modulo* 4 de la case accessible. Pour cela, on initialise x à 1, puis on tient à jour la valeur de x au fur et à mesure des déplacements.

Partant de l'état q, maintenant appelé $(q, 1)$, il s'agit d'aller chercher vers la droite les deux caractères accessibles a_1 et a_2. Notons $(q, 1, ?, ?)$ au lieu de $(q, 1)$ l'état afin de marquer le principe qu'on a deux caractères à trouver. Les transitions à partir de $(q, 1, ?, ?)$ sont les suivantes. Si la case accessible est blanche, cela signifie que le caractère a_1 ne se trouve pas dans la case immédiatement à droite. Donc il faut continuer à aller voir au moins deux cases plus à droite. Si au contraire le caractère 0 est lu, cela identifie dans $\Gamma(c)$ l'accessibilité de la case correspondante du premier ruban, et on sait que le caractère cherché se trouve sur la case immédiatement à droite. On va donc poser les transitions suivantes (les déplacements sont toujours à droite, et les caractères ne sont pas modifiés)

$$\widehat{M}_{(3)}(a, (q, 1, ?, ?)) = \begin{cases} (q, 2, ?, ?) & \text{si } a = \Box, \\ (q, 2, !, ?) & \text{si } a = 0, \end{cases}$$

$$\widehat{M}_{(3)}(a, (q, 2, ?, ?)) = (q, 3, ?, ?) \qquad \widehat{M}_{(3)}(a, (q, 2, !, ?)) = (q, 3, a, ?)$$

L'état $(q, 2, !, ?)$ signifie « j'ai repéré la case accessible du premier ruban, le premier caractère cherché est le prochain caractère qui sera lu ». De même l'état $(q, 3, a, ?)$ signifie « j'ai lu le caractère a pour le premier ruban, je cherche le caractère du second ruban ».

Les transitions pour la recherche du caractère du second ruban sont analogues pour les états dont la classe *modulo* 4 est 3 ou 0. Avec des notations évidentes on posera pour le cas où le premier caractère n'est pas encore connu

$$\widehat{M}_{(3)}(a, (q, 3, ?, ?)) = \begin{cases} (q, 4, ?, ?) & \text{si } a = \Box, \\ (q, 0, ?, !) & \text{si } a = 0, \end{cases}$$

$$\widehat{M}_{(3)}(a, (q, 0, ?, ?)) = (q, 1, ?, ?) \qquad \widehat{M}_{(3)}(a, (q, 0, ?, !)) = (q, 1, ?, a)$$

et pour le cas où le premier caractère est déjà connu

$$\widehat{M}_{(3)}(a, (q, 3, b, ?)) = \begin{cases} (q, 0, b, ?) & \text{si } a = \Box, \\ (q, 0, b, !) & \text{si } a = 0, \end{cases}$$

$$\widehat{M}_{(3)}(a, (q, 0, b, ?)) = (q, 1, b, ?) \qquad \widehat{M}_{(3)}(a, (q, 0, b, !)) = (q, 1, b, a)$$

De la même façon on posera pour le cas où le second caractère sera connu avant le premier

$$\widehat{M}_{(3)}(a,(q,1,?,b)) = \begin{cases}(q,2,?,b) & \text{si } a = \square,\\ (q,2,!,b) & \text{si } a = 0,\end{cases}$$

$$\widehat{M}_{(3)}(a,(q,2,?,b)) = (q,3,?,b) \qquad \widehat{M}_{(3)}(a,(q,2,!,b)) = (q,3,a,b)$$

ii) Pour le cas où le second caractère est connu avant le premier on ajoutera

$$\widehat{M}_{(3)}(c,(q,3,a,b)) = (q,0,a,b) \qquad \widehat{M}_{(3)}(c,(q,0,a,b)) = (q,1,a,b)$$

De la sorte, au bout d'un nombre fini de transitions, à savoir $4|p_2 - p_1|$ si p_1 et p_2 étaient les cases accessibles de la configuration c, on parviendra dans un état $(q,1,a,b)$. A ce moment toutes les données nécessaires à la simulation de la transition commandée par M sont réunies. Pour chaque transition de M

$$M(a_1,a_2,q) = (a_1',a_2',d_1,d_2,q')$$

on introduit pour $\widehat{M}$ l'instruction

$$\widehat{M}(c,(q,1,a_1,a_2)) = (c,-1,(q',0,a_1',a_2',d_1,d_2)).$$

Ces transitions sont exactement celles qui simulent celles de M : on passe de l'état « j'ai lu a_1 et a_2 et je suis dans l'état q » à un état qui signifiera « j'ai à écrire a_1' et a_2', à faire les déplacements d_1 et d_2 et à passer dans l'état q' ».

iii) La troisième phase de la simulation est alors symétrique de la première. Il s'agit de revenir vers la gauche et, lorsque les cases accessibles sont repérées, de faire les modifications de caractères ainsi que les translations de cases accessibles qui sont décrites dans l'état. Il sera facile d'écrire une liste adaptée d'états et les instructions correspondantes. La dernière transition sera celle où, ayant effectué toutes les tâches et étant revenu sur la première des quatre cases correspondant à la colonne où se trouve la case accessible de plus petit numéro (après actualisation), on passe dans l'état $(q',1,?,?)$ qui marque le début de la simulation suivante.

iv) Considérant ainsi acquise la simulation des transitions, il reste à s'assurer qu'on peut dériver le codage d'une configuration initiale à deux rubans à partir d'une configuration initiale à un ruban. Le problème est tout à fait semblable au problème analogue pour le codage des configurations à un ruban sur un demi-ruban. Il s'agir de passer d'une configuration du type

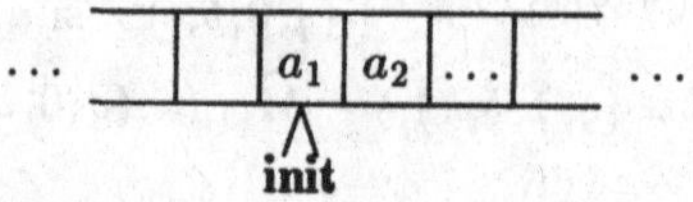

au codage de la configuration

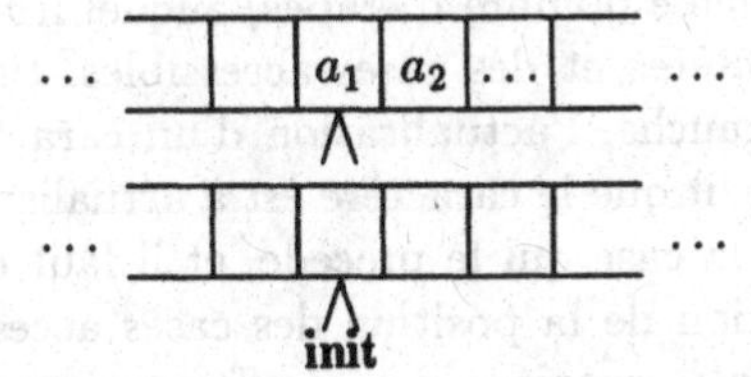

qui est

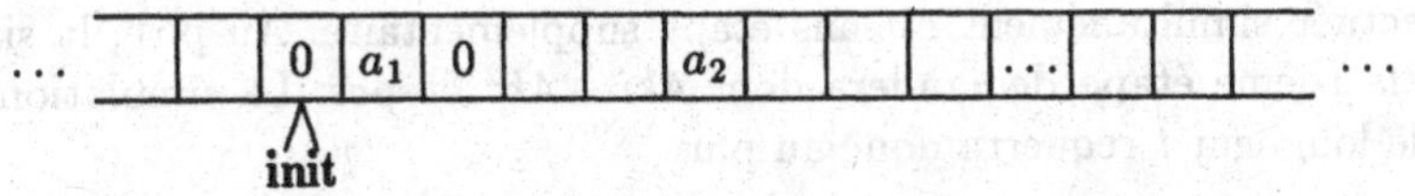

A l'exception de l'inscription « fixe » du caractère 0 dans les cases 1 et 3, il s'agit de recopier le mot initial en insérant des blancs entre ses lettres, ici 3 blancs entre chaque caractère et le suivant. Il est facile d'adapter la solution du paragraphe 3. Finalement la machine obtenue est telle que la fonction Γ est une simulation de l'algorithme attaché à $\boldsymbol{M}$ dans l'algorithme attaché à $\widehat{\boldsymbol{M}}$.

Il doit être clair que la construction précédente s'étend immédiatement au cas d'un nombre quelconque de rubans. On pourra donc énoncer :

Proposition 5.1. *Si $\boldsymbol{M}$ est une machine de Turing pour k rubans, alors il existe une machine de Turing $\widehat{\boldsymbol{M}}$ de même alphabet telle que l'algorithme $\boldsymbol{Alg}_k(\boldsymbol{M})$ est simulable dans l'algorithme $\boldsymbol{Alg}_1(\widehat{\boldsymbol{M}})$.*

Corollaire 5.2. *Si l'ensemble X est décidé par un algorithme associé à une machine de Turing pour plusieurs rubans, il est MT-décidable (c'est-à-dire est décidé par un algorithme associé à une machine de Turing pour un ruban).*

Comme plus haut, il sera intéressant d'évaluer le coût de la simulation afin d'obtenir une comparaison quantitative des calculs sur plusieurs rubans par rapport aux calculs sur un ruban. On définit de façon évidente le coût en temps d'un calcul sur plusieurs rubans. Pour le coût en espace, on prendra le nombre total de cases qui ont été au moins une fois accessibles au cours du calcul.

Lemme 5.3. *Avec les notations précédentes, si le coût en temps (resp. en espace) du calcul de $\boldsymbol{M}$ à partir du mot w est t (resp. s), alors le coût en temps (resp. en espace) du calcul de $\widehat{\boldsymbol{M}}$ à partir de w est majoré par $5k^2(t^2+n^2)$ (resp. $2ks$).*

Démonstration. Pour simuler une étape du calcul de $\boldsymbol{M}$, il faut un temps variable qui dépend de la distance maximale entre les cases accessibles de la configuration codée. Comme au départ les cases accessibles sont, par convention, alignées, l'écart maximal pour la i-ième étape de calcul est au plus $2i$. Donc la phase de lecture de la simulation demandera au plus $4ki$ étapes (puisque chaque colonne de la configuration initiale est codée par $2k$ cases). De même la phase d'écriture demandera au plus ce même nombre d'étapes, auquel il faut ajouter les étapes d'actualisation des caractères et des cases accessibles. Par rapport au mouvement uniforme vers la gauche, l'actualisation d'un caractère requiert 2 étapes supplémentaires (on ne sait que le caractère est à actualiser qu'après avoir lu un caractère non blanc sur la case qui le précède, et il faut donc repartir à droite d'une case). L'actualisation de la position des cases accessibles ou bien ne demande aucune étape supplémentaire s'il y a à effectuer un déplacement à gauche, ou bien demande de revenir de $2k$ cases vers la droite s'il s'agit de simuler un déplacement à droite. Par contre l'actualisation du caractère peut, dans ce cas, être effectuée simultanément et sans étape supplémentaire. Au pire, la simulation de la i-ième étape demandera donc $4ki + 4k^2$ étapes. La simulation d'un calcul de longueur t requerra donc au plus

$$(4k + 4k^2) + (8k + 4k^2) + \ldots + (4kt + 4k^2) = 2kt^2 + 2k(2k + 1)t$$

étapes. Il reste à évaluer le coût de l'initialisation, c'est à dire de l'espacement des caractères du mot d'entrée w. Suivant le même calcul qu'au paragraphe 3, ce coût pour un mot de longueur n peut être majoré par

$2n + 4$ (remplacement du premier caractère a_1 par $0a_10\square\square$, décalage de la suite et retour)

$+2(n - 1) + 3$ (remplacement du second caractère a_2 par $\alpha_2\square\square\square$, décalage de la suite et retour)

$+2(n-2)+3$ (remplacement du troisième caractère a_3 par $\alpha_3\square\square\square$, décalage de la suite et retour) *etc...*

soit en tout $n^2 + 4n + 1$ étapes. La simulation complète d'un calcul de t étapes à partir d'un mot de longueur n requerra donc au plus

$$2kt2 + 2k(2k + 1)t + n^2 + 4n + 1$$

étapes, ce qu'on peut toujours majorer, puisque k est au moins 2 et t et n au moins 1, par $6k^2(t^2+n^2)$. La majoration du coût en espace est immédiate puisque les cases utilisées sont exactement celles qui proviennent des colonnes visitées. Dans le cas le pire, il y a eu s colonnes distinctes visitées (certainement moins puisque la colonne 1 est commune pour toutes les configurations initiales), qui seront codées dans une portion de $2ks$ cases de l'unique ruban de simulation. □

De ce calcul on tire les inclusions suivantes.

Corollaire 5.4. *Pour tout entier $k \geq 2$ et toutes fonctions T et S on a les inclusions suivantes :*

$$\boldsymbol{DTIME}_1^{\mathcal{A}}(T(n)) \subseteq \boldsymbol{DTIME}_k^{\mathcal{A}}(T(n)) \subseteq \boldsymbol{DTIME}_1^{\mathcal{A}}(6k^2(T^2(n) + n^2))$$
$$\boldsymbol{DSPACE}_1^{\mathcal{A}}(S(n)) \subseteq \boldsymbol{DSPACE}_k^{\mathcal{A}}(S(n)) \subseteq \boldsymbol{DSPACE}_1^{\mathcal{A}}(2kS(n)).$$

En rapprochant le lemme 4.1 des résultats de la section 6 du chapitre 1, on voit que, au moins dans le cas particulier de la complexité linéaire, la première inclusion ci-dessus doit être stricte :

Proposition 5.5. *Pour toute constante c positive, l'inclusion de la classe* $\textbf{\textit{DTIME}}_1^{\{0,1\}}(cn)$ *dans la classe* $\textbf{DTIME}_2^{\{0,1\}}(n)$ *est stricte.*

En effet on a vu que l'ensemble $\{0^p1^p; p \geq 1\}$ appartient à la seconde classe mais pas à la première.

Comme il apparaît souvent plus naturel d'utiliser des machines de Turing pour plusieurs rubans, on introduira des classes de complexité plus globales ne supposant pas de restriction à un nombre particulier de rubans.

Définition. Pour tout alphabet $\mathcal{A}$, et toute fonction (de complexité) T ou S, on pose

$$\textbf{\textit{DTIME}}^{\mathcal{A}}(T(n)) = \bigcup_{k\geq 1} \textbf{\textit{DTIME}}_k^{\mathcal{A}}(T(n)),$$

$$\textbf{\textit{DSPACE}}^{\mathcal{A}}(S(n)) = \bigcup_{k\geq 1} \textbf{\textit{DSPACE}}_k^{\mathcal{A}}(S(n)).$$

Le corollaire 4 ci-dessus montre que, dès que T est une fonction de complexité, la classe $\textbf{\textit{DTIME}}^{\mathcal{A}}(T(n))$ est incluse dans la réunion des classes $\textbf{\textit{DTIME}}_1^{\mathcal{A}}(cT^2(n))$ pour c positif.

6 Commentaires

L'équivalence des divers types de machines de Turing fait partie du « folklore ». Pour d'autres variantes, notamment l'extension à des machines multidimensionnelles où le ruban est remplacé par un réseau à deux dimensions (ou davantage), on pourra se reporter à (Hopcroft & Ullman 1978).

Pour d'autres résultats de simulation, et, notamment, la simulation des machines de Turing par des machines à registres (ou machines à accès direct, ou aléatoire), et la simulation réciproque, voir (Stern 1990).

Chapitre 3
Changements de représentation

Le problème de décidabilité pour un ensemble, comme plus généralement tout problème mathématique de nature effective, suppose une représentation des objets étudiés. On s'est restreint résolument aux représentations par des mots formés sur un alphabet (fini). Deux sortes de questions se posent : une représentation des objets au moyen d'un certain alphabet ayant été fixée, est-il important de se limiter à cet alphabet pour tous les calculs afférents, et, d'autre part, lorsque plusieurs représentations au moyen d'alphabets différents sont possibles, le choix de l'une d'entre elles est-il déterminant ? On va voir dans ce chapitre technique que, au moins pour ce qui concerne les machines de Turing et les représentations usuelles des entiers, la réponse aux questions ci-dessus est plutôt négative. Ceci permettra en particulier de gagner en canonicité pour la suite des développements.

Chapitres préalables : 1, 2.

1 Changement d'alphabet

Supposons que $\mathcal{A}$ et $\mathcal{B}$ sont deux ensembles finis (deux alphabets) et que $\mathcal{B}$ inclut $\mathcal{A}$. Alors le monoïde libre $\mathcal{B}^*$ inclut le monoïde libre $\mathcal{A}^*$, et tout ensemble X qui est une partie de $\mathcal{A}^*$ est aussi une partie de $\mathcal{B}^*$. La question se pose de comparer la complexité de X en tant que partie de $\mathcal{A}^*$ et en tant que partie de $\mathcal{B}^*$. Notons que l'ensemble $\mathcal{A}^*$ lui-même est une partie AF-décidable de $\mathcal{B}^*$: considérer un automate à deux états A et B tels que A est initial et acceptant, et dont la fonction de transition T est déterminée par $T(q,a) = 0$ si $q = A$ et a est dans $\mathcal{A}$, et $T(q,a) = B$ dans tous les autres cas.

La première remarque est que le fait d'utiliser un alphabet plus gros n'augmente pas la complexité des algorithmes.

Lemme 1.1. *Supposons que $\mathcal{A}$ est inclus dans $\mathcal{B}$ et que T est une fonction de complexité. Alors la classe* $\mathbf{DTIME}^{\mathcal{A}}(T(n))$ *est incluse dans la classe* $\mathbf{DTIME}^{\mathcal{B}}(T(n))$.

Démonstration. On transforme une machine de Turing $\boldsymbol{M}$ d'alphabet $\mathcal{A}$ décidant X en une machine de Turing $\boldsymbol{M}'$ d'alphabet $\mathcal{B}$ faisant de même en posant

$$\boldsymbol{M}'(q,a) = \begin{cases} \boldsymbol{M}(q,a) & \text{si } a \text{ est dans } \mathcal{A}, \\ (a,+1,\mathbf{ref}) & \text{si } a \text{ n'est pas dans } \mathcal{A}. \end{cases}$$

Pour un mot w dans $\mathcal{A}^*$, le calcul de $\boldsymbol{M}'$ à partir de w est le même que le calcul de $\boldsymbol{M}$, et tout mot contenant au moins un caractère non dans $\mathcal{A}$ est refusé. □

L'autre direction, c'est-à-dire le passage d'un alphabet à un alphabet plus petit, est moins triviale. Il s'agit essentiellement de savoir si le fait d'utiliser des caractères additionnels au cours des calculs influe sur la complexité de ceux-ci. On va voir qu'il n'y a pas de modification qualitative, mais seulement une modification quantitative facile à évaluer.

Nous utiliserons les notations suivantes. Supposons que $\mathcal{A}$ et $\mathcal{B}$ sont deux alphabets, et que φ est une application de $\mathcal{B}$ dans $\mathcal{A}^*$. Pour tout mot w dans $\mathcal{B}^*$, on note w^φ le mot obtenu à partir de w en remplaçant chaque caractère par son image par φ. Pour Y inclus dans $\mathcal{B}^*$, on note Y^φ l'ensemble des mots w^φ pour w dans Y. Pour chaque nombre réel α, on note $\lceil\alpha\rceil$ l'entier immédiatement supérieur ou égal à α, et $\lfloor\alpha\rfloor$ l'entier immédiatement inférieur ou égal à α.

Lemme 1.2. *Supposons que φ est une injection de $\widetilde{\mathcal{B}}$ dans $\widetilde{\mathcal{A}}^d$, et que Y est une partie de $\mathcal{B}^*$ qui appartient à la classe $\boldsymbol{DTIME}_k^{\mathcal{B}}(T(n))$. Alors Y^φ appartient à la classe $\boldsymbol{DTIME}_k^{\mathcal{A}}(3dT(\lceil n/d\rceil))$.*

Démonstration. On suppose $k = 1$, l'adaptation à un nombre quelconque de rubans est immédiate. Supposons que $\boldsymbol{M}$ est une machine de Turing (d'alphabet $\mathcal{B}$) décidant Y. Il s'agit de construire à partir de $\boldsymbol{M}$ une machine $\boldsymbol{M}'$ d'alphabet $\mathcal{A}$ décidant l'ensemble Y^φ. L'idée est que chaque caractère de $\widetilde{\mathcal{B}}$ est codé par d caractères de $\widetilde{\mathcal{A}}$, donc la nouvelle machine, pour pouvoir simuler $\boldsymbol{M}$, doit traiter les caractères par blocs de d. Il s'agit du même schéma que pour la simulation de d rubans sur un seul, mais ici dans le cas simple des têtes à mouvements liés. Pour effectuer une transition, la nouvelle machine doit d'abord prendre en compte d caractères. Cette fois, il n'y a pas à aller chercher ceux-ci tout au long du ruban, mais seulement à les lire dans les cases immédiatement voisines. Formellement, on pourra introduire le codage Γ des configurations (à un ruban) d'alphabet $\mathcal{B}$ et d'ensembles d'états Q (ensemble des états de $\boldsymbol{M}$) dans les configurations d'alphabet $\mathcal{A}$ défini par

$$\Gamma((g,p,q)) = (f,dp,q)$$

avec, pour chaque entier relatif x,

$$f(xd)f(xd+1)\dots f(xd+d-1) = g(x)^\varphi,$$

c'est-à-dire que les d caractères portés sur les cases de numéros compris entre xd et $xd+d-1$ sont le codage du caractère porté sur la case de numéro x.

Les instructions de $\boldsymbol{M'}$ sont alors définies pour assurer la simulation des transitions provoquées par $\boldsymbol{M}$. Au départ, lecture de d caractères vers la droite (les résultats étant mis en mémoire dans l'état), puis remplacement de ces d caractères par les d caractères codant le nouveau caractère de $\mathcal{B}$ après transition (donc d déplacements vers la gauche), et enfin mise en place du pointeur pour la transition suivante, soit une translation de d cases, soit vers la droite (simulation d'un déplacement à droite), soit vers la gauche (simulation d'un déplacement à gauche). Il est donc clair que chaque transition provoquée par $\boldsymbol{M}$ sera simulée par $3d$ transitions de la nouvelle machine. Comme il n'a pas été supposé que φ est surjective, la table de $\boldsymbol{M'}$ est construite de sorte que, si un bloc de d caractères n'est pas l'image par φ d'un caractère de $\widetilde{\mathcal{B}}$, alors la machine passe dans l'état de refus. Il n'y a pas de question d'initialisation ici, puisqu'il s'agit de décider Y^{φ} et non Y. Par contre notons que le calcul à partir d'un mot de longueur n simule le calcul à partir d'un mot de longueur $\lceil n/d \rceil$, qui se termine en au plus $T(\lceil n/d \rceil)$ étapes, soit, après simulation, $3dT(\lceil n/d \rceil)$ étapes. □

L'application du lemme précédent dans le cas où le « gros » alphabet inclut le « petit » mène directement à la comparaison escomptée.

Lemme 1.3. *Supposons que $\mathcal{A}$ est inclus dans $\mathcal{B}$ avec*

$$\mathrm{card}(\mathcal{B}) + 1 \leq (\mathrm{card}(\mathcal{A}) + 1)^d.$$

Alors, pour toute fonction de complexité T, la classe $\mathcal{A}^* \cap \boldsymbol{DTIME}_k^{\mathcal{B}}(T(n))$ est incluse dans la classe $\boldsymbol{DTIME}_k^{\mathcal{A}}(4dT(\lceil n/d \rceil))$ pour $k \geq 2$ et dans la classe $\boldsymbol{DTIME}_1^{\mathcal{A}}(3dT(\lceil n/d \rceil) + 2n^2)$ pour $k = 1$.

Démonstration. Soit X une partie de $\mathcal{A}^*$ qui appartient à $\boldsymbol{DTIME}_k^{\mathcal{B}}(T(n))$. Fixons une injection φ de $\widetilde{\mathcal{B}}$ dans $\widetilde{\mathcal{A}}^d$. On peut par exemple supposer que, pour tout caractère a de $\mathcal{A} \cup \{\square\}$, $\varphi(a)$ est a répété d fois. Supposons que $\boldsymbol{M}$ est une machine de Turing à k rubans d'alphabet $\mathcal{B}$ qui décide X en temps $T(n)$. Par le lemme 1.2, il existe une machine de Turing $\boldsymbol{M'}$ à k rubans d'alphabet $\mathcal{A}$ qui décide l'ensemble X^{φ} en temps $3dT(n)$. Supposons que $\boldsymbol{M''}$ est une machine de Turing d'alphabet $\mathcal{B}$ qui, à partir de la configuration initiale associée au mot w de $\mathcal{A}^*$, aboutit à une configuration qui, au remplacement près de l'état initial par un état terminal, est la configuration initiale associée au mot w^{φ}. Alors la machine obtenue par concaténation de $\boldsymbol{M''}$ et $\boldsymbol{M'}$, c'est-à-dire obtenue en réunissant les deux tables et en remplaçant partout dans la seconde l'état initial par l'état acceptant de la première, décide l'ensemble X. Finalement l'existence de $\boldsymbol{M''}$ comme ci-dessus est facile : avec les hypothèses sur φ, la transformation à effectuer consiste à recopier le mot en répétant d fois chaque caractère. Si on dispose d'au moins deux rubans, la transformation d'un mot de longueur n peut être effectuée en $2dn$ étapes (dn étapes pour lire de gauche à droite les n caractères, et les reporter, en les répétant, sur le second ruban, puis dn étapes pour ramener les pointeurs sur les cases de départ initiales). Si on ne dispose que d'un ruban, on sait qu'il faudra procéder caractère après caractère, la répétition du premier caractère demandant $d + 2n$ étapes, celles du second $d + 2(n - 1)$

étapes, *etc.*.. jusqu'au dernier qui demandera d étapes, soit en tout $n^2+(d+1)n$ étapes, auxquelles il reste à ajouter le retour du pointeur, soit encore dn étapes. Pour n assez grand, le coût total est majoré par $2n^2$. □

On voit donc que le fait d'utiliser un alphabet étendu comme auxiliaire de calcul ne change essentiellement la complexité que d'une constante multiplicative. De même qu'on n'a pas pris en compte la taille de l'ensemble d'états utilisé, il est naturel de ne pas restreindre la taille de l'alphabet utilisé en cours de calcul. On introduira donc les classes « définitives » de complexité en posant

Définition. Soit T et S deux fonctions de complexité, et $\mathcal{A}$ un alphabet quelconque. Une partie X de $\mathcal{A}^*$ est dans la classe $\boldsymbol{DTIME}(T(n))$ (*resp.* $\boldsymbol{DSPACE}(S(n))$) s'il existe un alphabet $\mathcal{B}$ incluant $\mathcal{A}$ tel que X appartienne à $\boldsymbol{DTIME}^{\mathcal{B}}(T(n))$ (*resp.* $\boldsymbol{DSPACE}^{\mathcal{B}}(S(n))$).

Le lemme ci-dessus permet immédiatement de relier ces nouvelles classes à celles introduites plus haut.

Proposition 1.4. *Si l'ensemble X est inclus dans $\mathcal{A}^*$ et appartient à la classe $\boldsymbol{DTIME}(T(n))$, il existe une constante c telle que X appartienne à $\boldsymbol{DTIME}^{\mathcal{A}}(cT(n))$, et une constante c_1 telle que X appartienne à $\boldsymbol{DTIME}_1^{\mathcal{A}}(c_1T^2(n))$.*

Démonstration. Supposons que X est dans $\boldsymbol{DTIME}_k^{\mathcal{B}}(T(n))$. On peut évidemment supposer $k \geq 2$. Alors par le lemme 3, X est dans

$$\boldsymbol{DTIME}_k^{\mathcal{A}}(4dT(\lceil n/d \rceil)),$$

où d est tel que $\mathrm{card}(\mathcal{B})+1$ est au plus $(\mathrm{card}(\mathcal{A})+1)^d$. Un tel entier d existe toujours puisque $\mathrm{card}(\mathcal{A})+1$ est au moins 2. Comme la fonction T est supposée croissante, $T(\lceil n/d \rceil)$ est certainement majorée par $T(n)$, et l'ensemble X appartient à la classe $\boldsymbol{DTIME}^{\mathcal{A}}(4dT(n))$. Le résultat pour un ruban découle alors du corollaire 2.5.4. □

2 Accélération linéaire

Les résultats précédents montrent qu'étendre l'alphabet ne peut « au pire » que faire passer d'une complexité $T(n)$ à une complexité $cT(n)$ pour une certaine constante c. Inversement on va montrer maintenant que, partant d'un ensemble X de complexité $T(n)$ et d'une constante c quelconque, on peut par un changement d'alphabet construire un nouvel algorithme décidant l'ensemble X en temps $cT(n)$. Ainsi, les modifications de complexité de type $T \mapsto cT$ sont exactement synonymes des changements d'alphabet.

Théorème 2.1. (accélération linéaire des machines de Turing) *Supposons que T est une fonction de complexité, et que n est négligeable devant $T(n)$. Pour toute constante positive c les classes $\boldsymbol{DTIME}(T(n))$ et $\boldsymbol{DTIME}(cT(n))$ coïncident.*

Démonstration. On peut supposer $0 < c < 1$ (sinon remplacer c par $1/c$). Alors l'inclusion de $\boldsymbol{DTIME}(cT(n))$ dans $\boldsymbol{DTIME}(T(n))$ est triviale. La réciproque est plus intéressante. Il s'agit de montrer qu'un calcul de longueur t peut être « accéléré » pour n'avoir plus que la longueur ct. L'outil pour cela est d'utiliser un alphabet étendu de sorte que chaque caractère du nouvel alphabet code plusieurs caractères de l'ancien et de s'arranger pour qu'une transition de la nouvelle machine (en fait ce seront ici sept transitions) code une suite de transitions de l'ancienne.

Supposons donc que l'ensemble X appartient à la classe $\boldsymbol{DTIME}(T(n))$, et soit $\boldsymbol{M}$ une machine de Turing d'alphabet $\mathcal{A}$ décidant X en temps $T(n)$. On suppose que $\boldsymbol{M}$ est une machine pour k rubans. On construit une nouvelle machine $\boldsymbol{M'}$, pour $k+1$ rubans, dont l'alphabet est $\mathcal{A} \cup \mathcal{A}^d$, où d est une constante qui sera fixée plus tard. Le calcul de $\boldsymbol{M'}$ à partir de l'entrée associée au mot w de $\mathcal{A}^*$ consiste en la suite d'étapes suivante :

i) recopier le mot w sur le second ruban en codant les lettres par blocs de d, c'est à dire en utilisant les nouveaux caractères éléments de $\mathcal{A}^d$;

ii) simuler (sur les rubans 2 à $k+1$) le calcul de $\boldsymbol{M}$ mais en utilisant les nouveaux caractères (blocs de d caractères de $\mathcal{A}$) de sorte que chaque étape de calcul simule d étapes du calcul de $\boldsymbol{M}$.

Pour simplifier on suppose $k = 1$. L'extension au cas général ne pose pas de problème. La raison pour laquelle la simulation en bloc de d transitions est possible est que, si (f, p, q) est une configuration adaptée à $\boldsymbol{M}$ et si $\mathcal{T}$ est la fonction de transition de l'algorithme associé à $\boldsymbol{M}$, alors le passage de (f, p, q) à $\mathcal{T}^d((f, p, q))$ ne dépend que de q et des valeurs $f(x)$ pour x compris entre $p-d+1$ et $p+d-1$. En effet, quels que soient les déplacements qui interviennent au cours des d transitions, ceux-ci ne peuvent rendre accessible de case au delà de la case $p+d-1$ (cas de déplacements tous à droite) ou en deça de la case $p-d+1$ (cas de déplacements tous à gauche). Le bloc de d caractères où se trouve la case accessible et les deux blocs adjacents contiennent certainement toute l'information sur les caractères du ruban simulé nécessaire à la connaissance de $f(x)$ pour $p-d+1 \leq x \leq p+d-1$, pourvu qu'en outre la position de la case accessible dans le bloc de d cases correspondant soit connue. Précisément, introduisons le codage Γ de $Conf_1^{\mathcal{A},Q}$ dans $Conf_1^{\mathcal{A}\cup\mathcal{A}^d,Q}$ défini par

$$\Gamma((f, p, q)) = (f', \lfloor p/d \rfloor, q)$$

où

$$f'(x) = f(xd)f(xd+1)\ldots f(xd+d-1).$$

Alors si $\Gamma((f, p, q))$ est (f', p', q), les éléments utilisés dans le calcul de d transitions de $\boldsymbol{M}$ à partir de (f, p, q) peuvent être reconstruits à partir des éléments suivants de (f', p', q) :

l'état q ;

les trois caractères $f'(p')$, $f'(p'-1)$, $f'(p'+1)$;

la valeur de p *modulo* d.

Comme ces éléments ne peuvent prendre qu'un nombre borné de valeurs (notamment d valeurs pour le dernier), ils peuvent enregistrés dans des états de la nouvelle machine M'. Cela signifie que, si M' procède par unités élémentaires consistant à lire un caractère puis ceux des deux cases adjacentes (3 transitions), ensuite venir actualiser ces 3 caractères (2 transitions supplémentaires) et enfin venir rendre accessible la case souhaitable (0, 1 ou 2 transitions supplémentaires), alors on *peut* écrire la table M' de sorte que, pour toute configuration c dans $\mathcal{C}onf_1^{\mathcal{A},Q}$, on ait

$$\Gamma(\mathcal{T}_M^d(c)) = \mathcal{T}_{M'}^7(G(c)).$$

Donc 7 étapes de la nouvelle machine simuleront d étapes de l'ancienne. Il est clair que la nouvelle machine M' décide le même ensemble X que l'ancienne. Soit w un mot quelconque dans $\mathcal{A}^*$, et soit n la longueur de w. La longueur du calcul de M' à partir de w sera au plus n pour la première partie (recopiage avec regroupement par blocs), augmenté de $7\lceil T(n)/d\rceil$ puisque, par hypothèse, le calcul de M à partir de w requiert au plus $T(n)$ étapes. Fixons alors d de sorte que le produit cd soit au moins 14 : pour n assez grand, on a, par hypothèse,

$$n + 7 < \frac{1}{2}cT(n).$$

On a donc pour le coût total du calcul de M' à partir de w les majorations suivantes

$$n + 7\lceil T(n)/d\rceil \leq n + 7 + T(n)/d \leq \frac{1}{2}cT(n) + \frac{1}{2}cT(n),$$

ce qui termine la preuve. □

Le résultat précédent exprime qu'on peut toujours accélérer d'un facteur quelconque (mais constant) les calculs d'une machine de Turing. Il simplifie l'échelle des classes de complexité, rendant inutile de distinguer des classes associées à des fonctions de même ordre de grandeur. Ainsi pour les classes *polynomiales*, c'est à dire les classes $\boldsymbol{DTIME}(T(n))$ où $T(n)$ est une fonction polynôme de la variable n (de degré au moins 2), le seul élément important est l'exposant dominant du polynôme, puisque ni le coefficient dominant, ni les termes de plus petit degré n'interviennent réellement. Ces classes sont donc caractérisées par un unique paramètre entier, et sont par ordre croissant, $\boldsymbol{DTIME}(n^2)$, $\boldsymbol{DTIME}(n^3)$, *etc...* Notons que, pour le moment, rien ne nous permet d'affirmer que ces classes sont distinctes. De fait, les seuls exemples d'ensembles dont nous ayons établi la décidabilité jusqu'à présent sont tous dans la classe « minimale » $\boldsymbol{DTIME}(n)$.

Pour terminer, notons que le résultat d'accélération permet de préciser complètement le lien entre complexité à alphabet fixé et complexité à alphabet libre.

Proposition 2.2. *Supposons n négligeable devant $T(n)$. Alors la classe de complexité $\mathfrak{P}(\mathcal{A}^*) \cap \boldsymbol{DTIME}(T(n))$ est exactement la réunion des classes $\boldsymbol{DTIME}^{\mathcal{A}}(cT(n))$ pour c constante positive.*

Démonstration. Le proposition 1.4 donne une inclusion. Pour l'autre direction, on part de l'inclusion de $\boldsymbol{DTIME}^{\mathcal{A}}(cT(n))$ dans $\boldsymbol{DTIME}(cT(n))$ qui est triviale. Puis on applique le théorème d'accélération linéaire qui donne l'égalité de $\boldsymbol{DTIME}(cT(n))$ et $\boldsymbol{DTIME}(T(n))$. □

3 Machines spéciales

Comme on l'a déjà dit, l'avantage des résultats d'équivalence établis entre divers types de machines de Turing (ou plutôt entre les algorithmes associés) est qu'il rend possible le choix du type le mieux adapté pour une preuve particulière. Il en est ainsi du type de machine suivant, qui sera utilisé dans les chapitres ultérieurs.

Définition. Une machine de Turing *spéciale* est une machine de Turing d'alphabet $\{1\}$ telle que, quel que soit l'entier n, les numéros des cases accessibles dans le calcul de $\boldsymbol{M}$ à partir du mot 1^n sont tous strictement positifs.

Ainsi une machine spéciale se comporte comme une machine pour une demi-ruban, à ceci près qu'on n'utilise pas de caractère « butoir » pour délimiter l'extrêmité du demi-ruban. C'est à la machine spéciale d'éviter d'elle-même les cases de numéro négatif.

Il existe des machines de Turing spéciales, et même tout algorithme de machine de Turing peut être simulé dans un algorithme de machine spéciale.

Proposition 3.1. *Si $\boldsymbol{M}$ est une machine de Turing pour un demi-ruban d'alphabet $\{1\}$, alors il existe une machine de Turing spéciale $\widehat{\boldsymbol{M}}$ telle que l'algorithme $\boldsymbol{Alg}_{1/2}(\boldsymbol{M})$ est simulable dans l'algorithme $\boldsymbol{Alg}_1(\widehat{\boldsymbol{M}})$.*

Démonstration. On considère l'injection φ de $\{1, \|, \square\}$ dans $\{1, \square\}^2$ définie par $\varphi(1) = 11$, $\varphi(\|) = \square 1$, $\varphi(\square) = \square\square$. On applique alors sans modification la construction décrite dans la preuve du lemme 1.3. Le seul point est de vérifier que, lors de la phase d'initialisation comme dans la simulation proprement dite, le pointeur reste dans la partie positive du ruban. C'est le cas pourvu que, lors du codage initial, le mot à dédoubler 1^n soit décalé d'une case vers la droite, afin que le premier des deux caractères codant le caractère $\|$, ici un blanc, soit finalement sur la case 1 et non la case 0. Il est clair que ce dernier point ne pose aucun problème sérieux. □

Le calcul du lemme 1.3 donne immédiatement une version quantitative du résultat précédent.

Lemme 3.2. *Avec les notations précédentes, si le coût en temps du calcul de $\boldsymbol{M}$ à partir du mot 1^n est t , alors le coût en temps (resp. en espace) du calcul de $\widehat{\boldsymbol{M}}$ à partir de 1^n est majoré par $6T(\lceil n/2 \rceil + 2n^2)$.*

Notons alors $\boldsymbol{DTIME_{sp}}(T(n))$ la classe de complexité associée de façon évidente aux machines de Turing spéciales. On obtient l'inclusion suivante

Proposition 3.3. *i) Pour tout ensemble MT-décidable X inclus dans $\{1\}^*$, il existe une machine de Turing spéciale décidant X.*

ii) Supposons que T est une fonction de complexité et que $T(n)$ est au moins égal à n^2 pour n assez grand. Alors pour tout ensemble X inclus dans $\{1\}^*$ et appartenant à $\boldsymbol{DTIME}(T(n))$, il existe une constante c telle que X appartienne à $\boldsymbol{DTIME_{sp}}(cT^2(n))$.

Démonstration. Supposons X dans $\boldsymbol{DTIME}(T(n))$. Par la proposition 1.4, il existe une constante c_1 telle que X est dans $\boldsymbol{DTIME}_1^{\{1\}}(c_1T^2(n))$. Par le corollaire 2.3.4, il existe une contante c_2 telle que X est dans $\boldsymbol{DTIME}_{1/2}^{\{1\}}(c_2T^2(n))$. Finalement par le lemme ci-dessus, l'ensemble X est dans $\boldsymbol{DTIME_{sp}}(cT^2(n))$ en prenant pour c un entier quelconque supérieur à $6c_2+2$. Ceci établit le point (ii), et le point (i) s'en déduit en ne conservant que l'aspect qualitatif des simulations utilisées. □

4 Représentations des entiers

Parmi les objets mathématiques sur lesquels portent les problèmes de décidabilité, les entiers ont une place importante, tant par leur rôle direct que par leur utilisation pour un codage ultérieur. Comme il existe plusieurs façons usuelles de représenter les entiers par des mots, la question de la robustesse des notions de complexité introduites jusqu'à présent vis-à-vis des changements de représentations se pose naturellement.

Les représentations les plus usuelles des entiers par des mots sont les développements relativement à une base fixée. Soit B un entier quelconque au moins égal à 2. Pour chaque mot $a_1 \ldots a_n$ formé sur l'alphabet $\{0, 1, \ldots, B-1\}$, on note $(a_1 \ldots a_n)^B$ l'entier

$$\sum_{i=1}^{i=n} a_i B^{n-i}.$$

On sait que l'application $w \mapsto (w)^B$ est surjective et que chaque entier N est l'image d'un unique mot w qui est soit 0, soit ne commence pas par 0. Ce mot unique est la représentation de l'entier N en base B. On le notera $(N)_B$ dans la suite. Cette notation est étendue aux ensembles d'entiers en convenant que, si X est un ensemble d'entiers, $(X)_B$ est l'ensemble des mots $(N)_B$ pour N dans X. De même, si F est une fonction de $\mathbb{N}$ dans $\mathbb{N}$, on note $(F)_B$ la fonction de $\{0, 1, \ldots, B-1\}^*$ dans lui-même qui à tout mot w associe $(F((w)^B))_B$.

On peut imaginer bien d'autres représentations des entiers, c'est à dire bien d'autres injections de l'ensemble $\mathbb{N}$ dans un monoïde libre $\mathcal{A}^*$. En particulier, on peut se contenter d'un alphabet à un seul élément en associant à l'entier N

le mot formé de la répétition de $N+1$ fois l'unique caractère de $\mathcal{A}$ (on préfère $N+1$ à N pour éviter que l'entier 0 ne se trouve représenté par un mot vide). On appellera ***représentation unaire*** cette représentation dans le cas de l'alphabet $\{1\}$, et on étend les notations précédentes à ce cas. Ainsi, pour tout entier N, on pose

$$(N)_1 = 1^{N+1},$$

étant entendu que le produit dans le membre de droite désigne la concaténation des caractères.

Il s'agit donc de comparer, du point de vue de la décidabilité et de la complexité, les différents ensembles $(X)_B$ associés à un même ensemble d'entiers X.

Proposition 4.1. *Soit X un ensemble d'entiers quelconque. Il y a équivalence entre*

i) il existe $B \geq 1$ tel que l'ensemble $(X)_B$ est MT-décidable;

ii) pour tout $B \geq 1$, l'ensemble $(X)_B$ est MT-décidable.

Démonstration. Disons qu'une fonction F de $\mathcal{A}^*$ dans $\mathcal{B}^*$ est MT-calculable s'il existe une machine de Turing qui, pour chaque mot w dans $\mathcal{A}^*$, fait passer de la configuration initiale associée à w à la configuration acceptante associée à $F(w)$ (définie comme la configuration initiale mais en remplaçant l'état **init** par l'état **acc**). Il est clair qu'il suffit ici de montrer, quels que soient les entiers B et B', la MT-calculabilité de la fonction $F_{B;B'}$ de $\{0,1,\ldots,B-1\}^*$ dans $\{0,1,\ldots,B'-1\}^*$ qui associe à w le mot $((w)^B)_{B'}$ et, en particulier associe à tout mot $(N)_B$ le mot correspondant $(N)_{B'}$. Autrement dit, il s'agit de construire une machine de Turing qui transforme le développement en base B de tout nombre en son développement en base B'.

Pour établir la proposition, on peut se restreindre au cas où l'une des bases est fixe, par exemple vaut 1. Une fois établie la possibilité de passer de 1 à B et de B à 1 pour tout B, on en déduit le passage de B à B' en utilisant la base 1 comme intermédiaire.

Principe d'une machine de Turing pour quatre rubans faisant passer de $(N)_B$ à $(N)_1$. Sur le premier ruban, le mot $(N)_B$ reste écrit. Sur le second, le mot $(N)_1$ est construit par ajout successif de caractères 1. Sur le troisième ruban, un bloc de B^i fois 1 est écrit. Le quatrième ruban sert à dupliquer le mot écrit sur le troisième. Le calcul à partir du mot $(N)_B$ est le suivant : on repère le dernier caractère de $(N)_B$ puis on revient vers la gauche en traitant successivement chaque caractère. Le traitement du i-ème caractère (à partir de la droite) consiste, si celui-ci est a, à dupliquer $B-1$ fois le contenu antérieur du troisième ruban (sauf à la première étape) et à en reporter a fois le contenu sur le second ruban. Ainsi, si le troisième ruban est initialisé à 1, sa valeur pour le traitement du i-ème caractère est B^i, et le résultat de la procédure est l'ajout de aB^i fois 1 sur le second ruban. A condition que celui-ci soit initialisé à 1, il contiendra lorsque la lecture du mot sur le premier ruban sera achevée un bloc de $(N)_1$ caractères 1.

Principe d'une machine de Turing pour trois rubans faisant passer de $(N)_1$ à $(N)_B$. Sur le premier ruban, le mot $(N)_1$ est écrit. Sur le second le mot $(N)_B$ est construit en partant de la droite. Le troisième ruban sert pour les recopiages avec contraction du premier ruban. La machine efface un 1 du premier ruban (du sorte qu'il contient exactement N fois 1 à ce stade). Ensuite elle effectue la division euclidienne du nombre de 1 du premier ruban par B, de sorte que le reste est porté comme chiffre entre 0 et B–1 sur le second ruban et le quotient en base 1 sur le troisième ruban. Le principe est celui de la machine pour décider la divisibilité par 9 décrite au chapitre 1 : les états correspondent aux B restes possibles *modulo* B, la table est ici particulièrement simple puisque le seul caractère à lire est 1. On adapte la machine de sorte que, chaque fois que le reste cumulé dépasse B, un 1 est ajouté sur le troisième ruban, et, d'autre part, le résultat final, c'est à dire la classe *modulo* B du nombre de 1 sur le premier ruban, est inscrit comme chiffre entre 0 et $B-1$ sur le second ruban, à la gauche des caractères y figurant déjà (s'il y a en a). A l'issue de cette étape, on efface le contenu du premier ruban, on y recopie le contenu du troisième, on efface ce dernier, et on recommence l'ensemble de la procédure, jusqu'à ce que le mot du troisième ruban soit vide. Alors le mot $(N)_B$ figure sur le second ruban. □

Grâce au résultat précédent, on pourra définir naturellement une notion de décidabilité indépendante du choix d'une représentation.

Définition. Un ensemble d'entiers X est ***décidable par machine de Turing*** (ou MT-décidable) si, pour un entier B quelconque, l'ensemble $(X)_B$ est MT-décidable.

L'aspect quantitatif est un peu plus délicat, en particulier parce que les longueurs des divers mots $(N)_B$ représentant un même entier N sont différentes. En effet on a, pour tout entier N, les égalités

$$|(N)_1| = N + 1,$$
$$|(N)_B| = \lfloor \log_B(N) \rfloor + 1 \quad \text{pour } B \geq 2.$$

Donc, si les longueurs des mots $(N)_B$ et $(N)_{B'}$ sont proportionnelles pour $B, B' \geq 2$, la longueur de $(N)_1$ est exponentielle par rapport à chacune des longueurs $(N)_B$ pour $b \geq 2$. Il en résulte que la méthode consistant à passer d'une base B distincte de 1 à une autre base B' distincte de 1 en utilisant la base 1 comme intermédiaire est calamiteuse en terme de complexité. On doit donc effectuer un passage plus direct, ce qui n'est pas très difficile.

Lemme 4.2. *Soient B, B' deux entiers au moins égaux à 2. Il existe une constante c et une machine de Turing qui, pour tout entier N, fait passer de la configuration initiale associée à $(N)_B$ à la configuration finale associée à $(N)_{B'}$ en au plus $c|(N)_B|^2$ étapes.*

Démonstration. Le principe reste celui de la division euclidienne déjà utilisé plus haut pour le passage de la base 1 à une autre base. On peut suivre exactement l'algorithme utilisé lors de la division « à la main » par B' (considéré comme nombre à un chiffre) : le quotient est construit de gauche à droite chiffre après chiffre (en base B) sur un troisième ruban, et, à la fin de cette division ; le reste *modulo* B' est porté comme chiffre entre 0 et $B'-1$ sur le second ruban. Chaque chiffre du dividende donne exactement un chiffre du diviseur (qui peut être 0) et la seule information à conserver est la classe *modulo* B' du dernier reste obtenu. Ainsi, si n est la longueur du mot $(N)_B$, on déterminera en exactement $2n$ étapes le développement en base B du quotient de N par B' et le reste correspondant (n étapes de calcul, suivies de n étapes pour ramener les pointeurs et remettre les rubans en configuration initiale par recopiage et effacement) . Pour obtenir le mot $(N)_{B'}$, il suffit de recommencer la procédure précédente pour le développement du quotient en question, dont la longueur est certainement inférieure à celle de $(N)_B$. Chaque nouveau chiffre de $(N)_{B'}$ requiert donc au plus $2n$ étapes de calcul. Puisque, par hypothèse, l'entier N est moindre que B^n, la longueur de $(N)_{B'}$ est au plus $\lfloor \log_{B'}(B^n) \rfloor + 1$, qu'on peut majorer, pour toute constante $c' > 1$ et tout n assez grand, par $c' \log_{B'}(B)n$, ce qui donne au total au plus $2c' \log_{B'}(B)n^2$ étapes pour le passage complet de $(N)_B$ à $(N)_{B'}$. □

Proposition 4.3. *Soient B, B' deux entiers au moins égaux à 2. On suppose que X est un ensemble d'entiers et que $(X)_B$ appartient à* ***DTIME***$(T(n))$. *Alors, pour toute constante $c > 1$, l'ensemble $(X)_{B'}$ appartient à la classe* ***DTIME***$(n^2 + T(c \log_B(B')n))$.

Démonstration. Supposons que M est une machine de Turing décidant $(X)_B$ en temps $T(n)$. On obtient une machine de Turing décidant $(X)_{B'}$ en ajoutant à M un module préliminaire qui transforme toute entrée de type $(N)_{B'}$ en l'entrée $(N)_B$ correspondante, sur laquelle M travaille ensuite. Le coût de la procédure initiale est, pour une certaine constante c_1, majoré pour un mot $(N)_{B'}$ de longueur n, par $c_1 n^2$. Ensuite le coût du calcul de M est majoré (pour un mot assez long, c'est-à-dire pour un entier assez grand) par $T(|(N)_B|)$. Or, comme dans la démonstration du lemme, on a

$$|(N)_B| \leq c \log_B(B') |(N)_{B'}|,$$

d'où une longueur totale du calcul bornée par

$$c_1 n^2 + T(c \log_B(B')n).$$

On peut, par accélération linéaire, supprimer la constante c_1 du résultat final. □

On notera que l'accélération linéaire des machines de Turing ne permet en général pas d'éliminer la constante $c \log_B(B')$ qui figure dans le résultat précédent. Par exemple, la fonction $\exp(2n)$ n'est pas du même ordre de grandeur que la fonction $\exp(n)$. Par contre cette difficulté ne se présente pas dans le cas particulier des complexités polynomiales.

Corollaire 4.4. *Soit B un entier au moins égal à 2. Si X est un ensemble d'entiers et que $(X)_B$ appartient à la classe* **DTIME**(n^d) *avec $d \geq 2$, alors pour tout entier B' au moins égal à 2, l'ensemble $(X)_{B'}$ appartient également à la classe* **DTIME**(n^d).

Démonstration. Le résultat antérieur implique que, pour une certaine constante c, l'ensemble $(X)_{B'}$ est dans la classe **DTIME**$(n^2 + (cn)^d)$. Il existe alors c' satisfaisant

$$n^2 + (cn)^d \leq c'n^d$$

pour n assez grand, et c'est assez pour conclure puisque **DTIME**$(c'n^d)$ est égal à **DTIME**(n^d). □

A nouveau, ces résultats permettent de définir une notion naturelle d'ensemble d'entiers de complexité n^d qui est indépendante de tout choix d'une base (supérieure ou égale à 2). L'adaptation des calculs au cas de la base 1 est facile.

Proposition 4.5. *On suppose que X est un ensemble d'entiers et que T est une fonction de complexité.*

i) Si $(X)_1$ appartient à la classe **DTIME**$(T(n))$, *alors $(X)_2$ appartient à la classe* **DTIME**$(T(2^n))$.

ii) Inversement si $(X)_2$ appartient à la classe **DTIME**$(T(2^{n-1}))$, *alors $(X)_1$ appartient à la classe* **DTIME**$(n^2 + T(n))$.

Démonstration. Supposons $(X)_1$ dans **DTIME**$(T(n))$. On décide $(X)_2$ en enchaînant une machine convertissant $(N)_2$ en $(N)_1$ à une machine décidant $(X)_1$. La conversion peut se faire en 2^n étapes (n étant la taille du mot $(N)_2$). Le résultat de cette conversion ayant une longueur majorée par 2^n, la seconde phase a un coût borné par $T(2^n)$. Comme $T(m)$ est au moins égal à m, $2^n + T(2^n)$ est majoré par $2T(2^n)$, d'où le résultat par accélération linéaire.

Supposons maintenant $(X)_2$ dans **DTIME**$(T(2^{n-1}))$. Le principe est le même. La conversion de $(N)_1$ en $(N)_2$ se fait en temps n^2, et la longueur du résultat est majorée par $\log_2(n) + 1$. Le coût total est donc majoré par

$$n^2 + T(2^{\log_2(n)}),$$

ce qui donne le résultat. □

5 Commentaires

Le théorème d'accélération linéaire des machines de Turing apparaît dans (Hartmanis & Stearns 1965).

Les questions liées à la représentation des entiers font partie du folklore. On notera que les représentations par développement dans une base ne sont certainement pas les seules intéressantes ou naturelles. En particulier pour des très grands entiers dont le dévelopement dans une base fait apparaître de longues suites de 0 on peut imaginer des représentations plus compactes, par exemple le développement en base B itérée où les exposants à leur tour sont développés. Ce dernier exemple est surtout remarquable par son utilisation dans les suites de Goodstein qui seront évoquées au chapitre 9.

Chapitre 4
Fonctions récursives

Avec les machines de Turing, on a élaboré une notion d'effectivité issue d'une approche opératoire. Les algorithmes associés aux machines de Turing sont une version (*a priori* appauvrie) des algorithmes programmables à l'aide de langages comme PASCAL. Ce chapitre développe une autre approche classique, qu'on peut dire aujourd'hui caractéristique d'une programmation fonctionnelle comme celle qui utilise le langage LISP. En montrant l'équivalence de ces deux approches, on augmentera considérablement la portée des résultats établis pour les seules machines de Turing, et on étaiera la thèse de Church, qui est l'opinion selon laquelle tout ensemble décidable est décidable par machine de Turing.

Chapitres préalables : 1, 2, 3.

1 Fonctions *MT*-calculables

Techniquement, on va remplacer dans la suite de ce chapitre le cadre des ensembles *MT*-décidables par celui des fonctions *MT*-calculables. Jusqu'à présent, on a considéré des algorithme de décision où l'entrée est un mot w formé sur un certain alphabet $\mathcal{A}$, et où la sortie est un booléen « vrai » ou « faux » suivant que le mot w appartient ou non à l'ensemble X qu'il s'agit de décider. Pour ce qui est de déterminer les valeurs d'une fonction F de $\mathcal{A}^*$ dans $\mathcal{B}^*$, on dira naturellement qu'un algorithme *calcule* la fonction F si, à partir de la configuration initiale associée à un mot w de $\mathcal{A}^*$, il mène en un nombre fini d'étapes, à la configuration terminale (acceptante) associée au mot $F(w)$.

Afin de traiter simultanément les cas de fonctions à plusieurs variables et/ou plusieurs composantes, on posera les définitions suivantes.

Définition. Soit $\mathcal{A}$ un alphabet quelconque, et k, r deux entiers non nuls. Pour toute suite de mots $(w_1, \ldots, w_r)$ dans $(\mathcal{A}^*)^r$, la ***configuration initiale à k rubans*** associée à $(w_1, \ldots, w_r)$ est la configuration à k rubans telle que le mot $w_1 \Box w_2 \Box \ldots \Box w_r$ est écrit sur le premier ruban en partant de la case de numéro 1, les autres rubans sont vides, sur chaque ruban la case de numéro 1 est accessible, et l'état est l'état initial. La ***configuration terminale à k rubans*** associée à $(w_1, \ldots, w_r)$ coïncide avec la précédente, à ceci près que l'état est l'état acceptant.

Comme dans le cas de la décidabilité, on envisagera la possibilité que des calculs ne s'arrêtent jamais. Cette situation ici interviendra dans le cas de fonctions non partout définies.

Définition. Soient $\mathcal{A}$ et $\mathcal{B}$ deux alphabets quelconques, et F une fonction, non nécessairement partout définie, de $(\mathcal{A}^*)^r$ dans $(\mathcal{B}^*)^s$. On dit que la fonction F est *calculable par machine de Turing*, ou MT-calculable, s'il existe un entier k et une machine de Turing $\boldsymbol{M}$ pour k rubans dont l'alphabet inclut $\mathcal{A}$ et $\mathcal{B}$ telle que, pour toute suite finie $\vec{w}$ dans $(\mathcal{A}^*)^r$,

si $F(\vec{w})$ est définie, alors le calcul de $\boldsymbol{M}$ à partir de la configuration initiale à k rubans associée à $\vec{w}$ aboutit à la configuration terminale associée à $F(\vec{w})$,

si $F(\vec{w})$ n'est pas définie, alors le calcul de $\boldsymbol{M}$ à partir de la configuration initiale à k rubans associée à $\vec{w}$ ne se termine jamais.

On aurait pu demander que, lorsque la fonction F n'est pas définie au point $\vec{w}$, alors le calcul de la machine de Turing aboutisse par exemple à un état refusant. Il s'agirait d'une définition non équivalente. Il est en effet évident de transformer une machine qui s'arrête dans un état refusant en une machine qui ne s'arrête jamais. Par contre le passage inverse n'est pas nécessairement possible, en vertu de l'« indécidabilité » du problème de l'arrêt d'une machine de Turing qui sera établie au chapitre suivant.

Une adaptation immédiate des résultats du chapitre 2 montre que, au sens évident, toute fonction calculable par machine de Turing est calculable à l'aide d'une machine de Turing pour un ruban (ou même pour un demi-ruban en adaptant la définition).

Si $(N_1, \ldots, N_r)$ est une suite finie d'entiers, et B une base quelconque ≥ 1, on notera $((N_1, \ldots, N_r))_B$ la suite finie de mots $((N_1)_B, \ldots, (N_r)_B)$. Alors, si F est une fonction de $\mathbb{N}^r$ dans $\mathbb{N}^s$, on notera $(F)_B$ la fonction de $\{0, 1, \ldots, B-1\}^r$ dans $\{0, 1, \ldots, B-1\}^s$ qui associe à la suite $(\vec{N})_B$ la suite $(F(\vec{N}))_B$. Les résultats du chapitre 3 montrent que les fonctions $(F)_B$ sont toutes MT-calculables dès que l'une d'entre elles l'est. On dira dans ce cas que la fonction F est MT-calculable.

Le lien entre MT-décidabilité et MT-calculabilité est facile.

Proposition 1.1. *i) Un ensemble est MT-décidable si et seulement si sa fonction indicatrice est MT-calculable.*

ii) Supposons que F est partout définie sur $(\mathcal{A}^*)^r$. Alors F est MT-calculable si et seulement si le graphe de F est un ensemble MT-décidable.

Démonstration. i) La fonction indicatrice d'un ensemble X (supposé inclus dans $\mathcal{A}^*$) est la fonction F telle que $F(w)$ vaut 1 pour w dans X, et 0 sinon. Si la fonction F est MT-calculable, il est immédiat de transformer une machine de Turing qui la calcule en une machine de Turing qui décide X : il suffit de remplacer la configuration « $(0, \mathbf{acc})$ » par la configuration « $(0, \mathbf{ref})$ ». Le passage inverse est plus délicat, car, avec les définitions qu'on a posées, la MT-calculabilité de

F requiert non seulement un algorithme qui, à partir de la configuration initiale associée à w, mène à une configuration où 1 ou 0 figurent à une place convenue, par exemple sur un ruban spécial, suivant que w est ou non dans X, mais, beaucoup plus précisément un algorithme qui, dans les mêmes conditions, mène à *la* configuration terminale associée à 1 ou 0, ce qui suppose que tous les rubans ont été effacés et les pointeurs ramenés en position initiale. On a donc besoin d'un lemme affirmant que toute machine de Turing décidant X peut être transformée en une nouvelle machine décidant encore X et telle que, à la fin de tout calcul, les rubans ont été effacés et les pointeurs ramenés. Pour cette transformation, on peut par exemple utiliser trois caractères spéciaux sur chaque ruban qui marquent les extrémités droite et gauche de la partie effectivement utilisée et la case de numéro 1 (pour cette dernière on introduit en fait non pas un caractère mais une copie de chaque caractère). Lorsque le pointeur rencontre le caractère d'extrémité droite, elle le repousse d'une case vers la droite et revient poursuivre sa tâche. De même à gauche. Disposant de ces marqueurs d'extrémité (correctement initialisés), il suffira, à la fin du calcul, de partir vers la droite jusqu'au marqueur, puis de revenir vers la gauche jusqu'au marqueur gauche en effaçant tout (sauf le caractère spécial de la case numéro 1). Enfin on reviendra à la case de numéro 1 reconnaissable à ses caractères particuliers.

ii) Supposons que F est une fonction de $\mathcal{A}^*$ dans lui-même. Si F est MT-décidable, on décide si un couple (w, v) est dans le graphe de F en calculant $F(w)$ puis en testant l'égalité $F(w) = v$. Inversement supposons le graphe de F MT-décidable. Il existe une énumération $v_1, v_2, \ldots$ des mots de $\mathcal{A}^*$ et une machine de Turing qui fait passer de la configuration initiale associée à v_i à la configuration terminale associée à v_{i+1}. On obtient alors une machine de Turing qui calcule F comme suit. A partir du mot w, la machine écrit $w\Box v_1$ et teste si (w, v_1) est dans le graphe de F. Si oui, elle efface tout (comme ci-dessus) et passe à la configuration terminale associée à v_1. Sinon, elle remplace v_1 par v_2 et teste si (w, v_2) est dans le graphe de F, *etc...* Le calcul s'arrêtera dans la configuration terminale associée à l'unique v_i tel que (w, v_i) est dans le graphe de F. □

Si on ne suppose plus les fonctions partout définies, il existe toujours un rapport, mais cette fois entre MT-calculablité et MT-semi-décidabilité.

Proposition 1.2. *Soit F une fonction quelconque (non nécessairement partout définie). Alors F est MT-calculable si et seulement si le graphe de F est un ensemble MT-semi-décidable.*

Démonstration. Supposons d'abord la fonction F MT-calculable. L'argument est le même que ci-dessus. Ayant à décider si (w, v) est dans le graphe de F, on calcule $F(w)$. Si le calcul aboutit à une valeur v', on teste si v' est égal à v : si oui, on accepte, sinon on entre dans un état qui provoque un calcul infini. L'algorithme ainsi obtenu semi-décide le graphe de F : il s'arrête à partir de (w, v) exactement si (w, v) est dans ce graphe.

Inversement supposons que la machine M semi-décide le graphe de F. A nouveau on fixe une énumération MT-calculable v_1, v_2, *etc...* des mots de $\mathcal{A}^*$. Le problème est que, le graphe de F étant seulement supposé MT-semi-décidable, on ne peut attendre la fin hypothétique de la décision de M concernant (w, v_1) pour commençer le calcul concernant (w, v_2), puis (w, v_3), et ainsi de suite. L'idée est la suivante. On va effectuer 1 étape du calcul de M concernant (w, v_1), puis 2 étapes des calculs de M concernant (w, v_1), puis (w, v_2), puis 3 étapes des calculs de M concernant (w, v_1), puis (w, v_2), puis (w, v_3), et ainsi de suite. Ou bien w est dans le domaine de F, et donc il existe un certain indice i tel que (w, v_i) est dans le graphe de F, et, par conséquent pour un certain indice t assez grand, t étapes du calcul de M concernant (w, v_i) mènent à une configuration acceptante, et on peut sortir la valeur v_i correspondante et arrêter l'algorithme. Ou bien w n'est pas dans le domaine de F. Alors, pour chaque v, le couple (w, v) n'est pas dans le graphe de F, et donc, quelles que soient les valeurs de i et t, t étapes du calcul de M à partir de (w, v_i) ne mènent pas à une configuration acceptante, et l'algorithme ne s'arrêtera pas. Donc l'algorithme ainsi décrit calcule la fonction F. Quant aux simulations successives d'un nombre croissant d'étapes de calcul de M sur les mots v_1, v_2, *etc.*.. on pourra la réaliser au moyen de rubans supplémentaires en nombre suffisant (un pour le mot v, un pour l'écriture de t en base 1). □

Ces rapports précisés, on voit qu'il est équivalent de faire la théorie des ensembles MT-décidables et celle des fonctions MT-calculables.

2 Propriétés de clôture de la famille des fonctions MT-calculables

Le but de cette section est d'établir des propriétés de clôture pour la famille des fonctions MT-calculables.

Proposition 2.1. *La fonction composée de deux fonctions MT-calculables est MT-calculable.*

Démonstration. Soient G et H deux fonctions MT-calculables. On suppose que l'espace d'arrivée de G est l'espace de départ de H (sinon le résultat est trivial puisque la fonction composée est vide). Supposons que la machine de Turing M_1 calcule G et que la machine de Turing M_2 calcule H. On peut supposer que M_1 et M_2 sont des machines pour un même nombre de rubans, et que leurs ensembles d'états sont, aux états **init** et **acc** près, disjoints. Soit M_1' la machine obtenue à partir de M_1 en remplaçant l'état acceptant par un nouvel état A, et M_2' la machine obtenue à partir de M_2 en remplaçant l'état initial par ce même état A. Enfin soit M la réunion de M_1' et M_2'. Soit $\vec{w}$ quelconque dans l'espace de départ de G. Trois cas sont possibles. Ou bien $\vec{w}$ n'est pas dans le domaine de G. Alors le calcul de M_1 à partir de $\vec{w}$ ne se termine pas, et il en est de même de celui de M_1', donc de M. Ou bien $G(\vec{w})$ est défini mais n'est pas dans le domaine de H. Alors M_1 fait passer de la configuration « $\vec{w}$, **init** » à la configuration « $G(\vec{w})$, **acc** », et donc M_1' fait passer de la configuration « $\vec{w}$, **init** » à la configuration « $G(\vec{w}), A$ ». Ensuite par hypothèse le calcul de M_2 à partir de la configuration « $G(\vec{w}), \mathbf{init}$ » ne s'arrête pas, et donc le calcul de M_2' à partir de la configuration « $G(\vec{w}), A$ » ne s'arrête pas davantage. Ceci montre que le calcul de M à partir de $\vec{w}$ ne s'arrête pas. Enfin supposons que $H(G(\vec{w}))$ est défini. La machine M_1 fait passer de « $\vec{w}, \mathbf{init}$ » à « $G(\vec{w}), \mathbf{acc}$ », donc M_1' fait passer de « $\vec{w}, \mathbf{init}$ » à « $G(\vec{w}), A$ ». Puis M_2 fait passer de « $G(\vec{w}), \mathbf{init}$ » à « $H(G(\vec{w})), \mathbf{acc}$ », donc M_2' fait passer de « $G(\vec{w}), A$ » à « $H(G(\vec{w})), \mathbf{acc}$ ». Finalement M fait passer de « $\vec{w}, \mathbf{init}$ » à « $H(G(\vec{w})), \mathbf{acc}$ ». Ainsi M calcule bien la fonction composée de H et G. □

Dans la suite, il sera commode de noter $\mathbf{comp}(G, H)$ la fonction composée de G et H dans cet ordre (G, puis H), c'est-à-dire la fonction $H \circ G$.

Pour $(v_1, \ldots, v_s)$ dans $(\mathcal{B}^*)^s$ et $(v_1', \ldots, v_{s'}')$ dans $(\mathcal{B}^*)^{s'}$, la suite concaténée $(v_1, \ldots, v_s, v_1', \ldots, v_{s'}')$ est notée $\mathbf{concat}((v_1, \ldots, v_s), (v_1', \ldots, v_{s'}'))$.

Définition. Supposons que G et H sont deux fonctions de $(\mathcal{A}^*)^r$ dans $(\mathcal{B}^*)^{s_1}$ et $(\mathcal{B}^*)^{s_2}$. La *concaténée* de G et H est la fonction F de $(\mathcal{A}^*)^r$ dans $(\mathcal{B}^*)^{s_1+s_2}$, notée $\mathbf{concat}(G, H)$, vérifiant, pour $\vec{w}$ dans l'intersection des domaines de G et H,

$$F(\vec{w}) = \mathbf{concat}(G(\vec{w}), H(\vec{w})).$$

Proposition 2.2. *La fonction concaténée de deux fonctions MT-calculables est MT-calculable.*

Démonstration. Supposons que F est la concaténée de G et H supposées toutes deux avoir un domaine inclus dans $(\mathcal{A}^*)^r$. On suppose que les machines de Turing M_1 et M_2 respectivement calculent G et H. On peut supposer qu'il s'agit de machines pour un ruban. On considère une machine M à trois rubans. Partant de la configuration initiale associée à $\vec{w}$, M recopie $\vec{w}$ sur les second et troisième ruban, puis reproduit (simultanément) le calcul de M_1 sur le second ruban et celui de M_2 sur le troisième ruban. Si les deux calculs se terminent, on recopie le résultat sur le premier ruban (dans l'ordre souhaité). □

On passe maintenant à des opérations spécifiques pour les fonctions mettant en jeu les nombres entiers. Dans la suite, par « fonction sur les entiers » on entend toute fonction (non nécessairement partout définie) d'un ensemble $\mathbb{N}^r$ dans un ensemble $\mathbb{N}^s$, où r et s sont des entiers quelconques. La construction de fonctions par récurrence est un procédé très usuel dans ce contexte.

Définition. Supposons que G et H sont deux fonctions respectivement de $\mathbb{N}^r$ et $\mathbb{N}^{r+2}$ dans $\mathbb{N}$. La fonction *définie par récurrence de base G et de pas H* est la fonction F de $\mathbb{N}^{r+1}$ dans $\mathbb{N}$, notée $\mathbf{rec}(G, H)$, définie par

$$F(\vec{N}, M) = \begin{cases} G(\vec{N}) & \text{si } M = 0, \\ H(\vec{N}, M, F(\vec{N}, M-1)) & \text{si } M > 0. \end{cases}$$

Exemple. Le produit des entiers est définie par les clauses d'induction

$$N_1.N_2 = \begin{cases} 0 & \text{si } N_2 = 0, \\ N_1 * (N_2 - 1) + N_1 & \text{si } N_2 > 0. \end{cases}$$

Cela signifie que le produit est définie par la récurrence dont la base est la fonction constante de valeur 0 (de $\mathbb{N}$ dans $\mathbb{N}$) et le pas est la fonction de $\mathbb{N}^3$ dans $\mathbb{N}$ qui, à tout triplet (N_1, N_2, N_3), associe l'entier $N_3 + N_1$.

Afin que les notations précédentes s'appliquent sans modification au cas (usuel) de la définition par récurrence d'une fonction de $\mathbb{N}$ dans $\mathbb{N}$, on considérera l'entier M comme la valeur d'une fonction à 0 argument qu'on notera $C_{0,M}$. Ainsi la définition par récurrence d'une fonction de $\mathbb{N}$ dans $\mathbb{N}$ utilisera comme base une fonction sans argument et comme pas une fonction à deux arguments. On pourra remarquer que la notation utilisée dans la définition par récurrence est un peu abusive : l'objet noté $\vec{N}, M, F(\vec{N}, M-1)$ n'est pas exactement un élément de $\mathbb{N}^{r+2}$, mais un élément de $\mathbb{N}^r \times \mathbb{N} \times \mathbb{N}$: il faudrait pour une parfaite correction faire intervenir une opération de concaténation convenable.

Proposition 2.3. *Une fonction définie par récurrence de base et de pas MT-calculables est MT-calculable.*

Démonstration. Supposons que F est $\mathbf{rec}(G, H)$. Supposant que $\boldsymbol{M}_1$ et $\boldsymbol{M}_2$ sont des machines de Turing calculant respectivement G et H (relativement à une représentation dans une base B fixée), il s'agit de définir une nouvelle MT $\boldsymbol{M}$ qui calcule F. On peut supposer que $\boldsymbol{M}_1$ et $\boldsymbol{M}_2$ n'ont qu'un ruban. On construit $\boldsymbol{M}$ comme une machine à trois rubans. Le calcul de $\boldsymbol{M}$ sur l'entrée associée à $(\vec{N}, M)$ sera le suivant : $\vec{N}$ suivi de M est recopié sur le ruban 2, et $1^{M+1}\square 1$ (c'est-à-dire $((M, 0))_1$) sur le ruban 3. D'abord $\boldsymbol{M}$ simule $\boldsymbol{M}_1$ sur le ruban 2. Si le calcul aboutit, on fait précéder le résultat du ruban 2 (qui est la représentation de $G(\vec{N})$) d'une copie de $\vec{N}$ (qui est toujours sur le ruban 1) et de (la représentation de) l'entier 0. On entre alors dans une boucle dont on sort quand le contenu du ruban 3 commence par $1\square$. Les opérations à effectuer dans cette boucle sont

- simuler $\boldsymbol{M}_2$ sur le ruban 2 ;
- si le calcul aboutit, transformer le contenu du ruban 3, qui est de la forme $((M - \ell, \ell))_1$, en $((M - \ell - 1, \ell + 1))_1$;
- faire précéder le mot écrit sur le ruban 2 d'une copie de $\vec{N}$ suivi de ℓ.

Les contenus du ruban 2 à l'entrée dans les boucles successives sont (les représentations de) $G(\vec{N})$, c'est-à-dire $F(\vec{N}, 0)$, puis $F(\vec{N}, 1)$, $F(\vec{N}, 2)$, *etc.*.. Lorsqu'on sort de la boucle, le contenu est $F(\vec{N}, M)$, qu'il ne reste qu'à recopier sur le ruban 1. □

Un autre procédé de construction de fonctions sur les entiers est la minimalisation.

Définition. Supposons que G est une fonction de $\mathbb{N}^{r+1}$ dans $\mathbb{N}$. La fonction ***définie par minimalisation à partir de G*** est la fonction F de $\mathbb{N}^r$ dans $\mathbb{N}$, notée $\mathbf{minim}(G)$, définie par

$$F(\vec{N}) = M \text{ si et seulement si } \begin{cases} (\forall \ell < M)(\exists m > 0)(G(\vec{N}, \ell) = m) \\ G(\vec{N}, M) = 0. \end{cases}$$

Il est clair que, même si G est une fonction partout définie, il n'est pas nécessaire que la fonction $\mathbf{minim}(G)$ le soit : $\mathbf{minim}(G)(\vec{N})$ est le plus petit entier ℓ tel que $G(\vec{N}, \ell)$ soit nul, mais il n'est pas supposé qu'un tel ℓ doive exister. Dans le cas où G n'est pas nécessairement partout définie, la définition choisie ici n'attribue à $\mathbf{minim}(G)(\vec{N})$ la valeur M que si, pour *chaque* ℓ inférieur à M, la valeur $G(\vec{N}, \ell)$ existe (et est non nulle).

Il est clair que les définitions par minimalisation constituent un outil très puissant pour construire de nouvelles fonctions. Néanmoins elles ne font pas sortir du cadre des fonctions MT-calculables.

Proposition 2.4. *Une fonction définie par minimalisation à partir d'une fonction MT-calculable est MT-calculable.*

Démonstration. Supposons que F est $\mathbf{minim}(G)$. On suppose que $\boldsymbol{M}_1$ est une machine de Turing à un ruban calculant G. On construit une machine de Turing $\boldsymbol{M}$ à trois rubans calculant F. La calcul de $\boldsymbol{M}$ sur l'entrée $\vec{N}$ s'initialise en écrivant (la représentation de) 0 sur le ruban 2. Ensuite on répète la boucle suivante :

recopier $\vec{N}$ suivi du contenu du ruban 2 sur le ruban 3,
simuler le calcul de $\boldsymbol{M}_1$ sur le ruban 3.

A chaque sortie de boucle, on teste si l'entier représenté sur le ruban 3 est nul ou non. Si oui, on a trouvé la valeur cherchée (sur le ruban 2). Sinon, on recommence après avoir incrémenté l'entier représenté sur le ruban 2. □

3 Fonctions récursives

Ayant ainsi obtenu la clôture de la classe des fonctions MT-calculables par rapport à plusieurs opérations sur les entiers, on en déduit le caractère MT-calculable de nombreuses fonctions. Encore faut-il initialiser le processus en vérifiant directement que certaines fonctions de base sont MT-calculables.

Lemme 3.1. *La fonction « somme » S de $\mathbb{N}^2$ dans $\mathbb{N}$ est MT-calculable.*

Démonstration. On utilise la représentation en base 1. Il s'agit alors de passer de la configuration initiale associée à $1^{N+1}\square 1^{M+1}$ (représentation du couple d'entiers (N, M)) à la configuration terminale associée au mot 1^{N+M+1} (représentation de l'entier $N + M$). Autrement dit, il s'agit d'effacer deux 1 à la fin et de remplacer le blanc central par un 1. La table suivante effectue ces tâches.

	1	□
init	1, +1, **init**	1, +1, A
A	1, +1, A	□, −1, B
B	□, −1, C	...
C	□, −1, D	...
D	1, −1, D	□, +1, **acc**

(Les valeurs dans les cases non remplies sont indifférentes). □

Lemme 3.2. *La fonction « décrémentation » D de $\mathbb{N}$ dans $\mathbb{N}$, qui associe* 0 à 0 *et N à $N+1$, est MT-calculable.*

Démonstration. Encore plus simple que pour le lemme précédent... □

Lemme 3.3. *Pour chaque entier r, et pour chaque entier M, la fonction $C_{r,M}$ de $\mathbb{N}^r$ dans $\mathbb{N}$ de valeur constante égale à M est MT-calculable.*

Démonstration. Chercher le r-ième blanc vers la droite, revenir en effaçant tous les caractères jusqu'à trouver le r-ième blanc, repartir alors vers la droite, écrire la représentation de M et revenir à la case de numéro 1. □

Remarque. La machine calculant $C_{1,M}$ est *différente* de celle qui calcule $C_{2,M}$: la liste d'instructions nécessaire à l'effacement d'un bloc de 1 n'est pas du tout la même que celle qui efface deux blocs de 1. En fait on ne peut construire une machine de Turing qui, quel que soit l'entier r, calculerait la fonction $C_{r,M}$, car, nécessairement, la valeur du paramètre r devrait être codée d'une façon ou d'une autre dans les états de la machine. Donc il y a impossibilité dès lors que r n'est pas borné. Par contre, on peut facilement construire une machine qui calcule chacune des fonctions $C_{r,M}$ pour chaque valeur de r inférieure à une valeur $r_{\max}$ quelconque : il suffit de supposer que la machine effaçant $r_{\max}$ blocs de 1 procède de même lorsque certains blocs peuvent être vides. Par ailleurs, ainsi qu'on le verra très généralement au chapitre suivant, on peut également écrire une machine qui, à partir de la valeur de r et d'un r-uplet quelconque, mène à la configuration terminale associée à la constante M : supposant la valeur de r codée en représentation unaire, la machine va effacer autant de blocs de 1 qu'il y a de 1 dans le premier de ces blocs (lequel sera effacé en dernier).

Lemme 3.4. *Pour chaque couple d'entiers r, s avec $s \leq r$, la projection $\Pi_{r,s}$ de $\mathbb{N}^r$ dans $\mathbb{N}$ qui au r-uplet $(N_1, \ldots, N_r)$ associe N_s est MT-calculable.*

Démonstration. A nouveau, il s'agit d'aller effacer les r blocs de chiffres. Au passage, le s-ième bloc est recopié sur un second ruban, puis, lorsque l'effacement est terminé et le pointeur revenu à la case initiale, le bloc du chiffres du second ruban est recopié sur le premier (et effacé du second). □

Introduisons alors une famille de fonctions sur les entiers par la définition « abstraite » (ou plutôt inductive) suivante.

Définition. L'*ensemble des fonctions récursives* est le plus petit ensemble de fonctions sur les entiers

qui contient la fonction « somme », la fonction « décrémentation », les fonctions constantes et les fonctions projections,

et qui est clos par les opérations de concaténation, composition, définitions par récurrence et par minimalisation.

Les fonctions *récursives* sont les éléments de l'ensemble précédent. Les ensembles *récursifs* sont les ensembles d'entiers dont la fonction indicatrice est une fonction récursive.

On peut avec cette notion résumer les résultats de clôture établis plus haut pour les fonctions MT-calculables sous la forme des inclusions suivantes.

Proposition 3.5. *i) Toute fonction récursive sur les entiers est calculable par machine de Turing.*

ii) Tout ensemble récursif d'entiers est décidable par machine de Turing.

Pour simple qu'elle soit, la définition ensembliste des fonctions consistant à les identifier avec leurs graphes est très étrange : lorsqu'on parle de la fonction « carré », on pense beaucoup plus naturellement au procédé, à l'algorithme, consistant à prendre un entier et à le multiplier par lui-même qu'à l'ensemble infini des couples $(0,0)$, $(1,1)$, $(2,4)$, $(3,9)$, *etc*... qui contient aussi $(123456, 15241383936)$ et $(654321, 428135971041)$, et encore beaucoup d'autres couples auxquels on ne pense certainement pas... Autrement dit, il semble pertinent de spécidier une fonction en décrivant son *évaluation* plus que son *extension.* De ce point de vue, la famille des fonctions récursives apparaît naturelle car la preuve du fait qu'une fonction est récursive consiste à donner un programme définissant son évaluation en termes de fonctions de base et d'opérations élémentaires comme la définition par récurrence.

La définition de l'*ensemble* des fonctions récursives comme « plus petit ensemble tel que... » ne donne pas une description directe de celles-ci. Par contre cette définition est optimale pour les preuves par induction.

Définition. Les fonctions récursives de *profondeur* 0 sont les fonctions S, D, $C_{r,M}$ et $\Pi_{r,s}$. Pour $d \geq 1$, une fonction récursive est de profondeur d si elle est de profondeur $d-1$ ou si elle peut se définir par composition, concaténation, récurrence ou minimalisation à partir de fonctions de profondeur $d-1$.

Lemme 3.6. *Toute fonction récursive a une profondeur finie.*

Démonstration. Soit $\mathcal{X}$ l'ensemble des fonctions récursives de profondeur finie. Par construction, cet ensemble contient les fonctions de base S, D, $C_{r,M}$ et $\Pi_{r,s}$, et il est clos par les opérations **comp**, **concat**, **rec** et **minim**. Donc, puisqu'il est inclus dans l'ensemble des fonctions récursives, il coïncide avec lui puisque ce dernier est le plus petit ensemble de fonctions sur les entiers ayant les propriétés en question. □

Il résulte du lemme précédent que chaque fonction récursive peut être écrite comme une expression finie formée avec les fonctions de base S, D, $C_{r,M}$ et $\Pi_{r,s}$ et les opérations **comp**, **concat**, **rec** et **minim**. Une telle expression est une *définition* de la fonction, un témoin du fait qu'elle est récursive, et, en même temps, un *programme* indiquant comment évaluer celle-ci. Le point important est que la définition d'une fonction récursive est globale : on ne construit pas une fonction récursive en spécifiant une valeur en 0, puis une valeur en 1, *etc.*.. , mais en donnant un procédé *uniforme* qui la construit en termes de fonctions récursives plus simples. Ainsi ce n'est jamais par un vérification portant sur une (ou plusieurs) valeurs qu'on peut établir la récursivité d'une fonction, mais nécessairement en prenant en compte l'intégralité de ses valeurs, c'est à dire la « recette », le programme faisant passer de la variable à la valeur de la fonction.

Remarque. Du point de vue syntaxique, la construction de l'ensemble des fonctions récursives montre que les « définitions » introduites plus haut sont les mots du langage algébrique engendré par la grammaire de variable initiale $\boldsymbol{S}$ dont les productions sont

$$\boldsymbol{S} \longrightarrow S|D|C_{r,M}|\Pi_{r,s}|\mathbf{comp}(\boldsymbol{S},\boldsymbol{S})|\mathbf{concat}(\boldsymbol{S},\boldsymbol{S})|\mathbf{rec}(\boldsymbol{S},\boldsymbol{S})|\mathbf{minim}(\boldsymbol{S}).$$

Chaque définition est un mot sur l'alphabet (infini à cause des paramètres r, s et M)

$$\{S, D, C_{r,M}, \Pi_{r,s}, \mathbf{comp}, \mathbf{concat}, \mathbf{rec}, \mathbf{minim}, (,)\}.$$

On sait qu'à chaque mot d'un tel langage est associé un *arbre de dérivation* qui en représente la construction. Ainsi, avec des notations évidentes, le mot

$$\mathbf{rec}(C_{1,0}, \mathbf{comp}(\mathbf{concat}(\Pi_{3,3}, \Pi_{3,1}), S))$$

qui est la définition d'une fonction récursive, est associé à l'arbre ci-dessous, qui est bien plus lisible.

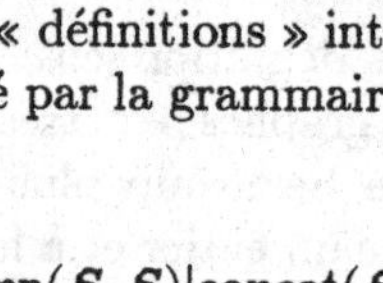

Dans le double but de mettre en pratique la notion de fonction récursive et d'obtenir des lemmes préparatoires pour la section suivante, on va établir ici le caractère récursif d'un certain nombre de fonctions usuelles sur les entiers. Dans toute la suite, on utilise la notation $(\lambda\vec{N})(F(\vec{N}))$ (du « lambda-calcul ») pour désigner la fonction qui à $\vec{N}$ associe $F(\vec{N})$ (c'est à dire la fonction F). Par exemple la fonction « somme » S est aussi la fonction

$$(\lambda N_1, N_2)(N_1 + N_2).$$

Lemme 3.7. *Les fonctions « produit » et « exponentielle » sont récursives.*

Démonstration. On a vu plus haut que le produit se définit par récurrence à partir de la somme. Précisément, en notant P la fonction « produit », on a

$$P = \mathbf{rec}(C_{1,0}, (\lambda N_1, N_2, N_3)(N_3 + N_1)).$$

Il suffit donc d'établir la récursivité du pas de la récurrence ci-dessus. Or on a clairement

$$(\lambda N_1, N_2, N_3)(N_3 + N_1) = \mathbf{comp}((\lambda N_1, N_2, N_3)((N_3, N_1)), S),$$

puis

$$(\lambda N_1, N_2, N_3)((N_3, N_1)) = \mathbf{concat}((\lambda N_1, N_2, N_3)(N_3), (\lambda N_1, N_2, N_3)(N_1)).$$

Or les deux dernières fonctions sont les projections $\Pi_{3,1}$ et $\Pi_{3,3}$. Donc P est récursive, ainsi que le montre la définition

$$P = \mathbf{rec}(C_{1,0}, \mathbf{comp}(\mathbf{concat}(\Pi_{3,3}, \Pi_{3,1}), S)).$$

Pour l'application exponentielle E qui associe à (N_1, N_2) l'entier $N_1^{N_2}$, on a une formule de récurrence analogue

$$E(N_1, N_2) = \begin{cases} 1 & \text{si } N_2 = 0, \\ E(N_1, N_2 - 1).N_1 & \text{sinon.} \end{cases}$$

On en déduit l'égalité

$$E = \mathbf{rec}(C_{1,1}, \mathbf{comp}(\mathbf{concat}(\Pi_{3,3}, \Pi_{3,1}), P)),$$

qui montre que E est récursive puisque P l'est. On obtiendrait donc une définition de E en termes des seules fonctions récursives de base en remplaçant P par sa définition (ou, plutôt, par l'*une* de ses définitions) dans la définition ci-dessus. □

Il résulte de ce lemme que toute fonction polynôme est récursive, de même que pour toute combinaison linéaire de polynômes et d'exponentielles.

Pour X inclus dans $\mathbb{N}^r$, on note $\mathbf{1}_X$ la fonction indicatrice de X. Par ailleurs on note Δ la fonction $(\lambda N_1, N_2)(\sup(N_1 - N_2, 0))$.

Lemme 3.8. *Les fonctions* Δ, sup, inf, $\mathbb{1}_{\{0\}}$ *et* $\mathbb{1}_{<}$ *sont récursives.*

Démonstration. De l'égalité

$$\sup(N_1 - N_2, 0) = \begin{cases} N_1 & \text{si } N_2 = 0, \\ D(\sup(N_1 - (N_2 - 1), 0)) & \text{sinon} \end{cases}$$

on tire la définition

$$\Delta = \mathbf{rec}(\Pi_{1,1}, \mathbf{comp}(\Pi_{3,3}, D)).$$

Ensuite on a

$$\sup(N_1, N_2) = N_1 + \sup(N_2 - N_1, 0),$$

d'où on tire

$$(\lambda N_1, N_2)(\sup(N_1, N_2)) = \mathbf{comp}(\mathbf{concat}(\Pi_{2,1}, \mathbf{comp}(\Delta, \Pi_{2,2})), S).$$

Et comme on a toujours

$$\inf(N_1, N_2) = N_1 + N_2 - \sup(N_1, N_2),$$

on tire de ce qui précède la récursivité de inf.

De l'égalité

$$\mathbb{1}_{\{0\}}(N) = \begin{cases} 1 & \text{si } N = 0, \\ 0 & \text{sinon} \end{cases}$$

on tire la définition

$$\mathbb{1}_{\{0\}} = \mathbf{rec}(C_{0,1}, \mathbf{comp}(\Pi_{2,2}, D)).$$

Enfin notons que $N_1 < N_2$ est vrai si et seulement si $\Delta(N_2, N_1)$ n'est pas nul, donc si et seulement si $\mathbb{1}_{\{0\}}(\Delta(N_2, N_1))$ vaut 0, donc finalement si et seulement si $\mathbb{1}_{\{0\}}(\mathbb{1}_{\{0\}}(\Delta(N_2, N_1)))$ vaut 1. Donc $\mathbb{1}_{<}$ est récursive comme composée de fonctions récursives. □

On déduit facilement de ces calculs des propriétés de clôture de la famille des ensembles récursifs d'entiers.

Proposition 3.9. *i) Pour chaque entier r, les ensembles récursifs forment une algèbre de Boole de parties de* $\mathbb{N}^r$*, c'est à dire que la famille des parties récursives de* $\mathbb{N}^r$ *est close par union finie, intersection finie et complément. Toute partie finie de* $\mathbb{N}^r$ *est récursive.*

ii) L'image réciproque d'un ensemble récursif par une application récursive partout définie est un ensemble récursif.

Démonstration. Comme la fonction indicatrice de la réunion de deux ensembles est la borne supérieure des fonctions indicatrices de ces ensembles, la clôture par union est un corollaire immédiat du caractère récursif de la fonction « sup ». Il en va de même pour l'intersection avec la fonction « inf ». Pour le complément, on remarque que la récursivité de la fonction $\mathbb{1}_X$ entraîne celle de la fonction $C_{r,1} - \mathbb{1}_X$, qui est la fonction indicatrice du complémentaire de X. Il ne reste qu'à montrer que les singletons sont récursifs. Soient $M_1, \ldots, M_r$ des entiers quelconques. On remarque que $(N_1, \ldots, N_r)$ coïncide avec $(M_1, \ldots, M_r)$ si et seulement si chacun des entiers $\Delta(N_1, M_1), \Delta(M_1, N_1), \ldots, \Delta(N_r, M_r), \Delta(M_r, N_r)$ est nul. Donc on a l'égalité

$$\begin{aligned}\mathbb{1}_{\{(M_1,\ldots,M_r)\}}(N_1,\ldots,N_r) = \mathbb{1}_{\{0\}}(&\Delta^2(N_1, M-1)+\\ &\Delta^2(M-1, N_1) + \ldots + \Delta^2(N_r, M_r) + \Delta^2(M_r, N_r)),\end{aligned}$$

qui est aisément transformée en une définition récursive pour la fonction $\mathbb{1}_{\{(M_1,\ldots,M_r)\}}$.

Pour (ii), il suffit de remarquer que la fonction indicatrice de $F^{-1}(X)$ est la composée de F et de la fonction indicatrice de X. □

On prendra garde qu'il n'est *pas* affirmé que l'image (directe) d'un ensemble récursif par une application récursive ait à être récursive : cette propriété est fausse et on construira au chapitre 6 des contrexemples simples.

Une application de ce qui précède est la possibilité de construire des fonctions récursives en séparant plusieurs cas *à condition que l'ensemble utilisé pour la séparation* soit un ensemble récursif.

Proposition 3.10. *Supposons que les fonctions F_1 et F_2, d'espace de départ $\mathbb{N}^r$, sont récursives, et que X est une partie récursive de $\mathbb{N}^r$. Alors la fonction F définie par*

$$F(\vec{N}) = \begin{cases} F_1(\vec{N}) & \text{si } \vec{N} \text{ appartient à } X, \\ F_2(\vec{N}) & \text{sinon} \end{cases}$$

est récursive.

Démonstration. L'égalité

$$F(\vec{N}) = \mathbb{1}_X(\vec{N}).F_1(N) + \mathbb{1}_{\mathbb{N}^r\setminus X}(\vec{N}).F_2(\vec{N})$$

montre que F est récursive dès que F_1, F_2 et $\mathbb{1}_X$ le sont. □

La propriété précédente s'étend immédiatement au cas d'une définition mettant en jeu plus de 2 cas, à condition que chacun des ensembles utilisés dans la partition soit récursif. En utilisant le fait que chaque singleton est récursif, on obtient

Corollaire 3.11. *Toute fonction sur les entiers dont le domaine de définition est fini est récursive.*

On revient à la vérification du caractère récursif des fonctions usuelles.

Lemme 3.12. *Si F est une fonction récursive de $\mathbb{N}^r$ dans $\mathbb{N}$, alors la fonction $(\lambda N_1,\ldots,N_r)(\sum_{i=0}^{i=N_r} F(N_1,\ldots,N_{r-1},i))$ est récursive.*

Démonstration. Soit G la fonction ci-dessus. On a

$$G(N_1,\ldots,N_r)=\begin{cases} F(N_1,\ldots,N_{r-1},0) & \text{si } N_r=0,\\ G(N_1,\ldots,N_{r-1},N_r-1)+F(N_1,\ldots,N_r) & \text{sinon.}\end{cases}$$

Donc G est définie par récurrence dont la base est

$$(\lambda N_1,\ldots,N_{r-1})(F(N_1,\ldots,N_{r-1},0)),$$

qui est récursive comme composée de la concaténée de $\Pi_{r,1}$, ..., $\Pi_{r,r-1}$ et $C_{r,0}$ avec F, et dont le pas est

$$(\lambda N_1,\ldots,N_r,N_{r+1})(N_r+F(N_1,\ldots,N_{r-1},N_{r+1})),$$

qui est récursive pour les mêmes raisons et en outre parce que F et S le sont. □

Définition. On note V_2 (comme « valuation en base 2 ») la fonction de $\mathbb{N}$ dans lui-même qui, à tout entier N, associe le plus grand entier i tel que 2^i divise N.

Lemme 3.13. *Les fonctions $\mathbb{1}_{2\mathbb{N}}$, $(\lambda N)(\lfloor n/2\rfloor)$ et V_2 sont récursives.*

Démonstration. De l'égalité

$$\mathbb{1}_{\{2\mathbb{N}\}}(N)=\begin{cases} 1 & \text{si } N=0,\\ \mathbb{1}_{\{0\}}(\mathbb{1}_{2\mathbb{N}}(N-1)) & \text{sinon}\end{cases}$$

on tire la définition

$$\mathbb{1}_{\{2\mathbb{N}\}}=\mathbf{rec}(C_{0,1},\mathbf{comp}(\Pi_{2,2},\mathbb{1}_{\{0\}})).$$

Ensuite de l'égalité

$$\lfloor N/2\rfloor=\begin{cases} 0 & \text{si } N=0,\\ \lfloor (N-1)/2\rfloor+\mathbb{1}_{2\mathbb{N}}(N) & \text{sinon}\end{cases}$$

on tire la définition

$$(\lambda N)(\lfloor N/2\rfloor)=\mathbf{rec}(C_{0,0},\mathbf{comp}(\mathbf{concat}(\Pi_{2,2},\mathbf{comp}(\Pi_{2,1},\mathbb{1}_{2\mathbb{N}})),S)).$$

Soit F la fonction définie par

$$F(N)=\begin{cases} N/2 & \text{si } N \text{ est pair,}\\ N & \text{sinon.}\end{cases}$$

Comme les fonctions $(\lambda N)(\lfloor N/2\rfloor)$ et $\Pi_{1,1}$ sont récursives, et que l'ensemble $2\mathbb{N}$ est récursif, la fonction F est récursive. Soit maintenant G la fonction (récursive) de base $\Pi_{1,1}$ (c'est à dire la fonction identité de $\mathbb{N}$) et de pas

$(\lambda N_1, N_2, N_3)(F(N_2))$. La valeur de $G(N_1, N_2)$ est le résultat de l'application itérée de N_2 fois F à N_1. Alors dire que M est $V_2(N)$, c'est dire que dans la suite

$$N, F(N), F(F(N)), \ldots$$

c'est à dire dans la suite

$$G(N,0), G(N,1), G(N,2), \ldots$$

il y a exactement M termes qui diffèrent du terme suivant. Autrement dit, on a

$$M = \sum_{i=0}^{i=\infty} \mathbb{1}_{<}(G(N,i+1), G(N,i)),$$

et aussi, comme il est clair que M est borné supérieurement par N,

$$M = \sum_{i=0}^{i=N} \mathbb{1}_{<}(G(N,i+1), G(N,i)).$$

Comme G est récursive, on déduit le caractère récursif de V_2 du lemme précédent.
□

Lemme 3.14. *Pour chaque entier s, il existe une bijection récursive de $\mathbb{N}^s$ sur $\mathbb{N}$ dont l'inverse est aussi récursive.*

Démonstration. Posons $K_2(N_1, N_2) = 2^{N_1}.(2N_2 + 1)$. Il est clair que K_2 est bijective, et son caractère récursif résulte du lemme 3.7. La bijection K_2^{-1} est aussi récursive, car on a, en utilisant la fonction G définie dans la preuve du lemme précédent

$$K_2^{-1}(N) = (V_2(N), G(N,N)),$$

et on a vu que les fonctions V_2 et G sont récursives. Donc le résultat est démontré dans le cas $s = 2$. En posant

$$K_s(N_1, \ldots, N_s) = K_2(N_1, K_{s-1}(N_2, \ldots, N_s))$$

on étend de proche en proche le résultat à tout entier $s \geq 2$. □

On peut maintenant établir pour les fonctions récursives une propriété de clôture relativement à un schéma de définition par récurrence plus général que celui qui a été utilisé précédemment. Jusqu'à présent en effet, on n'a considéré de telles définitions par récurrence que dans le cas de fonctions à valeurs dans $\mathbb{N}$, et non dans le cas général $\mathbb{N}^s$.

Définition. Supposons que G et H sont deux fonctions respectivement de $\mathbb{N}^r$ et $\mathbb{N}^{r+s+1}$ dans $\mathbb{N}^s$. La fonction *définie par récurrence s-uple de base G et de pas H* est la fonction F de $\mathbb{N}^{r+1}$ dans $\mathbb{N}^s$ définie par

$$F(\vec{N}, M) = \begin{cases} G(\vec{N}) & \text{si } M = 0, \\ H(\vec{N}, M, F(\vec{N}, M-1)) & \text{si } M > 0. \end{cases}$$

Comme plus haut, la notation précédente est un peu abusive : l'objet noté $\vec{N}, F(\vec{N}, M-1), M$ n'est pas exactement un élément de $\mathbb{N}^{r+s+1}$, mais un élément de $\mathbb{N}^r \times \mathbb{N}^s \times \mathbb{N}$, et il faudrait faire intervenir une opération de concaténation convenable. Ceci, au demeurant, n'a aucune importance réelle puisque toutes les transformations de suites de suites du type envisagées sont évidemment récursives.

Proposition 3.15. *Toute fonction définie par récurrence s-uple de base et de pas récursifs est récursive.*

Démonstration. Supposons que F est définie par récurrence s-uple de base G et de pas H. Le problème pour se ramener à une récurrence simple est que la valeur de F pour la valeur M du paramètre de récurrence dépend des s composantes de la valeur de F pour $M - 1$. L'utilisation d'un codage des s-uplets d'entiers par les entiers permet de contracter ces s valeurs en une seule. On considère donc la fonction composée de F et de K_s, qui prend ses valeurs dans $\mathbb{N}$. On peut écrire

$$K_s(F(\vec{N}, 0)) = K_s(G(\vec{N})),$$

et, pour $M > 0$,

$$\begin{aligned} K_s(F(\vec{N}, M)) &= K_s(H(\vec{N}, M, F(\vec{N}, M-1))) \\ &= K_s(H(\vec{N}, M, K_s^{-1}(K_s(F(\vec{N}, M-1))))), \end{aligned}$$

ce qui montre que la fonction $\mathbf{comp}(K_s, F)$ est définie par récurrence (simple) de base $\mathbf{comp}(K_s, G)$ et de pas la fonction $(\lambda\vec{N}, M, I)(H(\vec{N}, M, K_s^{-1}(I)))$. Comme ces fonctions sont récursives, il en est de même de $\mathbf{comp}(K_s, F)$, puis de F, qui est $\mathbf{comp}(K_s^{-1}, \mathbf{comp}(K_s, F))$. □

4 Récursivité des fonctions MT-calculables.

On se propose de montrer la propriété réciproque de la proposition 3.5, c'est-à-dire

Proposition 4.1. *Toute fonction MT-calculable sur les entiers est récursive.*

Démonstration. Il s'agit de montrer que le calcul d'une machine de Turing peut être codé par des entiers et décrit complètement par des fonctions récursives. Comme une fonction à valeurs dans $\mathbb{N}^s$ est récursive si et seulement si chacune de ses composantes (c'est-à-dire les fonctions obtenues par composition avec les projections) l'est, il suffit de montrer le résultat pour une fonction F de $\mathbb{N}^r$ dans $\mathbb{N}$. On suppose donc que $\boldsymbol{M}$ est une machine de Turing calculant la fonction $(F)_1$, et, de plus, on suppose que $\boldsymbol{M}$ est une machine pour un ruban d'alphabet réduit à $\{1\}$, dont les états sont numérotés de 0 à d, 0 étant l'état initial, et d l'état acceptant.

La première étape consiste à coder par des entiers les configurations. Pour que le codage n'utilise qu'un nombre fini de paramètres, il est nécessaire de regrouper dans un seul entier l'information sur le contenu d'une infinité de cases. Dans une configuration un nombre fini de cases seulement porte un caractère, qui ici est nécessairement 1. Alors le ruban contient des caractères 1 séparés éventuellement par des blancs : ceci suggère de lire les blancs comme des chiffres 0, et de considérer l'ensemble des caractères du ruban comme le développement binaire d'un entier. Précisément on va considérer séparément deux demi-rubans correspondant respectivement à ce qui est à gauche de la case accessible, et à ce qui est à droite. On code le demi-ruban gauche par l'entier dont le développement binaire est le mot obtenu en remplaçant les blancs situés entre des 1 par des 0, ce qui est inambigu. Par symétrie, on code le demi-ruban droit par l'entier dont le développement binaire inversé est le mot similaire. Il reste à faire figurer le caractère de la case accessible et l'état, qui sont déjà tous deux des entiers. Formellement, cela revient à coder la configuration (f, p, q) par le quadruplet

$$(f(p), \sum_{i=1}^{\infty} f(p-i)2^{i-1}, \sum_{i=1}^{\infty} f(p+i)2^{i-1}, q)$$

qu'on notera $\Gamma((f,p,q))$. On pourra remarquer que Γ, qui est donc un codage des configurations à l'aide d'un quadruplet d'entiers, n'est pas parfaitement injectif : deux configurations obtenues l'une à partir de l'autre par translation auront même image par Γ. Ce point sera sans inconvénient ici. Comme exemple, le codage de la configuration

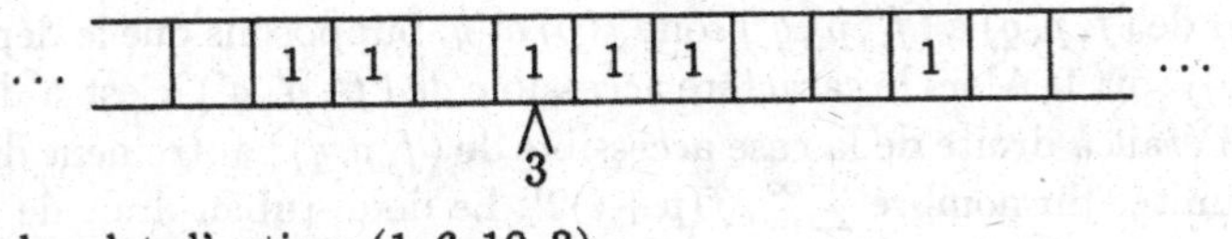

sera le quadruplet d'entiers $(1, 6, 19, 3)$.

On considère maintenant la fonction

$$c : \mathbb{N}^{r+1} \longrightarrow \mathcal{C}onf_1^{\{1\},\{0,\dots,d\}}$$

telle que $c(\vec{N}, t)$ soit la configuration obtenue après t étapes de calcul de la machine $\boldsymbol{M}$ à partir de la configuration initiale associée à la suite $\vec{N}$ (ou plutôt sa représentation unaire $(\vec{N})_1$). Le point essentiel est que la fonction composée

comp(c, Γ) est une fonction récursive de $\mathbb{N}^{r+1}$ dans $\mathbb{N}^4$. On va en effet établir que **comp**(c, Γ) est définie par une récurrence (quadruple) par rapport à sa dernière variable, ce qui correspond au fait que la configuration après t étapes de calcul s'obtient « simplement » à partir de la configuration après $t-1$ étapes de calcul. On notera $G_1, \ldots, G_4$ les composantes de la fonction **comp**(c, Γ) : il s'agit donc de montrer que les fonctions $G_1, \ldots, G_4$ sont récursives.

On commence par les valeurs initiales. La configuration $c(\vec{N}, 0)$ est une suite de r blocs de 1 séparés par un blanc. La case accessible étant la première du premier groupe de 1, $\Gamma(c(\vec{N}, 0))$ aura certainement la forme $(1, 0, M, 0)$. Autrement dit on a

$$\begin{cases} G_1(\vec{N}, 0) = 1 \\ G_2(\vec{N}, 0) = 0 \\ G_4(\vec{N}, 0) = 0. \end{cases}$$

Pour le calcul de $G_3(\vec{N}, 0)$, on remarque que l'entier dont le développement binaire (inversé) est un bloc de N chiffres 1 est $2^N - 1$. Donc l'entier dont le développement binaire inversé est un bloc de N chiffres 1, suivi d'un blanc et d'un autre bloc de N' chiffres 1 est

$$(2^N - 1) + 2^{N+1}(2^{N'} - 1) = 2^{N+N'+1} - 2^N - 1.$$

De là on obtient la valeur

$$G_3(N_1, \ldots, N_r, 0) = 2^{N_1 + \ldots + N_r + 2r - 1} - 1 - \sum_{i=1}^{r-1} 2^{N_1 + \ldots + N_i + 2i - 2}.$$

Donc d'après les lemmes de la section 4, on peut conclure que la fonction

$$(\lambda \vec{N})(\Gamma(c(\vec{N}, 0)))$$

est récursive.

On passe au cas $t > 0$. Il s'agit de calculer la valeur de $\Gamma(c(\vec{N}, t))$ à partir de celle de $\Gamma(c(\vec{N}, t-1))$. Supposons données des valeurs quelconques $\vec{N}$ et t. On écrit (f, p, q) pour $c(\vec{N}, t-1)$ et (f', p', q') pour $c(\vec{N}, t)$. Les éléments déterminant la transition de (f, p, q) à (f', p', q') sont $f(p)$ et q. Supposons que le déplacement $M_{(2)}(q, f(p))$ soit 1. Alors le caractère accessible de (f', p', q'), c'est-à-dire $f'(p')$, est celui qui était à droite de la case accessible de (f, p, q) : autrement dit, c'est le chiffre des unités du nombre $\sum_{i=1}^{\infty} f(p+i)2^i$. Le demi-ruban droit de (f', p', q') s'obtient à partir du demi-ruban droit de (f, p, q) en supprimant le caractère le plus à gauche : c'est dire que $\sum_{i=1}^{\infty} f'(p+i)2^i$ est le quotient (entier) de la division de $\sum_{i=1}^{\infty} f(p+i)2^i$ par 2. Quant au demi-ruban gauche de (f', p', q'), il s'obtient à partir du demi-ruban gauche de (f, p, q) en ajoutant le « nouveau » caractère $M_{(1)}(q, f(p))$ à droite du précédent demi-ruban : c'est dire qu'on a

$$\sum_{i=1}^{\infty} f'(p-i)2^{i-1} = 2\sum_{i=1}^{\infty} f(p-i)2^{i-1} + M_{(1)}(f(p), q).$$

Ainsi, dans le cas où le déplacement de $c(\vec{N}, t-1)$ à $c(\vec{N}, t)$ est $+1$, on a les égalités suivantes, où $M \bmod 2$ et M div 2 désignent respectivement le reste et le quotient de la division euclidienne de M par 2

$$\begin{aligned}
G_1(\vec{N}, t) &= G_3(\vec{N}, t-1) \bmod 2 \\
G_2(\vec{N}, t) &= 2G_2(\vec{N}, t-1) + \boldsymbol{M}_{(1)}(G_1(\vec{N}, t-1), G_4(\vec{N}, t-1)) \\
G_3(\vec{N}, t) &= G_3(\vec{N}, t-1) \text{ div } 2 \\
G_4(\vec{N}, t) &= \boldsymbol{M}_{(3)}(G_1(\vec{N}, t-1), G_4(\vec{N}, t-1))
\end{aligned}$$

Dans le cas où le déplacement de $c(\vec{N}, t-1)$ à $c(\vec{N}, t)$ est -1, on a des égalités similaires

$$\begin{aligned}
G_1(\vec{N}, t) &= G_2(\vec{N}, t-1) \bmod 2 \\
G_2(\vec{N}, t) &= G_2(\vec{N}, t-1) \text{ div } 2 \\
G_3(\vec{N}, t) &= 2G_3(\vec{N}, t-1) + \boldsymbol{M}_{(1)}C(G_1(\vec{N}, t-1), G_4(\vec{N}, t-1)) \\
G_4(\vec{N}, t) &= \boldsymbol{M}_{(3)}(G_1(\vec{N}, t-1), G_4(\vec{N}, t-1))
\end{aligned}$$

Finalement on peut regrouper ces deux familles d'égalités sous la forme

$$G_2(\vec{N}, t) = \begin{cases} 2G_2(\vec{N}, t-1) + \boldsymbol{M}_{(1)}(G_1(\vec{N}, t-1), G_4(\vec{N}, t-1)) \\ \qquad\qquad \text{si } \boldsymbol{M}_{(2)}(G_1(\vec{N}, t-1), G_4(\vec{N}, t-1)) = 1, \\ G_2(\vec{N}, t-1) \text{ div } 2 \quad \text{si } \boldsymbol{M}_{(2)}(G_1(\vec{N}, t-1), G_4(\vec{N}, t-1)) = -1, \end{cases}$$

et de même pour G_1 et G_3. Comme les fonctions « somme », « produit », « reste *modulo* 2 », « quotient *modulo* 2 » sont récursives, de même que les fonctions $\boldsymbol{M}_{(1)}$, $\boldsymbol{M}_{(2)}$, $\boldsymbol{M}_{(3)}$ (vues comme fonctions partielles de $\mathbb{N}^2$ dans $\mathbb{N}$, et moyennant une adaptation triviale pour $\boldsymbol{M}_{(2)}$ qui peut prendre la valeur -1), ces formules expriment la valeur de $\Gamma(c(\vec{N}, t))$ comme fonction récursive de $\Gamma(c(\vec{N}, t-1))$. En l'occurrence, il existe une fonction récursive H de $\mathbb{N}^4$ dans $\mathbb{N}^4$ telle qu'on ait

$$\Gamma(c(\vec{N}, t)) = H(\Gamma(c(\vec{N}, t-1))),$$

et ceci quelles que soient les valeurs de $\vec{N}$ et t : la correspondance H ne dépend que de la machine de Turing $\boldsymbol{M}$ considérée. Le détail de la définition de H est, en notant H_1, ..., H_4 ses quatre composantes

$$\begin{aligned}
H_1(M_1, \ldots, M_4) &= \begin{cases} M_3 & \text{si } \boldsymbol{M}_{(2)}(M_1, M_4) = 1 \\ M_2 & \text{si } \boldsymbol{M}_{(2)}(M_1, M_4) = -1 \end{cases} \\
H_2(M_1, \ldots, M_4) &= \begin{cases} 2M_2 + \boldsymbol{M}_{(1)}(M_1, M_4) & \text{si } \boldsymbol{M}_{(2)}(M_1, M_4) = 1 \\ M_2 \text{ div } 2 & \text{si } \boldsymbol{M}_{(2)}(M_1, M_4) = -1 \end{cases} \\
H_3(M_1, \ldots, M_4) &= \begin{cases} M_3 \text{ div } 2 & \text{si } \boldsymbol{M}_{(2)}(M_1, M_4) = 1 \\ 2M_3 + \boldsymbol{M}_{(1)}(M_1, M_4) & \text{si } \boldsymbol{M}_{(2)}(M_1, M_4) = -1 \end{cases} \\
H_4(M_1, \ldots, M_4) &= \boldsymbol{M}_{(3)}(M_1, M_4)
\end{aligned}$$

formules dont le seul intérêt est de faire bien apparaître l'uniformité de la construction.

La démonstration est presque achevée. Introduisons la fonction T de $\mathbb{N}^r$ dans $\mathbb{N}$ telle que $T(\vec{N})$ soit l'unique entier t tel que $c(\vec{N},t)$ est une configuration acceptante. (La fonction T est une fonction partielle.) Dire que la configuration $c(\vec{N},t)$ est acceptante, c'est simplement dire que l'état en est d, c'est-à-dire que l'entier $G_4(\vec{N},t)$ est d (alors que les valeurs antérieures sont inférieures à d par construction). Donc $T(\vec{N})$ est, s'il existe, le plus petit entier t tel que $\Delta(d, G_4(\vec{N},t))$ soit nul, étant entendu qu'alors les valeurs $\Delta(d, G_4(\vec{N},u))$ pour $u < t$ existent et sont strictement positives. C'est dire que la fonction T est définie par minimalisation à partir de la fonction

$$(\lambda\vec{N},t)(\Delta(d, G_4(\vec{N},t))),$$

laquelle est certainement récursive puisque G_4, la différence Δ et la constante $C_{r+1,d}$ le sont. Puisque T et G_3 sont récursives, il en est de même de la fonction composée

$$(\lambda\vec{N})(G_3(\vec{N},T(\vec{N}))).$$

Or, par hypothèse, la machine $\boldsymbol{M}$ calcule la fonction F : c'est dire que, si le calcul de $\boldsymbol{M}$ à partir de $\vec{N}$ atteint l'état d, la configuration obtenue alors est la configuration acceptante associée à l'entier $F(\vec{N})$ (ou plutôt à sa représentation unaire). Du calcul effectué plus haut pour les configurations initiales, on déduit dans ce cas l'égalité

$$G_3(\vec{N},T(\vec{N})) = 2^{F(\vec{N})} - 1,$$

d'où

$$F(\vec{N}) = V_2(G_3(\vec{N},T(\vec{N}))).$$

Si maintenant la valeur de $F(\vec{N})$ n'est pas définie, le calcul de $\boldsymbol{M}$ sur l'entrée $\vec{N}$ ne se termine jamais, donc la valeur de $T(\vec{N})$ n'est pas définie, non plus que celle de $V_2(G_3(\vec{N},T(\vec{N})))$. L'égalité ci-dessus est donc valable sans restriction. Comme la fonction V_2 est récursive, on conclut que F l'est également, ce qui était le but recherché. □

L'application du résultat précédent aux fonctions indicatrices est immédiate.

Corollaire 4.2. *Toute partie MT-décidable de* $\mathbb{N}^r$ *est récursive.*

5 La thèse de Church

A ce point, on a utilisé deux notions d'effectivité issues de points de vue très différents. D'un côté les ensembles MT-décidables sont associés à une approche « opératoire » : un ensemble est MT-décidable s'il existe un processus uniforme permettant de vérifier *a posteriori* qu'un objet donné appartient ou non à l'ensemble. Un tel processus est *uniforme* (c'est le même pour tout élément), mais *local* (on étudie pour un élément à la fois). A l'opposé les ensembles récursifs relèvent d'une approche « définitionnelle » : un ensemble est récursif s'il possède une description simple, antérieure à toute vérification d'appartenance. C'est une approche *globale*, qui ne fait pas appel aux éléments de l'ensemble. Le rapprochement des sections précédentes donne l'équivalence de ces notions.

Théorème 5.1. *Pour tout entier r et toute partie X de $\mathbb{N}^r$ il y a équivalence entre*

i) l'ensemble X est MT-décidable ;

ii) l'ensemble X est récursif.

Ce résultat est remarquable, car il relie deux notions au départ éloignées. Mieux que les résultats techniques des chapitres 2 et 3, il montre que les machines de Turing, pour contingents que soient les détails de leur définition, isolent une notion intrinsèque d'effectivité qui va bien au delà de la simple modélisation de la notion d'algorithme. Notons également que, d'un point de vue plus pragmatique, l'équivalence ci-dessus donne des moyens nouveaux et puissants pour établir le caractère MT-décidable d'un ensemble d'entiers donné. En particulier il est souvent plus facile d'établir le caractère récursif des fonctions usuelles que de construire une machine de Turing qui les calcule.

Au début de ce cours, nous nous sommes proposés de définir une notion d'ensemble décidable, c'est-à-dire pour lequel il existe un algorithme de décision, et de construire une échelle de complexité pour comparer entre eux les ensembles décidables. Ce qui a été fait jusqu'à présent constitue une ébauche en ce sens. S'il peut y avoir un *concensus* assez facile sur le fait que ce qu'on a appelé algorithme associé à une machine de Turing présente bien bien toutes les caractéristiques de ce que l'intuition recommande d'appeler ainsi, et donc sur le fait que tout ensemble MT-décidable est décidable, l'affirmation réciproque que *tout* algorithme est, sinon égal, du moins simulable par un algorithme de machine de Turing, est une opinion qui semble plus téméraire. C'est cette opinion qui est connue sous le nom de « thèse de Church ».

Pas davantage que l'axiome du choix ne peut être complètement démontré en l'absence d'une définition de ce qu'est l'existence d'un objet mathématique, laquelle définition ne peut être que l'objet d'un concensus et non d'une démonstration de sa pertinence, la thèse de Church ne peut être démontrée faute d'une définition de ce qu'est l'existence effective en mathématiques. Et à nouveau on ne peut espérer prouver la justesse d'une telle définition. Le parallèle s'arrête ici car précisément le débat sur ce qu'est l'existence en mathématique n'est pas tranché (les résultats de Gödel et Cohen ont seulement établi que les autres axiomes de la théorie des ensembles laissaient le problème ouvert), alors que la thèse de Church propose, pour l'existence effective, une définition mathématique : un algorithme *est* ce qui peut être simulé par une machine de Turing, un ensemble décidable *est* un ensemble MT-décidable.

Comme toute définition mathématique, cette définition paraît extrêmement réductrice. Comme on l'a rappelé ci-dessus, il est raisonnable de tenir pour décidable tout ensemble MT-décidable. Quels arguments peuvent soutenir l'implication inverse ?

Le premier type d'arguments est que tous les algorithmes actuellement connus sont simulables par machine de Turing. La vérification de cette affirmation passe par le résultat suivant :

Proposition 5.2. *Tout algorithme portant sur des entiers et pouvant être décrit par un programme écrit en langage* PASCAL *peut être simulé dans un algorithme de machine de Turing.*

La démonstration de ce résultat passe usuellement par la définition d'un nouveau type d'objet mathématique servant de modèle pour la notion d'algorithme et plus proche de la programmation pratique que les machines de Turing, à savoir les *machines à registres*, ou *machines à accès aléatoire* déjà évoquées au chapitre 2, et pour lesquelles on a renvoyé à (Stern 1990).

Un autre type de justification de la thèse de Church consiste à montrer que la famille des ensembles MT-décidables a une signification intrinsèque qui ne doit rien à la construction des machines de Turing. L'équivalence avec les ensembles récursifs est un très bon exemple dans cette direction. Il existe d'autres résultats d'équivalence analogues. Par exemple le lambda-calcul définit une nouvelle notion d'ensemble d'entiers décidable, et, à nouveau, cette notion se trouve coïncider avec celle d'ensemble MT-décidable. Au total, plus de cinquante années de réflexion sur la notion d'effectivité n'ont fait que conforter la thèse de Church, qui est aujourd'hui largement acceptée. Notons qu'un argument qui irait contre celle-ci ne menacerait en rien la justesse des résultats établis ici : simplement il en diminuerait la portée et donc l'intérêt.

6 La fonction d'Ackermann

En utilisant les deux directions de l'équivalence entre fonctions MT-calculables et fonctions récursives, on obtient le résultat suivant :

Lemme 6.1. *Toute fonction récursive sur les entiers possède une définition dans laquelle l'opérateur de minimalisation figure au plus une fois.*

Démonstration. Toute fonction récursive est MT-calculable. Puis toute fonction MT-calculable est récursive avec une définition où figure exactement une fois l'opérateur de minimalisation. Ceci en effet résulte de la preuve de la proposition 5.1 : on utilise un certain nombre (au demeurant fixe) de récurrences, mais une seule minimalisation, à la fin de la démonstration, pour introduire le temps d'arrêt de la machine. □

Il est naturel de se demander si ce résultat peut être amélioré et cet unique usage de la minimalisation supprimé. Notons que ceci ne pourrait être le cas que pour des fonctions partout définies, puisque, les fonctions de base étant partout définies, les opérateurs de composition, de concaténation et de récurrence ne peuvent construire que des fonctions partout définies à partir de fonctions partout définies. Au demeurant, même pour les fonctions partout définies, le résultat est faux. Avec la fonction d'Ackermann, on va en effet construire un exemple de fonction récursive qui ne peut être définie sans minimalisation.

Définition. La *fonction d'Ackermann* est la fonction A de $\mathbb{N}^2$ dans $\mathbb{N}$ définie par les égalités

- $A(0, N) = N + 1$,
- $A(M + 1, 0) = A(M, 1)$,
  $A(M + 1, N + 1) = A(M, A(M + 1, N))$

pour M, N entiers quelconques.

On voit que la fonction d'Ackermann est définie par une récurrence associée non pas à l'ordre usuel sur $\mathbb{N}$, mais à l'ordre lexicographique sur $\mathbb{N}^2$: le couple (M, N) est avant le couple (M', N') si ou bien M est plus petit que M', ou bien M et M' sont égaux et N est plus petit que N'. Le type d'isomorphisme de cet ordre est l'ordinal ω^2, et l'absence d'une bijection de $\mathbb{N}$ sur $\mathbb{N}^2$ qui préserve ces ordres fait qu'on ne peut ramener la récurrence ci-dessus à une récurrence usuelle sur les entiers comme on l'a fait plus haut pour les récurrences multiples. Les valeurs $A(M, N)$ pour les petites valeurs de M sont facilement déterminées. Ainsi on a

$$A(1, N) = N + 2, \qquad A(2, N) = 2N + 3.$$

La fonction $(\lambda N)(A(3, N))$ est déterminée par une récurrence linéaire qui lui donne une croissance exponentielle : $A(3, N)$ est $2^{N+3} - 3$. Les valeurs des fonctions suivantes sont très grandes.

Lemme 6.2. *La fonction d'Ackermann est MT-calculable.*

Démonstration. Dans un premier temps on construit une machine dont les calculs consistent à bâtir un fragment sans cesse croissant de la table des valeurs de la fonction A. Ces valeurs seront conservées sur un ruban spécial, par exemple sous la forme de triplets $(M, N, A(M, N))_1$. Le calcul comprend une succession de cycles, chaque cycle consiste à ajouter un nouveau triplet de type $(0, N, N + 1)$, c'est à dire une valeur $A(0, N)$, puis à inscrire les « conséquences » de cette nouvelle valeur pour les valeurs non nulles du premier paramètre, s'il y en a. Ainsi au premier cycle, la seule valeur connue est celle de $A(0, 0)$, qui ne permet de calculer aucune valeur $A(M, N)$ avec $M > 0$. Au second cycle, les valeurs connues sont $A(0, 0)$ et $A(0, 1)$. Cette dernière valeur se reporte comme $A(1, 0)$. Au troisième cycle, la valeur $A(0, 2)$ est ajoutée. Elle se reporte en $A(1, 1)$, qui, à son tour, se reporte en $A(2, 0)$. Deux choses sont à vérifier. La première est qu'il existe bien une machine de Turing commandant la succession des cycles ci-dessus, la seconde est que toutes les valeurs de A sont bien obtenues ainsi. Pour le premier point, la boucle principale fait parcourir le ruban où sont stockées les valeurs déjà obtenues (dans un ordre convenable, à savoir dans l'ordre lexicographique croissant des arguments). Lorsqu'un triplet (M, N, P) n'est pas suivi par un triplet $(M, N + 1, P')$, on part chercher (en arrière) un éventuel triplet du type $(M - 1, P, P')$, et, si on le trouve, on ajoute $(M, N + 1, P')$ à sa place. En fin de liste une procédure analogue ajoute le triplet $(M+1,0,P)$ si un triplet $(M,1,P)$ est disponible. Ces opérations sont exactement des types qu'on a détaillés dans les chapitres antérieurs. Quant au fait que tous les triplets $(M,N,A(M,N))$ finissent par apparaître dans la liste, elle se démontre par récurrence sur M. La propriété est vraie pour $M=0$ par construction. Supposons-la démontrée pour M. Le triplet $(M+1,0,A(M+1,0))$ apparaîtra certainement puisque $A(M+1,0)$ est $A(M,1)$. Et si $(M+1,N,A(M+1,N))$ apparaît, il en ira de même de $(M+1,N+1,A(M+1,N+1))$ puisque $A(M+1,N+1)$ est $A(M,A(M+1,N))$.

Finalement, pour obtenir une machine de Turing qui calcule la fonction A, il suffit de modifier la machine précédente de sorte qu'à la fin de chaque cycle on cherche parmi les triplets disponibles un triplet de la forme (M,N,P) où M et N sont les valeurs des paramètres inscrits sur le premier ruban. Dès qu'un tel triplet est trouvé, on renvoie la valeur P correspondante, qui est $A(M,N)$ (et on procède aux effacements de rigueur à la fin d'un calcul). □

Il serait facile de montrer que, pour chaque valeur de M, la fonction $(\lambda N)(A(M,N))$ est récursive. Ceci serait complètement insuffisant pour conclure que A, en tant que fonction de deux variables, est récursive. Dans le cas présent, les machines de Turing permettent une démonstration de récursivité plus simple.

Lemme 6.3. *Les inégalités suivantes sont vérifiées pour tous entiers M, N, K*

$$\begin{aligned} M+N &< A(M,N), \\ A(M,N) &< A(M,N+1), \\ A(M,N+K) &\leq A(M+K,N). \end{aligned}$$

Démonstration. On montre simultanément les deux premières inégalités par récurrence sur M. Elles sont vraies pour $M=0$ par définition. Supposons-les vraies pour M. On a d'abord

$$M < A(M,0) < A(M,1) = A(M+1,0),$$

d'où $M+1 < A(M+1,0)$. On montre alors $A(M+1,N) < A(M+1,N+1)$ par récurrence sur N. Pour $N=0$ on a

$$A(M+1,0) = A(M,1) < A(M,A(M+1,0) = A(M+1,1)$$

en appliquant la croissance de $(\lambda N)(A(M,N))$ puisque $A(M+1,0)$ est plus grand que 1. Ensuite si la propriété est vraie pour N on a

$$\begin{aligned} A(M+1,N+1) &= A(M,A(M+1,N)) \\ &< A(M,A(M+1,N+1)) = A(M,A(N+2)) \end{aligned}$$

en appliquant à nouveau la croissance de $(\lambda N)(A(M,N))$. Enfin puisque $(\lambda N)(A(M+1,N))$ est strictement croissante et que $A(M+1,0)$ est plus grand que $M+1$, on déduit que $A(M+1,N)$ est certainement plus grand que $M+1+N$.

La dernière inégalité est triviale pour $K = 0$. Ensuite $A(M,1)$ est $A(M+1,0)$. Pour N quelconque on a $M + N + 1 < A(M + 1, N)$, donc

$$N + 2 \leq A(M + 1, N),$$

et de là

$$A(M, N + 2) \leq A(M, A(M + 1, N)) = A(M + 1, N + 1).$$

Ainsi l'inégalité est démontrée pour $K = 1$. Supposons-la démontrée pour K. On obtient pour tous M, N en appliquant l'hypothèse de récurrence et le résultat pour $K = 1$

$$A(M, N + K + 1) \leq A(M + K, N + 1) \leq A(M + K + 1, N)$$

et l'inégalité est vraie pour $K + 1$. □

Lemme 6.4. *Pour chaque entier N, la suite des valeurs $A(M, N)$ est strictement croissante avec M.*

Démonstration. La suite des valeurs $A(M, 0)$ est strictement croissante avec M, puisque $A(M+1, 0)$ est $A(M, 1)$, qui est strictement supérieur à $A(M, 0)$. D'autre part, on a

$$A(M, N + 1) < A(M, A(M + 1, N)) = A(M + 1, N + 1)$$

car $A(M + 1, N)$ est au moins $A(M + 1, 0) + N$, et $A(M + 1, 0)$ est au moins 2. □

Lemme 6.5. *i) Pour tous les entiers M_1, M_2 il existe un entier M tel qu'on ait, pour tout N,*

$$A(M_1, A(M_2, N)) \leq A(M, N).$$

ii) Pour tous les entiers M_1, …, M_r il existe un entier M tel qu'on ait, pour tout N,

$$\sum_{i=1}^{r} A(M_i, N) \leq A(M, N).$$

Démonstration. Soit d'abord M_0 un entier quelconque. Par le lemme 6.3 on sait que $A(M_0, N + 1)$ est au plus $A(M_0 + 1, N)$, d'où on déduit

$$A(M_0, A(M_0, N + 1)) \leq A(M_0, A(M_0 + 1, N)) = A(M_0 + 1, N + 1).$$

Par le lemme 6.4 il existe certainement un entier M' tel que $A(M', 0)$ est supérieur ou égal à $A(M_0, A(M_0, 0))$. Soit M le maximum de $M + 1$ et M'. Par le lemme 6.3 on a certainement

$$A(M_0, A(M_0, N)) \leq A(M, N)$$

pour tout N.

Soient maintenant M_1 et M_2 quelconques, et soit M_0 le maximum de M_1 et M_2. Si M est l'entier obtenu ci-dessus, on a pour tout entier N

$$A(M_1, A(M_2, N)) \leq A(M_0, A(M_2, N)) \leq A(M_0, A(N_0, N)) \leq A(M, N),$$

ce qui établit (i).

Ensuite on a

$$A(M_1, N) + A(M_2, N) \leq 2A(M_0, N) \leq A(2, A(M_0, N)) \leq A(M, N)$$

en supposant que M_0 est au moins 2, puisque $A(2, N)$ est $2N+3$. Ceci démontre (ii) dans le cas particulier $r = 2$. Il ne reste alors qu'à faire une récurrence facile sur r. □

Ayant ainsi fait provision de lemmes, on passe au résultat principal.

Définition. L'*ensemble des fonctions primitives récursives* est le plus petit ensemble de fonctions sur les entiers

- qui contient la fonction « somme », la fonction « décrémentation », les fonctions constantes et les fonctions projections,
- et qui est clos par les opérations de concaténation, composition, et définition par récurrence.

Les fonctions *primitives récursives* sont les éléments de l'ensemble précédent.

Ainsi les fonctions primitives récursives sont celles des fonctions récursives qui ont au moins une définition ne contenant pas l'opérateur de minimalisation. Le résultat suivant montre que l'ensemble des fonctions primitives récursives est un sous-ensemble strict de l'ensemble des fonctions récursives. Autrement dit, la minimalisation ne peut pas être enlevée de la définition de toutes les fonctions récursives.

Proposition 6.6. *La fonction A est récursive, mais non primitive récursive.*

Démonstration. Comme A est récursive, il en est de même de la fonction $(\lambda N)(A(N, N))$, qu'on notera $\widehat{A}$. On va montrer que la fonction $\widehat{A}$ croît plus vite que toute fonction primitive récursive. On dira pour cela qu'une fonction F de $\mathbb{N}^r$ dans $\mathbb{N}^s$ est *M-lente* si, pour tout $(N_1, \ldots, N_r)$ dans $\mathbb{N}^r$, on ait

$$F_1(N_1, \ldots, N_r) + \ldots + F_s(N_1, \ldots, N_r) \leq A(M, N_1 + \ldots + N_r)$$

où $F_1, \ldots, F_s$ désignent les composantes de F. On va montrer que toute fonction primitive récursive est M-lente pour un entier M convenable. Le résultat est évident pour les fonctions de base, qui sont 1-lentes, sauf les constantes $C_{r,M}$, qui sont M-lentes. Supposons que F est obtenue par concaténation de F_1 et F_2, qui sont respectivement M_1-lentes et M_2-lentes. Par le lemme 6.3, il existe M vérifiant pour tout N

$$A(M_1, N) + A(M_2, N) \leq A(M, N),$$

et F est M-lente. Si F est obtenue par composition de F_1 et F_2, l'argument est le même, en utilisant un entier M vérifiant

$$A(M_1, A(M_2, N)) \leq A(M, N)$$

pour tout N. Supposons maintenant que F est définie par récurrence de base G et de pas H, G étant M_1-lente et H étant M_2-lente. Soit M_0 un entier au moins égal à M_1 vérifiant

$$A(M_2, A(2, N)) \leq A(M_0, N)$$

pour tout N. Alors la fonction F est M-lente pour $M = M_0 + 1$. On a en effet

$$F(N_1, \ldots, N_r, 0) = G(N_1, \ldots, N_r) \leq A(M_1, N_1 + \ldots + N_r) \leq A(M, N_1 + \ldots + N_r).$$

Ensuite, supposons

$$F(N_1, \ldots, N_r, N) \leq A(M, N_1 + \ldots + N_r + N).$$

On a alors

$$\begin{aligned} F(N_1, \ldots, N_r, N+1) &= H(N_1, \ldots, N_r, N+1, F(N_1, \ldots, N_r, N)) \\ &\leq A(M_2, N_1 + \ldots + N_r + N + 1 + F(N_1, \ldots, N_r, N)) \\ &\leq A(M_2, N_1 + \ldots + N_r + N + 1 + \\ &\qquad\qquad A(M, N_1 + \ldots + N_r + N)) \\ &\leq A(M_2, A(2, A(M, N_1 + \ldots + N_r + N))) \\ &\leq A(M_0, A(M, N_1 + \ldots + N_r + N)) \\ &= A(M, N_1 + \ldots + N_r + N + 1) \end{aligned}$$

ce qui achève la démonstration du fait que F est M-lente.

Soit M un entier quelconque. On a

$$\widehat{A}(M+1) = A(M+1, M+1) > A(M, M+1),$$

ce qui montre que $\widehat{A}$ n'est pas M-lente. La fonction $\widehat{A}$ ne pouvant être M-lente pour aucun entier M ne peut être primitive récursive. Il en est de même de la fonction A, puisque, si A était primitive récursive, $\widehat{A}$, obtenue par composition de concaténées de l'identité et de A le serait également. □

7 Commentaires

Les fonctions récursives apparaissent dans (Kleene 1936), sensiblement à la même époque que les machines de Turing et le lambda-calcul (Church 1933). Des ouvrages de référence pour la théorie des fonctions récursives sont (Kleene 1952), ou, à un niveau plus élaboré, (Rogers 1967). Pour le lambda-calcul, objet de développements récents grâce à ses liens avec l'informatique théorique et la théorie de la démonstration, on pourra consulter (Krivine 1991).

L'introduction des fonctions récursives avait été précédée par celle des fonctions primitives récursives dans (Gödel 1931). Au départ, Gödel était très réservé sur la thèse de Church, avant de s'y rallier quelques années plus tard. Aujourd'hui, cette thèse de Church est largement acceptée.

Pour une introduction aux grammaires formelles, consulter par exemple (Autebert 1987).

Chapitre 5
Machines universelles

Le but de ce chapitre est de montrer que la hiérarchie de complexité construite dans les chapitres précédents est non triviale, c'est à dire qu'elle *sépare* effectivement les ensembles en plusieurs catégories distinctes. Pour cela il s'agit de construire, pour (chaque) échelon possible, un ensemble qui se trouve sur cet échelon de complexité mais sur aucun des échelons antérieurs. Le problème est donc d'établir des bornes inférieures de complexité, autrement dit des résultats négatifs : montrer que, pour un certain ensemble, il ne peut pas exister d'algorithme de telle ou telle complexité le décidant. Le principe utilisé pour une telle preuve négative est l'argument diagonal de Cantor qui exploite la possibilité d'une autoréférence. Dans le cadre actuel, il s'agit de pouvoir mettre sur le même plan les machines de Turing et les données sur lesquelles elles opèrent. Ceci est rendu possible par l'introduction des machines de Turing universelles.

Chapitres préalables : 1, 2, 3.

1 Le problème de l'arrêt

Un des aspects qui font apparaître les machines de Turing comme particulièrement rudimentaires est qu'une machine donnée exécute ses calculs conformément au « programme » immuable que représente sa table. En ce sens les machines de Turing sont moins évoluées que les systèmes informatiques actuels dans lesquels le programme est fourni par l'utilisateur en même temps que les données. En fait cette distinction n'est pas pertinente, car on va voir précisément que certaines machines de Turing (les machines « universelles ») sont exactement ce qu'on pourrait appeler des machines programmables.

Pour introduire une telle notion de machine de Turing programmable, il faut d'abord élaborer un langage de programmation adéquat. Dans toute la suite, il sera commode de travailler avec un alphabet fixé, ayant au moins deux éléments. On considérera pour cela des machines d'alphabet $\{0, 1\}$ (le caractère 0 est donc ici distinct du blanc). Pour qu'une machine d'alphabet $\{0, 1\}$ puisse être « programmée », il faut que le programme lui-même se présente comme un mot formé avec les caractères 0, 1 et, éventuellement, □. Le programme d'une machine de Turing est sa table : la première tâche, préliminaire, est de coder par des suites finies de 0 et de 1 les tables des machines de Turing.

Cette tâche est très facile, et peut être accomplie de bien des façons. On considère des machines de Turing pour un ruban, d'alphabet $\{0,1\}$. Soit $\boldsymbol{M}$ une telle machine : l'information contenue dans l'application $\boldsymbol{M}$ se retrouve dans toute énumération des quintuplets $(s, q, \boldsymbol{M}_{(1)}(s,q), \boldsymbol{M}_{(2)}(s,q), \boldsymbol{M}_{(3)}(s,q))$ pour s dans $\{0, 1, \square\}$ et q dans l'ensemble des états Q de la machine. Un tel quintuplet sera appelé une *instruction*. On appelle *codage* de Q une injection Γ de Q dans l'ensemble des mots de la forme 1^i avec $i \geq 3$, qui envoie l'état **init** sur le mot 111. On étend Γ aux instructions en posant

$$\Gamma(\mathbf{acc}) = 1,\ \Gamma(\mathbf{ref}) = 11,\ \Gamma(-1) = \Gamma(0) = 1,\ \Gamma(1) = 11,\ \Gamma(\square) = 111,$$

puis

$$\Gamma((s,q,s',m',q')) = 0\Gamma(s)0\Gamma(q)0\Gamma(s')0\Gamma(m')0\Gamma(q')0.$$

Définition. Soit $\boldsymbol{M}$ une machine de Turing. On appelle *code* de $\boldsymbol{M}$ tout mot du type $0^i\Gamma(I_1)\Gamma(I_2)\ldots\Gamma(I_k)00$ où Γ est un codage des états de $\boldsymbol{M}$ dans l'ensemble des mots de la forme 1^i avec $i \geq 1$ et où $I_1, \ldots, I_k$ est une énumération quelconque des instructions de $\boldsymbol{M}$.

Exemple. Supposons que $\boldsymbol{M}$ est la machine dont la table est

	0	1	$\square$
init	$(1,1,\mathbf{init})$	$(0,-1,\mathbf{acc})$	$(1,1,\mathbf{ref})$

Le mot 000101110110110111001101110101010011101110110110111000 est un code de cette machine de Turing, puisqu'il peut s'écrire

$$00\Gamma((0,\mathbf{init},1,1,\mathbf{init}))\Gamma((1,\mathbf{init},0,-1,\mathbf{acc}))\Gamma((\square,\mathbf{init},1,1,\mathbf{ref}))00,$$

où Γ est l'unique codage de l'unique état de la machine.

Définition. Une machine de Turing $\boldsymbol{U}$ d'alphabet $\{0,1\}$ est *universelle* pour les machines de Turing (pour un ruban) d'alphabet $\{0,1\}$ si, pour toute machine $\boldsymbol{M}$ de ce dernier type, pour tout code e de la machine $\boldsymbol{M}$, pour tout mot w dans $\{0,1\}^*$ et tout entier i, le résultat du calcul de $\boldsymbol{U}$ à partir de 0^iew est le même que le résultat du calcul de $\boldsymbol{M}$ à partir de w, c'est à dire que $\boldsymbol{U}$ accepte (*resp.* refuse) le mot 0^iew si et seulement si $\boldsymbol{M}$ accepte (*resp.* refuse) le mot w.

Proposition 1.1. *Il existe une machine de Turing d'alphabet* $\{0,1\}$ *qui est universelle pour les machines de Turing d'alphabet* $\{0,1\}$.

Démonstration. Il s'agit de construire une machine de Turing $\boldsymbol{U}$ capable de simuler le calcul de la machine $\boldsymbol{M}$ à partir d'un code de celle-ci. On prendra ici pour $\boldsymbol{U}$ une machine pour trois rubans. Le calcul de $\boldsymbol{U}$ à partir d'un mot quelconque se déroule comme suit. Dans une phase d'initialisation, on recopie sur le second ruban la partie du mot écrit sur le premier ruban qui suit immédiatement le premier bloc 000 précédé par un 1, et on écrit 111 sur le troisième ruban. Les pointeurs sont placées sur les premiers caractères de ces mots. Au terme de cette phase, si le mot initial a la forme $0^i ew$ où e est un code de machine de Turing, le mot w est recopié sur le second ruban (car le bloc 000 repère la fin du mot e).

Ensuite le calcul de $\boldsymbol{U}$ est une succession de phases dont chacune est la simulation d'une étape de calcul de la machine $\boldsymbol{M}$. D'une façon précise, la simulation correspond au codage Θ des configurations de $\boldsymbol{M}$ dans celles de $\boldsymbol{U}$ défini par

$$\Theta((f,p,q)) = (0^i ew, f, \Gamma(q), i+1, p, 1, A),$$

où on confond un mot u et la fonction $\tilde{u}$ de $\mathbb{Z}$ dans $\{0,1,\square\}$ qui vaut $u(k)$ pour k entre 1 et la longueur de u et $\square$ sinon, où Γ est le codage des états de $\boldsymbol{M}$ qui a été utilisé pour définir e, et où A est un état fixé qui marque le début de chaque nouvelle étape de simulation de $\boldsymbol{U}$. Il s'agit donc de justifier l'existence d'une table $\boldsymbol{U}$ qui, si $\boldsymbol{M}$ fait passer en une étape de (f,p,q) à (f',p',q'), fasse passer de $\Theta((f,p,q))$ à $\Theta((f',p',q'))$, table qui doit indépendante de $\boldsymbol{M}$. Le principe est le suivant : la machine $\boldsymbol{U}$, partant d'une configuration $\Theta((f,p,q))$, lit de gauche à droite les instructions codées sur le premier ruban, dans le mot e (repéré par les blocs 000 qui l'encadrent). Pour chaque instruction, elle teste si le premier bloc de 1 est le code du caractère $f(p)$ (le caractère accessible du second ruban). Si oui, elle teste si le second bloc de 1 coïncide avec le contenu du troisième ruban, qui est le code de q. Tant que les tests sont négatifs, la lecture vers la droite se poursuit. Mais nécessairement il existe une (et une seule) instruction qui est un quintuplet commençant par $f(p)$ et q (sauf si q est **acc** ou **ref**). Lorsque $\boldsymbol{U}$ a trouvé dans e le code de ce quintuplet, il ne lui reste qu'à effectuer sur les rubans 2 et 3 les changements que prescrivent les trois derniers éléments du quintuplet en question : le nouveau caractère du second ruban est codé par le troisième bloc de 1, le déplacement à effectuer sur ce même second ruban est codé par le quatrième bloc de 1, et, enfin, le codage du nouvel état, qui est à recopier sur le troisième ruban à la place de son contenu antérieur, est le cinquième bloc de 1. Lorsque ces opérations sont effectuées, il ne reste qu'à ramener les pointeurs des rubans 1 et 3 à leurs positions initiales.

Ayant ainsi réalisé la simulation du calcul de $\boldsymbol{M}$ dans le calcul de $\boldsymbol{U}$, on déduit immédiatement que le résultat final du calcul de $\boldsymbol{U}$ (acceptation, refus ou non-terminaison) sera le même que celui du calcul de $\boldsymbol{M}$. □

De l'existence de machines de Turing universelles, on déduit facilement l'existence d'ensembles non MT-décidables. Pour cela on considère le « problème de l'arrêt » pour les machines universelles, c'est à dire la question de savoir *a priori* si un calcul va se terminer ou non.

Proposition 1.2. *Si $\boldsymbol{U}$ est une machine de Turing universelle pour les machines de Turing d'alphabet $\{0,1\}$, l'ensemble des mots w de $\{0,1\}^*$ tels que le calcul de $\boldsymbol{U}$ à partir de w se termine est un ensemble MT-semi-décidable non MT-décidable.*

Démonstration. Notons X l'ensemble en question. Soit $\boldsymbol{U}'$ la machine de Turing obtenue à partir de $\boldsymbol{U}$ en remplaçant partout dans les tables l'état **ref** par l'état **acc**. Alors la machine $\boldsymbol{U}'$ accepte exactement tous les mots qui sont soit acceptés, soit refusés par $\boldsymbol{U}$, autrement dit elle accepte exactement les mots à partir desquels $\boldsymbol{U}$ s'arrête. Et si le calcul de $\boldsymbol{U}$ à partir de w ne s'arrête pas, celui de $\boldsymbol{U'}$ ne s'arrêtera pas davantage. Donc la machine $\boldsymbol{U'}$ semi-décide l'ensemble X.

Soit Y l'ensemble des mots w de $\{0,1\}^*$ tels que ww appartient à X. Si X était MT-décidable, il en serait de même de Y par le lemme 4.3.9.ii, puisque l'application $(\lambda w)(ww)$ est certainement MT-calculable. Donc il suffit d'obtenir une contradiction à partir de l'hypothèse que Y est MT-calculable. Supposons que la machine $\boldsymbol{M}$ décide l'ensemble Y. On peut supposer que $\boldsymbol{M}$ est une machine pour un ruban, d'alphabet $\{0,1\}$. On construit une nouvelle machine $\boldsymbol{M'}$ en remplaçant, dans la table de $\boldsymbol{M}$, l'état **acc** par un nouvel état qui provoque une boucle sans fin, et l'état **ref** par **acc**. De la sorte la machine $\boldsymbol{M'}$ semi-décide le complémentaire de Y.

Soit e un code quelconque pour la machine $\boldsymbol{M'}$, et w un mot quelconque dans $\{0,1\}^*$. Par définition d'une machine universelle, le mot ew est accepté par $\boldsymbol{U}$ si et seulement si le mot w est accepté par $\boldsymbol{M'}$, donc si et seulement si ce mot n'est pas dans Y, donc encore si et seulement si le calcul de $\boldsymbol{U}$ à partir de ww ne s'arrête pas. Par ailleurs le mot ew serait refusé par $\boldsymbol{U}$ si et seulement si le mot w était refusé par $\boldsymbol{M'}$, ce qui n'arrive jamais, par construction de $\boldsymbol{M'}$. Donc finalement, on déduit que le calcul de $\boldsymbol{U}$ à partir de ew se termine si et seulement si le calcul de $\boldsymbol{U}$ à partir de ww ne se termine pas. En faisant $w = e$, on obtient la contradiction souhaitée. C'est donc que l'ensemble Y, et, partant, l'ensemble X, ne peuvent être MT-récursifs. □

On déduit immédiatement de ce qui précède le résultat fondamental suivant

Corollaire 1.3. *Il n'existe pas d'algorithme simulable par machine de Turing décidant si la machine de Turing de code e s'arrête ou non à partir de l'entrée w.*

Démonstration. Il s'agit de montrer la MT-indécidabilité de l'ensemble des couples (e, w) tels que e est un code de machine de Turing et w un mot tel que le calcul de la machine de code e à partir de w se termine. Si cet ensemble était MT-décidable, il en serait de même de l'ensemble des mots ee où e est un code de machine tel que le calcul de la machine de code e à partir de l'entrée e se termine. Or la preuve de la proposition précédente montre que ceci est impossible : il suffit en effet de remarquer que la contradiction y est obtenue pour un mot qui est un code, et donc qu'on peut se restreindre partout aux mots qui sont des codes. □

Moyennant la thèse de Church, l'énoncé précédent exprime qu'il ne peut exister un algorithme uniforme permettant de décider si le calcul d'une machine de Turing à partir d'une certaine entrée va se terminer ou non : il ne peut exister de tel algorithme fonctionnant simultanément pour toutes les machines de Turing, et, même, il ne peut exister de tel algorithme fonctionnant pour le cas unique d'une machine universelle. Ceci ne signifie évidemment pas que, partant d'une machine fixée (universelle ou non), et d'un mot d'entrée donné, il soit impossible de déterminer si le calcul de la machine à partir de ce mot se termine ou non. Simplement il est dit que la méthode (algorithmique) qui permettrait éventuellement de décider la question pour ce mot particulier ne peut pas s'étendre en une méthode qui serait valable pour *tous* les mots. Il se peut que, pour chaque mot, il existe une méthode permettant de conclure, mais, nécessairement, cette méthode doit dépendre du mot considéré et il ne peut exister un algorithme uniforme.

Pour insister sur ce point qui est souvent objet d'erreurs, rappelons que tout ensemble fini est MT-décidable. Dans le cas qui nous intéresse, ce résultat implique qu'effectivement, pour un mot w donné et une machine $\boldsymbol{M}$ donné, il existe un algorithme qui détermine si le calcul de $\boldsymbol{M}$ à partir de w se termine ou non. En effet, des deux algorithmes « stupides », l'un qui affirme que le calcul s'arrête pour tout mot, l'autre qui affirme que le calcul ne s'arrête pour aucun mot, l'un exactement donne la bonne réponse pour le mot w considéré. Même si on ne sait pas lequel de ces deux algorithmes donne la bonne réponse pour le mot w, certainement l'un des deux le fait, et il est donc trivialement vrai qu'il existe un algorithme (trivial) déterminant si le calcul de $\boldsymbol{M}$ en w se termine ou non. Il est donc essentiel de bien comprendre que le résultat d'indécidabilité établi ci-dessus (comme *tout* résultat d'indécidabilité) ne peut concerner qu'un ensemble infini, ou, si on préfère, un problème dépendant d'un paramètre pouvant prendre une infinité de valeurs. Il importe de faire la distinction avec la notion d'indémontrabilité dont il sera question ultérieurement dans ce cours.

Le résultat obtenu ci-dessus n'a rien à voir avec le choix particulier de l'alphabet $\{0,1\}$. On peut lui donner la forme générale suivante :

Théorème 1.4. (indécidabilité de l'arrêt d'une machine de Turing) *Pour tout alphabet $\mathcal{A}$, il existe une machine de Turing d'alphabet $\mathcal{A}$ telle que l'ensemble des mots de $\mathcal{A}^*$ à partir desquels le calcul de $\boldsymbol{M}$ se termine est un ensemble non MT-décidable. Si $\mathcal{A}$ est $\{1\}$, on peut en outre supposer que la machine est une machine spéciale.*

Démonstration. Si l'alphabet $\mathcal{A}$ a au moins deux éléments distincts, on peut supposer qu'il inclut $\{0,1\}$, et considérer une machine universelle $\boldsymbol{U}$ comme la proposition 1.2, ou plutôt l'extension de cette machine obtenue en traitant par exemple comme des 1 tous les caractères qui ne sont ni 0, ni 1. Supposons maintenant que $\mathcal{A}$ est réduit à un élément. On peut supposer que cet unique élément est 1. Si $\boldsymbol{M}$ est une machine de Turing d'alphabet $\{0,1\}$, il est immédiat de construire à partir de $\boldsymbol{M}$ une machine $\boldsymbol{M'}$ de même alphabet telle que $\boldsymbol{M'}$ s'arrête à partir de $1w$ si et seulement si $\boldsymbol{M}$ s'arrête à partir de w. Partant d'une machine universelle, on en déduit l'existence d'une machine $\boldsymbol{U'}$ d'alphabet $\{0,1\}$ telle que l'ensemble des mots de la forme $1w$ à partir desquels $\boldsymbol{U'}$ s'arrête n'est pas MT-décidable. Soit alors $\boldsymbol{U''}$ une machine qui, à partir de l'entrée 1^n, calcule le mot $(n+1)_2$ (qui commence nécessairement par le caractère 1), puis simule le calcul de $\boldsymbol{U'}$ à partir de ce mot. Le calcul de $\boldsymbol{U''}$ à partir de 1^n se termine donc si et seulement si celui de $\boldsymbol{U'}$ à partir de $(n+1)_2$ se termine. Si l'ensemble des mots de la forme 1^n à partir desquels $\boldsymbol{U}''$ s'arrête était MT-décidable, il devrait en être de même de l'ensemble des mots de la forme $(n+1)_2$ à partir desquels $\boldsymbol{U}'$ s'arrête, car l'application $(\lambda(n+1)_2)(1^n)$ de $\{0,1\}^*$ dans $\{1\}^*$ est MT-calculable (d'après la preuve de la proposition 3.4.1). D'après les résultats de la section 3.1, il existe une machine d'alphabet $\{1\}$ qui simule les calculs de $\boldsymbol{U}''$ à partir des mots de la forme 1^n. D'après la section 3.3, cette dernière machine peut être simulée par une machine spéciale $\boldsymbol{S}$. Donc l'ensemble des mots de la forme 1^n à partir desquels la machine $\boldsymbol{S}$ s'arrête est exactement l'ensemble des mots de cette forme à partir desquels la machine $\boldsymbol{U}''$ s'arrête. Cet ensemble est donc MT-indécidable. □

Lemme 1.5. *Si l'ensemble X et son complémentaire dans $\mathcal{A}^*$ sont MT-semi-décidables, alors X est MT-décidable (tout comme son complémentaire).*

Démonstration. Faire travailler « en parallèle » deux machines de Turing, l'une semi-décidant X et l'autre semi-décidant $\mathcal{A}^* \setminus X$, et arrêter dès que l'une s'arrête, ce qui doit se produire dans tous les cas. □

Proposition 1.6. Pour chaque alphabet $\mathcal{A}$, la famille des parties de $\mathcal{A}^*$ qui sont MT-semi-décidables n'est pas close par complément.

Démonstration. Si X est un ensemble MT-semi-décidable non MT-décidable, le complémentaire de X ne peut être MT-semi-décidable par le lemme 1.5. □

Remarque. Le résultat d'indécidabilité du problème de l'arrêt des machines de Turing va jouer un rôle important dans la suite, car il constituera le résultat de base à partir duquel les autres résultats d'indécidabilité seront déduits. Notons que, si on s'intéresse seulement à la question de savoir s'il existe des ensembles non MT-décidables, un argument de dénombrement donne une réponse triviale : pour tout alphabet $\mathcal{A}$, les ensembles de mots construits à partir de $\mathcal{A}$ forment un ensemble non dénombrable, comme tout ensemble $\mathfrak{P}(X)$ avec X infini. Or, il n'existe qu'un ensemble dénombrable de machines de Turing dont l'ensemble d'états est inclus dans les entiers, et chaque ensemble MT-décidable est clairement décidé par une machine dont les états sont des entiers. Donc les ensembles MT-décidables d'alphabet $\mathcal{A}$ donné forment une famille dénombrable, qui ne peut coïncider avec la famille non dénombrable de tous les sous-ensembles de $\mathcal{A}^*$.

2 Fonctions constructibles en temps

Le but de cette section est d'établir une propriété technique de la plupart des fonctions de complexité usuelles, à savoir l'existence d'une machine de Turing dont le calcul a une longueur donnée (en fonction de l'entrée). De telles machines serviront utilisées comme « horloges » dans la suite.

Définition. Soit T une application T de $\mathbb{N}$ dans $\mathbb{N}$.

i) Une *T-horloge* est une machine de Turing $\boldsymbol{H}$ d'alphabet incluant $\{0,1\}^*$ telle que, quel que soit le mot w dans $\{0,1\}^*$, le calcul de $\boldsymbol{H}$ à partir de w se termine en exactement $T(|w|)$ étapes.

ii) La fonction T est *constructible en temps* s'il existe une T-horloge.

Le choix de l'alphabet $\{0,1\}$ est contingent : il est bien adapté ici puisque les machines considérées dans ce chapitre sont des machines d'alphabet $\{0,1\}$, mais on pourrait établir des résultats analogues pour tout autre alphabet, et notamment un alphabet à un seul élément.

Notons d'abord quelques liens évidents entre les notions de constructibilité en temps et calculabilité par machine de Turing.

Proposition 2.1. *i) Toute fonction constructible en temps est MT-calculable.*

ii) Toute fonction MT-calculable de $\mathbb{N}$ dans $\mathbb{N}$ qui est partout définie est majorée par une fonction constructible en temps.

Démonstration. i) Supposons que $\boldsymbol{H}$ est une T-horloge travaillant sur k rubans. On peut fabriquer à partir de $\boldsymbol{H}$ une nouvelle T-horloge $\boldsymbol{H}'$ pour $k+1$ rubans de sorte qu'à chaque étape la machine $\boldsymbol{H}'$ écrit un caractère 1 sur le $k+1$-ième ruban. Ainsi, pour tout entier N, la machine $\boldsymbol{H}'$ fait passer de la configuration d'entrée associée à $(N-1)_1$ à une configuration qui est essentiellement la configuration de sortie associée à $(T(N)-1)_1$. Il est facile de modifier $\boldsymbol{H}'$ pour en faire une machine calculant exactement la fonction $(T)_1$.

ii) Supposons que F est une fonction MT-calculable partout définie de $\mathbb{N}$ dans $\mathbb{N}$. On part d'une machine $\boldsymbol{M}$ calculant la fonction $(\lambda(N)_2)((F(N))_1)$, c'est à dire qui fait passer de l'entrée N écrite en représentation binaire à la sortie $F(N)$ écrite en représentation unaire. On construit une machine $\boldsymbol{M}'$ qui, à partir d'un mot $(N)_2$ de longueur n, énumère tous les mots de longueur n qui sont des représentations en base 2 d'entiers, et, pour chacun d'eux, simule le calcul correspondant de $\boldsymbol{M}$. La durée totale du calcul pour un mot de longueur n sera la somme des durées des calculs de $\boldsymbol{M}$ pour tous les mots de longueur n. Elle majorera donc chacune de ces durées. Or la représentation de sortie étant unaire, la valeur $F(N)$ est certainement majorée par le temps nécessaire à écrire $(F(N))_1$, qui est au moins $F(N)+1$. □

Lemme 2.2. *La fonction « identité » est constructible en temps.*

Démonstration. Prendre comme horloge un automate quelconque, c'est à dire une machine qui effectue toujours ses déplacements vers la droite et s'arrête dès qu'un blanc est lu. □

Lemme 2.3. *La fonction $(\lambda n)(2^n)$ est constructible en temps.*

Démonstration. On considère une machine pour trois rubans. Le calcul est une succession de cycles. Les cycles de rang impair consistent à lire un caractère sur le premier ruban et recopier deux fois sur le troisième ruban le mot écrit sur le second (par un aller et retour du pointeur). Les cycles de rang pair sont identiques, à ceci près que c'est le mot écrit sur le troisième ruban qui est recopié deux fois sur le second ruban. (En réalité il faudrait distinguer deux variantes de chaque cycle, suivant que la recopiages débutent par le caractère le plus à gauche, ou par le caractère le plus à droite, ce qui se produira alternativement). Le processus est initialisé en écrivant un 1 sur le second ruban, et aucun sur le troisième. De la sorte, à la fin du premier cycle, il y a un 1 sur le second ruban, et deux 1 sur le troisième. A la fin du deuxième cycle, il y a quatre 1 sur le second ruban, et deux sur le troisième, *etc...* A la fin du i-ème cycle, un des rubans contient 2^{i-1} caractères 1, et l'autre 2^{i-2}, et la durée du cycle correspondant à la lecture du $i+1$-ième caractère du premier ruban est 2.2^{i-1}, soit 2^i étapes. La longueur totale du calcul pour une entrée de longueur n sera donc

$$2 + 2 + 2^2 + \ldots + 2^{n-1},$$

soit 2^n étapes. □

Pour montrer que les fonctions usuelles sont constructibles en temps, on va établir des résultats de clôture pour la famille des fonctions constructibles en temps.

Proposition 2.4. *Si les fonctions T_1 et T_2 sont constructibles en temps, la fonction composée* **comp**(T_1, T_2) *l'est aussi.*

Démonstration. Soit $\boldsymbol{H}_1$ une T_1-horloge. Si $\boldsymbol{H}_1$ est une machine pour k rubans, d'après la preuve de la proposition 1.i, on peut supposer que $\boldsymbol{H}_1$ écrit un caractère 1 à chaque étape sur le k-ième ruban. Soit $\boldsymbol{H}_2$ une T_2-horloge. On construit la machine $\boldsymbol{H}$ à partir de $\boldsymbol{H}_1$ de sorte que $\boldsymbol{H}$ simule, en plus du calcul de $\boldsymbol{H}_1$ sur les k premiers rubans, le calcul de $\boldsymbol{H}_2$ à partir du mot écrit sur le k-ième ruban (pour cela $\boldsymbol{H}$ utilise autant de rubans supplémentaires que $\boldsymbol{H}_2$ utilise de rubans). Le calcul de $\boldsymbol{H}$ à partir d'une entrée de longueur n s'arrêtera quand le calcul de $\boldsymbol{H}_2$ à partir d'une entrée de longueur $T_1(n)$ s'arrêtera, c'est à dire au bout de $T_2(T_1(n))$ étapes. Le fait que le mot de longueur $T_1(n)$ ne soit pas écrit au moment où la simulation de $\boldsymbol{H}_2$ commence n'est pas un problème, car, après i étapes, les i premiers caractères sont écrits. Or les i premières étapes d'un calcul de $\boldsymbol{H}_2$ ne peuvent dépendre que des i premiers caractères de l'entrée. Ainsi il n'est pas nécessaire que l'entrée soit écrite au moment où débute le calcul, pourvu qu'ensuite cette entrée soit écrite aussi vite que ce que le calcul peut utiliser effectivement. □

Proposition 2.5. *Si les fonctions T_1 et T_2 sont constructibles en temps, le produit $T_1.T_2$ l'est aussi.*

Démonstration. Soient $\boldsymbol{H}_1$ et $\boldsymbol{H}_2$ respectivement une T_1-horloge et une T_2-horloge, utilisant k_1 et k_2 rubans. On suppose en outre que $\boldsymbol{H}_2$ a la propriété d'écrire sur un ruban spécial un mot de longueur $T_2(n)$ à partir d'un mot de longueur n. L'idée est de faire travailler (sur des rubans disjoints) la machine $\boldsymbol{H}_2$, puis la machine $\boldsymbol{H}_1$, en intercalant à chaque étape du calcul de celle-ci une lecture du mot écrit sur le ruban spécial (alternativement de gauche à droite et de droite à gauche). Ainsi, dans le calcul à partir d'un mot de longueur n, chaque étape de $\boldsymbol{H}_1$ est simulée par $T_2(n)$ étapes, et le calcul complet requiert $T_1(n).T_2(n)$ étapes.

Le problème est que nous n'avons posé aucune condition sur la configuration de sortie d'un calcul de $\boldsymbol{H}_2$. En particulier, on ne sait pas si le mot initial, ou, tout au moins, un mot de même longueur, est encore écrit sur le premier ruban, et si son premier caractère est accessible, ainsi qu'il est nécessaire pour pouvoir engager avec succès le calcul de $\boldsymbol{H}_1$ à la suite de celui de $\boldsymbol{H}_2$. Nous allons montrer qu'on peut transformer $\boldsymbol{H}_2$ pour arriver à cette situation (ou presque). L'idée est de ne plus utiliser le premier ruban que pour une unique lecture du mot qui y figure, mais pas pour y écrire. Pour cela on utilise un ruban supplémentaire (« ruban 1bis »), supposé vide au départ. L'idée est d'écrire sur le ruban 1bis ce qu'on aurait écrit sur le ruban 1. Le problème est que le mot initial est sur le ruban 1 et non sur le ruban 1bis (et qu'on veut éviter de commencer par un recopiage systématique qui modifierait la longueur du calcul). La question est de reconnaître, lorsqu'on lit un blanc sur le ruban 1bis, s'il s'agit d'un « vrai » blanc, ou du blanc correspondant à un caractère du ruban 1 qui n'a pas encore été recopié. Or la distinction peut être faite si on est certain qu'à chaque étape un caractère est écrit sur le ruban 1bis : alors le mot qui y est écrit ne comporte aucun blanc « intérieur », et donc un blanc vers la gauche est un vrai blanc, tandis qu'un blanc vers la droite (c'est à dire un blanc lu après un déplacement à droite) est un faux blanc, qui sera traité comme le caractère accessible du premier ruban (lequel peut être un blanc si la lecture du mot initial est achevé, moment à partir duquel il n'y a plus de distinction à faire). Ainsi le processus de recopiage du ruban 1 sur le ruban 1bis peut se faire au fur et à mesure du calcul, moyennant l'hypothèse qu'on ne laisse pas de case blanche en cours de calcul. Cette dernière condition est triviale à satisfaire : il suffit d'utiliser (ce qui est loisible, l'alphabet n'ayant pas été fixé) un caractère $\square'$ qui représente le blanc mais n'est pas le blanc.

A ce point, on a assuré l'hypothèse souhaitée, à ceci près que la case accessible en fin de calcul est celle qui contient le dernier caractère du mot, et non celle qui contient le premier comme il est de rigueur. Pour éviter un retour (qui change la longueur du calcul), il suffit de modifier la machine $\boldsymbol{H}_1$ (celle dont on veut appliquer le calcul au mot en question) de sorte qu'elle travaille comme $\boldsymbol{H}_1$ mais en partant du dernier caractère et non du premier. Comme seule la longueur du calcul compte, il suffit de considérer la machine « miroir » de $\boldsymbol{H}_1$ obtenue en inversant le sens de tous les déplacements. Ainsi la preuve est complète. $\square$

L'argument précédent peut être aisément modifié pour montrer que la somme, ou l'exponentiation, de deux fonctions constructibles en temps est encore constructible en temps. Pour notre propos, il suffira de savoir que les fonctions de complexité usuelles sont constructibles en temps, ce qui résulte des propriétés ci-dessus.

3 La hiérarchie en temps

Les machines de Turing universelles ont permis de décrire simplement des ensembles MT-semi-décidables non MT-décidables. On va voir maintenant qu'elles permettent de montrer des résultats analogues pour les niveaux « finis » de la hiérarchie ***DTIME***.

Pour cela, on commence par une version quantitative du résultat de simulation d'une machine quelconque par une machine universelle.

Lemme 3.1. *Il existe une machine de Turing universelle $\boldsymbol{U}$ telle que, pour chaque machine $\boldsymbol{M}$ pour un ruban d'alphabet $\{0,1\}$, pour chaque mot w dans $\{0,1\}^*$ et pour chaque code e de $\boldsymbol{M}$, si le calcul de $\boldsymbol{M}$ à partir de w se termine en temps t, alors le calcul de $\boldsymbol{U}$ à partir de $0^i ew$ se termine en temps au plus $i + 10|e|t$.*

Démonstration. On reprend la machine $\boldsymbol{U}$ construite dans la section 1. Dans la simulation du calcul de $\boldsymbol{M}$ dans un calcul de $\boldsymbol{U}$, il y a d'abord i étapes de lecture pour atteindre le début du code e (repéré par le premier caractère 1). Ensuite, la simulation d'une étape de calcul de $\boldsymbol{M}$ nécessite de faire essentiellement un aller-et-retour sur le mot e (donc $2|e|$ étapes), tout en comparant le contenu du troisième ruban avec des fragments du mot e : à chaque essai infructueux, il faut ramener le pointeur au début du troisième ruban. Le coût total de ces retours est majoré par $|e|$, car le nombre de déplacements à droite effectués est lui-même borné par le nombre de 1 dans e codant des états, et donc par $|e|$. Une fois la transition repérée, le coût de l'actualisation du troisième ruban (effacement de l'ancien état, recopiage du nouveau) est au plus 4 fois la longueur du plus long code d'état, lequel est certainement majoré par la longueur de e. Au total, $7|e|$ étapes sont donc en tout cas suffisantes pour simuler une étape de $\boldsymbol{M}$. □

Théorème 3.2. (hiérarchie en temps déterministe) *On suppose que T, T' sont deux fonctions de complexité, que T' est constructible en temps, et que $T^2(n)$ est négligeable devant $T'(n)$. Alors l'inclusion de la classe $\boldsymbol{DTIME}(T(n))$ dans la classe $\boldsymbol{DTIME}(T'(n))$ est stricte.*

Démonstration. Soit $\boldsymbol{U}$ une machine de Turing universelle à laquelle le lemme ci-dessus s'applique. Soit X l'ensemble des mots de $\{0,1\}^*$ tels que $\boldsymbol{U}$ n'accepte pas le mot ww en temps inférieur ou égal à $T'(|w|)$.

Le premier point est que l'ensemble X appartient à $\boldsymbol{DTIME}(T'(n))$. Soit $\boldsymbol{H'}$ une T'-horloge. On considère une machine $\boldsymbol{M'}$ qui simule (sur des rubans disjoints) les calculs de $\boldsymbol{U}$ sur ww et de $\boldsymbol{H}'$ sur w, après avoir initialisé par recopiages les deux rubans d'entrée. Le calcul s'arrête ou bien si le calcul de $\boldsymbol{U}$ sur ww se termine avant que l'horloge ne sonne (c'est à dire avant que le calcul de $\boldsymbol{H}'$ ne se termine), et alors $\boldsymbol{M}'$ accepte w si et seulement si $\boldsymbol{U}$ refuse ww, ou bien quand l'horloge sonne, et alors $\boldsymbol{M}'$ accepte w. Par construction la machine $\boldsymbol{M}'$ travaille en temps au plus $4n + T'(n)$ (les $4n$ étapes correspondant au recopiage de w en ww au début). Or les mots w acceptés par $\boldsymbol{M}'$ sont ceux pour lesquels ou bien le mot ww est refusé par $\boldsymbol{U}$ en temps au plus $T'(|w|)$, ou bien la longueur du calcul de $\boldsymbol{U}$ sur ww est plus grande que $T'(|w|)$: ce sont donc exactement les éléments de X. On conclut que X est dans $\boldsymbol{DTIME}(4n + T'(n))$, qui coïncide avec $\boldsymbol{DTIME}(T'(n))$ puisque n^2 est certainement négligeable devant $T'(n)$: en effet $T^2(n)$ l'est par hypothèse et $T(n)$ est au moins n (pour n assez grand).

Supposons maintenant que X appartienne à la classe $\boldsymbol{DTIME}(T(n))$. Il s'agit de trouver une contradiction. Par la proposition 3.1.4, il existe une constante c telle que X appartienne à $\boldsymbol{DTIME}_1^{\{0,1\}}(cT^2(n))$. Soit donc $\boldsymbol{M}$ une machine de Turing pour un ruban, d'alphabet $\{0,1\}$, décidant X en temps $cT^2(n)$. Soit e un code de $\boldsymbol{M}$. Par hypothèse, il existe un entier i vérifiant

$$i + 7|e|cT^2(i + |e|) < T'(i + |e|).$$

Soit w le mot $0^i e$. Supposons d'abord que w est dans X. Alors la machine $\boldsymbol{M}$ accepte w en temps au plus $cT^2(|w|)$, donc la machine $\boldsymbol{U}$ accepte le mot $0^i ew$ en temps au plus $i + 7|e|cT^2(|w|)$, et donc, ***a fortiori***, en temps au plus $T'(|w|)$ (puisque $|w|$ est $i + |e|$). Mais c'est dire encore que $\boldsymbol{U}$ accepte ww en temps au plus $T'(|w|)$, qui entraîne que w n'est pas dans X. Donc l'hypothèse que w est dans X est à rejeter.

Supposons au contraire que w n'est pas dans X. Alors la machine $\boldsymbol{M}$ refuse w en temps au plus $cT^2(|w|)$, donc la machine $\boldsymbol{U}$ refuse le mot $0^i ew$ en temps au plus $i + 7|e|cT^2(|w|)$, et donc, ***a fortiori***, en temps au plus $T'(|w|)$ (puisque $|w|$ est $i + |e|$). Mais ceci entraîne que $\boldsymbol{U}$ n'accepte pas ww en temps au plus $T'(|w|)$, et donc w est dans X. Donc l'hypothèse que w n'est pas dans X est aussi à rejeter. C'est donc finalement l'hypothèse de l'existence de la machine $\boldsymbol{M}$ qui est contradictoire. □

Le résultat précédent entraîne, par exemple, que la classe $\boldsymbol{DTIME}(n)$ est strictement incluse dans $\boldsymbol{DTIME}(n^3)$, ou encore que $\boldsymbol{DTIME}(2^n)$ est strictement incluse dans $\boldsymbol{DTIME}(2^{3n})$. On notera que, même si les machines universelles sont des objets parfaitement effectifs (on peut, avec un peu de courage, écrire la table d'une telle machine), les ensembles obtenus ci-dessus pour séparer les classes de complexité $\boldsymbol{DTIME}(T(n))$ et $\boldsymbol{DTIME}(T'(n))$ ne sont pas bien explicites. De fait, les seuls résultats généraux connus sont obtenus par des arguments d'autoréférence de ce type. Par contre, il existe des cas particuliers où des ensembles « concrets » sont connus comme séparateurs de classes de complexité. On en verra un exemple plus loin dans ce cours.

Remarque. Le passage au carré provient de la simulation d'une machine quelconque par une machine à un ruban. Ce point empêche par exemple d'énoncer le résultat naturel (et vrai) suivant lequel la classe $\boldsymbol{DTIME}(n)$ est strictement incluse dans la classe $\boldsymbol{DTIME}(n^2)$. En utilisant une simulation d'une machine quelconque par une machine à deux rubans, puis une machine universelle pour les machines à deux rubans, on peut remplacer le facteur T^2 par un facteur $T \log T$ et obtenir le résultat de hiérarchie correspondant.

Comme à la fin de la section 1, on peut utiliser la conversion de la représentation binaire à la représentation unaire des entiers pour obtenir des résultats de hiérarchie dans le cas particulier d'un alphabet à un seul élément.

Proposition 3.3. *On suppose que T, T' sont deux fonctions de complexité, que T' est constructible en temps, ét que $T^2(n)$ est négligeable devant $T'(n/2)$. Alors il existe une partie de $\{1\}^*$ qui appartient à $\boldsymbol{DTIME}(T'(n))$ mais pas à $\boldsymbol{DTIME}(T(n))$.*

Démonstration. Le théorème de hiérarchie donne l'existence d'un ensemble d'entiers X tel que l'ensemble $(X)_2$ appartient à $\boldsymbol{DTIME}(T'(2^{n-1}))$ mais pas à $\boldsymbol{DTIME}(T(2^n))$. En effet les fonctions $(\lambda n)(T'(2^{n-1}))$ et $(\lambda n)(T(2^n))$ sont des fonctions de complexité, la première est constructible en temps comme composée de fonctions constructibles en temps, et on a

$$\lim_n \frac{T^2(2^n)}{T'(2^{n-1})} = \lim_n \frac{T^2(2^n)}{T'(2^n/2)} = \lim_m \frac{T^2(m)}{T'(m/2)} = 0.$$

On applique alors la proposition 3.4.5 pour conclure que l'ensemble $(X)_1$ est dans $\boldsymbol{DTIME}(T'(n))$ mais pas dans $\boldsymbol{DTIME}(T(n))$. □

Proposition 3.4. *On suppose que T et T' sont deux fonctions de complexité, que T est constructible en temps, et que $T^6(2n)$ est négligeable devant $T'(n)$. Alors il existe une partie de $\{1\}^*$ qui appartient à $\boldsymbol{DTIME}_{sp}(T'(n))$ mais pas à $\boldsymbol{DTIME}(T(n))$.*

Démonstration. On applique la proposition précédente aux fonctions $T(n)$ et $T^3(2n)$. Puisque T est constructible en temps, il en est de même de $(\lambda n)(T^3(2n))$, et, $T(n)$ étant plus grand que n, $T^2(n)$ est négligeable devant $T^3(n)$. Il existe donc une partie de $\{1\}^*$ appartenant à $\boldsymbol{DTIME}(T^3(2n))$ mais pas à $\boldsymbol{DTIME}(T(n))$. Par la proposition 3.3.3, il existe une constante c telle que cet ensemble est dans $\boldsymbol{DTIME}_{sp}(cT^6(2n))$, donc *a fortiori* dans $\boldsymbol{DTIME}_{sp}(T'(n))$. □

L'énoncé précédent est loin d'être optimal, mais il sera parfaitement adapté comme point de départ au chapitre 10.

4 Le problème du castor affairé

Cette section ne propose pas de développement « théorique », mais donne un nouvel exemple de fonction non MT-calculable qui ne fait pas appel à la notion de machine universelle. Cette fonction est associée au problème du castor affairé (« busy beaver » en anglais). La question est de savoir quel est la longueur maximale du mot que peut écrire sur un ruban une machine de Turing à N états à partir d'un ruban vide. L'idée d'une compétition entre machines de Turing écrivant obstinément le plus grand nombre possible de caractères a suggéré des images diverses, dont celle de castors au travail.

Définition. i) Soit $\boldsymbol{M}$ une machine de Turing pour un ruban, d'alphabet $\{1\}$. Si le calcul de $\boldsymbol{M}$ à partir de l'entrée vide se termine, on note $\varphi(\boldsymbol{M})$ le nombre de caractères (non blancs) écrits sur le ruban de la configuration terminale obtenue. Sinon on attribue à $\varphi(\boldsymbol{M})$ la valeur conventionnelle ∞.

ii) Pour chaque entier d, on note $U(N)$ la borne supérieure des nombres $\varphi(\boldsymbol{M})$ *finis* pour $\boldsymbol{M}$ machine de Turing à N états pour un ruban et d'alphabet $\{1\}$.

Le choix d'un alphabet à un élément est le « pire » choix possible : la valeur de $U(N)$ correspondant à un alphabet à deux éléments, ou davantage, est au moins égale à la valeur correspondant à un alphabet à un seul caractère. Donc les résultats négatifs obtenus dans ce cas restrictif s'étendent *a fortiori* aux autres cas.

Lemme 4.1. *Pour chaque entier N, l'entier $U(N)$ existe, et il existe une machine à N états telle que $\varphi(\boldsymbol{M})$ est égal à $U(N)$.*

Démonstration. Il existe un nombre fini de machines de Turing d'états 1, 2, ..., N et d'alphabet $\{1\}$. La borne supérieure d'un ensemble fini d'entiers est finie, et atteinte. □

La fonction U est une fonction à la croissance extrêmement rapide. Seules ses toutes premières valeurs numériques sont connues.

Lemme 4.2. *La fonction U est strictement croissante.*

Démonstration. Supposons que $\boldsymbol{M}$ est une machine à N états telle que $\varphi(\boldsymbol{M})$ est $U(N)$. On construit une machine $\boldsymbol{M'}$ en ajoutant à $\boldsymbol{M}$ les instructions suivantes, où on suppose que N est l'état terminal de $\boldsymbol{M}$,

$$(1, N) \mapsto (1, +1, N), \qquad (\square, N) \mapsto (1, +1, N+1).$$

La machine $\boldsymbol{M'}$ a $N+1$ états. Partant de la configuration « vide », elle simule d'abord le calcul de $\boldsymbol{M}$, et écrit donc $U(N)$ caractères avant d'entrer dans l'état N. Alors le pointeur se déplace (vers la droite) en laissant les caractères écrits, et en inscrivant un 1 supplémentaire sur le premier blanc rencontré. Ensuite $\boldsymbol{M'}$ s'arrête. Ainsi on a $\varphi(\boldsymbol{M'}) = U(N)+1$, et donc $U(N+1) \geq U(N)+1$. □

Proposition 4.3. *Pour toute fonction MT-calculable F de $\mathbb{N}$ dans $\mathbb{N}$, on a $F(N) < U(N)$ pour tout entier N assez grand.*

Démonstration. Quitte à la remplacer par la fonction (également MT-calculable)

$$(\lambda N)(\sum_{i=0}^{N} F(i)),$$

on peut supposer que la fonction F est croissante (au sens large). La fonction $(\lambda N)(N^2)$ est certainement MT-calculable (puisque, par exemple, c'est une fonction récursive), donc la fonction composée G telle que $G(N)$ est $F(N^2)$ est aussi MT-calculable. Soit $\boldsymbol{M}$ une machine de Turing pour un ruban, d'alphabet $\{0,1\}$, qui calcule $(G)_1$. On suppose que $\boldsymbol{M}$ a K états. Quel que soit l'entier M, il existe une machine à $M+1$ états qui, à partir de la configuration vide, aboutit à une configuration où le mot $(M)_1$ est écrit et où son premier caractère est accessible. En enchaînant la machine précédente à $\boldsymbol{M}$ (c'est à dire en identifiant l'état terminal de la première et l'état initial de la seconde), on obtient une machine à $M+K+1$ états qui fait passer de la configuration initiale vide à la configuration terminale associée à $(F(M^2))_1$. Par définition de la fonction U, on a donc, pour chaque entier M,

$$F(M^2)+1 \leq U(M+K+1).$$

Or (l'entier K pouvant être supposé au moins égal à 3), on a, pour $M \geq 2K$,

$$M+K+1 < (M-1)^2,$$

et donc

$$F(M^2) < U((M-1)^2).$$

Comme U et F sont croissantes, on en déduit, pour $N \geq 4K^2$ et $(M-1)^2 < N \leq M^2$,

$$F(N) \leq F(M^2) < U((M-1)^2) \leq U(N).$$

Ceci achève la preuve. □

Corollaire 4.4. *La fonction U n'est pas MT-calculable.*

Notons qu'on peut déduire de ce qui précède une nouvelle forme de l'indécidabilité du problème de l'arrêt.

Proposition 4.5. *Il n'existe pas d'algorithme simulable par machine de Turing décidant si la machine de Turing de code e s'arrête ou non à partir de l'entrée vide.*

Démonstration. Notons U_2 la fonction définie comme U, mais en utilisant partout des machines de Turing d'alphabet $\{0,1\}$. Toutes les preuves données ci-dessus s'appliquant à U_2 aussi bien qu'à U, et, en particulier, U_2 n'est pas MT-calculable. Supposons qu'il existe un algorithme décidant l'arrêt de la machine de code e à partir de l'entrée vide. Alors on pourrait calculer la valeur de $U_2(N)$ en faisant énumérer tous les codes de machines de Turing à N états, et en faisant simuler (par une machine universelle) d'abord l'algorithme prédisant si le calcul de la machine de code e va s'arrêter, puis, si la réponse est positive, en simulant ce calcul et mettant en mémoire le nombre de caractères obtenu (ou plutôt en le comparant à la meilleure valeur précédemment obtenue, et le gardant si la nouvelle valeur est plus grande). La nécessité de prévoir l'arrêt avant d'engager la simulation est évidente : en s'engageant dans la simulation d'un calcul ne se terminant pas, on perd tout espoir de conclure. De l'impossibilité de calculer U_2 résulte l'impossibilité de l'existence de l'algorithme envisagé. □

Remarque. Le résultat ci-dessus peut paraître plus fort que celui de la section 1 : il semble plus facile de prévoir l'arrêt à partir d'un mot particulier, ici le mot vide, que de le prévoir à partir de n'importe quel mot, et donc le résultat affirmant que le problème plus facile est insoluble semble plus fort que celui qui affirme que le problème plus difficile est insoluble. En fait, les deux résultats sont essentiellement équivalents, et, de fait, la proposition 1.2 permet d'obtenir directement la proposition ci-dessus, car l'ensemble des codes de machines de Turing est un ensemble MT-décidable.

5 Commentaires

L'idée de la machine universelle peut sembler aujourd'hui banale à cause de la diffusion des ordinateurs programmables. Il n'en allait certainement pas de même vers 1935 quand Alan Turing a introduit son formalisme : traiter les données et les machines (*via* leur programme) comme un même type d'objet était une idée nouvelle, tout comme le fait de traiter les nombres et les formules portant sur les nombres (*via* leur arithmétisation) était une idée nouvelle lorsque Gödel l'introduisit au début de cette décennie extraordinaire pour la logique et les fondements. Dans une large mesure, l'idée de calculateur programmable est née de cette idée de la machine de Turing universelle conçue au moins dix années avant qu'une réalisation matérielle ne vienne la concrétiser. Dans sa version originale, elle a permis à Turing de donner, à peu près simultanément avec Church utilisant le lambda-calcul, un premier résultat d'indécidabilité (Turing 1936). Ce type de résultat nouveau répondait à l'Entscheidungsproblem de Hilbert, et révélait combien erronée était la croyance qu'une formalisation suffisante permettrait d'aboutir, au moins en théorie, à la possibilité d'une détermination effective de la vérité de tout énoncé mathématique. Le théorème d'incomplétude de Gödel avait montré qu'il existait des énoncés vrais mais non démontrables dans l'arithmétique usuelle, c'est-à-dire que l'algorithme consistant à décider si un énoncé est vrai en s'efforçant d'en construire une preuve ne pouvait pas résoudre complètement le problème, le résultat d'indécidabilité de Turing va en un certain sens plus loin en montrant qu'il existe des problèmes (comme celui de l'arrêt d'une machine universelle) qui ne sont résolubles ni par un procédé particulier comme celui que constitue une preuve en arithmétique, ni même par aucun procédé effectif de quelque type que ce soit.

La version quantitative et « miniaturisée » des résultats précédents consti-tuées par le théorème de hiérarchie déterministe (en temps) apparaît dans (Hartmanis & Stearns 1965). Il existe naturellement des résultats analogues pour la hiérarchie en espace, qu'on trouvera par exemple dans (Hopcroft & Ullman 1978).

Le problème du castor affairé a été introduit par Rado en 1962.

Chapitre 6
Machines non déterministes

Ce chapitre introduit une nouvelle hiérarchie. Jusqu'à présent, on a cherché à évaluer la complexité d'un ensemble en mesurant la difficulté à décider si un objet est ou n'est pas dans l'ensemble, en ayant en particulier à déterminer tous les paramètres auxiliaires nécessaires à la décision. L'idée retenue maintenant est de mesurer la difficulté à *vérifier* si un objet est ou non dans l'ensemble, en supposant donnés tous les paramètres auxiliaires voulus, ce qui semble une tâche plus aisée. On va voir que cette approche se formalise à l'aide d'une variante des machines de Turing envisagées jusqu'ici, les machines non déterministes, ainsi nommées car permettant plusieurs transitions à partir d'une configuration donnée.

Chapitres préalables: 1, 2, 3.

1 Projection d'ensembles décidables

Soit X l'ensemble des entiers N qui sont des nombres composés, c'est-à-dire qui satisfont à la relation

$$(\exists P, Q \geq 2)(N = P.Q).$$

On sait que le problème de décision pour X est assez difficile. L'algorithme grossier pour décider si l'entier N est composé ou premier consiste à effectuer la division de N par tous les entiers entre 2 et $\sqrt{N}$, qui donne une complexité quasiment exponentielle par rapport à la longueur du mot $(N)_2$.

Par contre, si on imagine donné, en même temps que l'entier N à tester, un « candidat-diviseur » P, alors effectuer la division de N par P se fait en temps polynomial par rapport à la longueur de $(N)_2$. Ainsi, si N est composé, et si on a « deviné » (par miracle) un diviseur P de N, alors on peut *vérifier* en temps polynomial que ce nombre P divise effectivement N, et donc prouver que N est composé.

Prenons comme autre exemple la résolution des équations algébriques à coefficients entiers. Soit X l'ensemble des $k+1$-uplets d'entiers $(N_0, \ldots, N_k)$ tels que l'équation $\sum_0^k N_i x^i = 0$ admette une solution dans $\mathbb{N}$. Si on a oublié le résultat qui affirme qu'une telle solution doit nécessairement être un diviseur du coefficient constant N_0, la décision du problème X paraît difficile, puisqu'on ne peut pas envisager de tester systématiquement tous les entiers. Par contre, il est évident que si une solution M tombe du ciel, la vérification du fait que M est solution de $\sum_0^k N_i x^i = 0$ se fait très simplement. On a donc à nouveau un algorithme simple permettant de prouver qu'un objet est dans l'ensemble X à condition de disposer par miracle de paramètres additionnels dont la recherche systématique est soit difficile, soit même peut-être impossible.

C'est une idée assez naturelle d'introduire comme nouvelle mesure de complexité pour un ensemble X, à côté de la complexité minimale d'un algorithme décidant X, la complexité minimale d'un algorithme vérifiant X au sens précédent, c'est-à-dire permettant de prouver l'appartenance à X moyennant l'introduction de paramètres additionnels.

Il existe deux façons de préciser et de formaliser cette approche, suivant qu'on considère les paramètres additionnels comme donnés *a priori* ou comme à construire durant le processus. On va voir que ces deux approches sont parfaitement équivalentes.

On envisage d'abord l'approche « vérification ». Reprenons le cas de l'ensemble X des entiers composés. On a remarqué qu'on pouvait prouver que N est composé en vérifiant qu'un entier P supposé connu divise N, autrement dit en vérifiant que le couple (N, P) appartient à l'ensemble Y formé par tous les couples dont la première composante est un multiple de la seconde. Alors mesurer la complexité en termes de la vérification ci-dessus, c'est prendre comme mesure de la complexité de X celle de Y. Or l'ensemble X est exactement la *projection* sur $\mathbb{N}$ du sous-ensemble Y de $\mathbb{N} \times \mathbb{N}$. Ainsi une première formalisation consiste à définir la complexité d'un ensemble X comme la borne inférieure des complexités des ensembles dont il est la projection : on cherche à exprimer X comme la projection d'un ensemble le plus simple possible.

Ceci conduit à examiner d'une façon générale la complexité de la projection d'un ensemble, et, de là, à préciser les notions précédentes. Dans toute la suite, pour Y partie de $\mathcal{A}^{*2}$, on appelle (première) projection de Y l'ensemble

$$\{w \in \mathcal{A}^*; (\exists u)((w, u) \in Y)\}.$$

La première étape est qualitative.

Proposition 1.1. *Soit $\mathcal{A}$ un alphabet quelconque, et X une partie de $\mathcal{A}^*$. Il y a équivalence entre les propriétés suivantes*
i) l'ensemble X est MT-semi-décidable ;
ii) l'ensemble X est la projection d'un partie MT-décidable de $\mathcal{A}^{*2}$;
iii) l'ensemble X est la projection d'un partie MT-semi-décidable de $\mathcal{A}^{*2}$.

Démonstration. Supposons X MT-semi-décidable, et soit $\boldsymbol{M}$ une machine semi-décidant X. On fixe une application injective de $\mathbb{N}$ dans $\mathcal{A}^*$, par exemple l'application $(\lambda N)(a^{N+1})$ où a est un élément quelconque de $\mathcal{A}$. On construit à partir de $\boldsymbol{M}$ une machine $\boldsymbol{M}'$ qui, à partir du mot $w\square a^{t+1}$, simule les t premières étapes du calcul de M à partir du mot w. (La machine M' commence par recopier le second mot a^{t+1} sur un ruban additionnel, l'efface du premier ruban, puis simule M en lisant à chaque étape un caractère du ruban additionnel, pour s'arrêter dès qu'un blanc y apparaît.) Soit Y l'ensemble des couples (w, a^{t+1}) tels que M accepte w en au plus t étapes. Par construction la machine M' décide Y, et l'ensemble X est exactement la première projection de Y, puisque le mot w est dans X si et seulement si il existe t tel que la machine M accepte w en t étapes. Donc (i) entraîne (ii).

Par définition (ii) entraîne (iii).

Supposons finalement que X est la projection de Y et que la machine M semi-décide Y. Pour obtenir une machine semi-décidant X, on fixe d'abord une énumération w_1, w_2, ... de $\mathcal{A}^*$, qui est « MT-calculable » au sens où il existe une machine de Turing produisant à partir de tout mot w_k le mot w_{k+1} qui le suit immédiatement dans l'énumération. Ensuite le calcul à partir du mot w consiste à effectuer

une étape du calcul de M à partir de (w, w_1),

puis deux étapes de chacun des calculs de M à partir de (w, w_1) et (w, w_2),

puis trois étapes de chacun des calculs de M à partir de (w, w_1), (w, w_2) et (w, w_3),

et ainsi de suite aussi longtemps qu'on n'atteint pas d'état terminal. Le mot w est accepté si et seulement si on atteint l'état acceptant de M au cours du calcul. Si w est dans X, il existe un entier k tel que (w, w_k) est dans Y, et donc un entier t tel que la machine M accepte le couple (w, w_k) en t étapes. Donc le mot w sera accepté au ℓ-ième cycle du processus ci-dessus, en notant ℓ le maximum de k et t. Par contre, si w n'est pas dans X, aucun couple (w, w_k) n'est dans Y, et donc aucun des calculs de M à partir des mots (w, w_k) n'atteint d'état terminal. Donc le processus ci-dessus ne se termine pas. Finalement ce processus est bien un algorithme semi-décidant l'ensemble X, et on conclut que (iii) entraîne (i). □

Corollaire 1.2. *Il existe une partie MT-décidable de* $\mathbb{N}^2$ *dont la première projection n'est pas une partie MT-décidable de* $\mathbb{N}$.

Démonstration. Considérer une partie de $\mathbb{N}$ qui est MT-semi-décidable et non MT-décidable, ce qui est possible d'après les résultats du chapitre 5. □

Ainsi on voit que, si la classe des ensembles MT-semi-décidables n'est pas augmentée par l'opération de projection, il n'en est pas de même de la classe des ensembles MT-décidables. Comme le suggère la preuve précédente, le phénomène tient à l'absence d'une borne effective sur la seconde composante en fonction de la première. On peut par exemple énoncer

Proposition 1.3. *Supposons que F est une fonction MT-calculable de* $\mathbb{N}$ *dans* $\mathbb{N}$, *et que Y est une partie MT-décidable de $\mathcal{A}^{*2}$. Alors l'ensemble*

$$\{w \in \mathcal{A}^*; (\exists u)((w, u) \in Y \text{ et } |u| \leq F(|w|))\}$$

est MT-décidable.

Démonstration. On reprend le passage de (iii) à (i) dans la preuve de la proposition 1, mais en n'engendrant que les mots u dont la longueur est majorée par $F(|w|)$. Par ailleurs on suppose que le calcul de la machine $\boldsymbol{M}$ se termine toujours. Alors le processus décrit plus haut se termine toujours, et il décide exactement l'ensemble écrit dans l'énoncé. □

De façon analogue, considérer la projection d'un ensemble de complexité donnée sans relier la taille des composantes est peu intéressant.

Lemme 1.4. *Tout ensemble MT-décidable est la projection d'un ensemble appartenant à la classe* ***DTIME****(n).*

Démonstration. L'idée est d'écrire X comme la projection d'un ensemble Y tel que, pour chaque point w, l'unique point u susceptible de témoigner que (w, u) appartient à Y est suffisamment grand. Supposons que $\boldsymbol{M}$ est une machine décidant l'ensemble X, et soit a un caractère fixé de l'alphabet de $\boldsymbol{M}$. On pose

$$Y = \{(w, a^{t+1});\ \boldsymbol{M} \text{ accepte } w \text{ en temps } t\}.$$

Clairement l'ensemble X est la projection de Y. Or l'ensemble Y peut être décidé en temps linéaire par une machine $\boldsymbol{M'}$ agissant comme suit. A partir du couple (w, u), $\boldsymbol{M'}$ recopie le mot w sur un second ruban, puis simule le calcul de $\boldsymbol{M}$ à partir de w, tout en lisant les caractères de u un par un. Le calcul s'arrête quand la fin du mot u est atteinte, ou quand le calcul de $\boldsymbol{M}$ se termine. Le couple d'entrée est accepté si simultanément $\boldsymbol{M}$ accepte w et la lecture du mot u est juste achevée lorsque l'état terminal de $\boldsymbol{M}$ est atteint. Ainsi la machine $\boldsymbol{M'}$ accepte exactement les couples appartenant à Y. Par ailleurs, dans tous les cas, le calcul à partir de (w, u) se termine en au plus $|w| + |u|$ étapes. C'est dire que Y appartient à la classe ***DTIME***(n) (en étendant de façon évidente aux parties de $\mathcal{A}^* \times \mathcal{A}^*$ la définition donnée au chapitre 1). □

La conclusion est que, pour obtenir une notion intéressante, il faut utiliser non pas la complexité des ensembles dont X est la projection calculée en termes de la longueur des deux composantes des couples, mais calculée en termes de la longueur de la première composante seule. On pourra donc introduire des classes de complexité ***N'TIME***$(T(n))$ comme suit.

Définition. On dit qu'une partie X de $\mathcal{A}^*$ appartient à la classe ***N'TIME***$(T(n))$ s'il existe une partie Y de $\mathcal{A}^* \times \mathcal{A}^*$ et une machine de Turing $\boldsymbol{M}$ décidant Y telles qu'un mot w assez long est dans X si et seulement si il existe un mot u tel que le couple (w, u) est accepté par $\boldsymbol{M}$ en temps inférieur ou égal à $T(|w|)$.

Cette définition diffère de celle où on considère purement la projection d'un ensemble de la classe ***DTIME***$(T(n))$ en ce que la longueur du calcul à partir du couple (w, u) est majorée par $T(|w|)$ au lieu de $T(|w| + |u|)$. Notons qu'avec les notations ci-dessus, si le mot w est dans X, alors il doit exister un mot u de longueur inférieure ou égale à $T(|w|)$ tel que (w, u) est dans Y. En effet, il existe par hypothèse un mot u' tel que (w, u') est dans Y (puisqu'accepté par la machine $\boldsymbol{M}$), et que le calcul de $\boldsymbol{M}$ à partir de (w, u') a une longueur au plus égale à $T(|w|)$. Or, dans ce délai, la machine $\boldsymbol{M}$ ne peut prendre en compte qu'au plus les $T(|w|)$ premiers caractères du mot u'. Donc, si u' a une longueur supérieure à cette valeur et si u est le mot formé par les $T(|w|)$ premiers caractères de u', la machine $\boldsymbol{M}$ acceptera certainement le couple (w, u).

Exemple. Soit X l'ensemble des nombres composés. Alors (pour toute base $B \geq 2$) l'ensemble $(X)_B$ appartient à la classe ***N'TIME***(n^2), puisque la division de $(N)_B$ par $(P)_B$ pour $P < N$ peut être effectuée en au plus $|(N)_2|^2$ étapes.

2 Choix non déterministes

Partons à nouveau d'une partie X de $\mathcal{A}^*$ qui est la projection d'une partie Y de $\mathcal{A}^* \times \mathcal{A}^*$, et soit w un mot de $\mathcal{A}^*$ dont on veut décider l'appartenance à X. Au lieu de supposer donné *a priori* un mot u et de s'intéresser directement à la vérification de ce que u est un témoin pour l'appartenance de w à X, c'est-à-dire de ce que le couple (w, u) appartient à Y, on peut aussi partir de w seul et construire la seconde composante u au cours du processus. Simplement cette construction de u n'est pas supposée être le résultat d'un algorithme à partir de w, mais l'écriture directe « par divination » du mot u : on devine la valeur de u, et ensuite on vérifie comme précédemment que le couple (w, u) est dans Y. Par rapport aux algorithmes précédemment envisagés, il s'agit de remplacer par une écriture directe (qui sera comptabilisée comme $|u|$ étapes élémentaires pour l'écriture de u) la phase de détermination de u qui, sinon, pourrait requérir un long calcul, voire être impossible.

Pour formaliser cette approche, on peut introduire des machines de Turing étendues comportant un état supplémentaire « **devine** ». Lorsqu'un calcul atteint l'état **devine**, un caractère quelconque est ajouté sur un ruban spécial (par exemple), et on revient ensuite à un certain état fixé. Le point essentiel est que l'« algorithme » associé à une telle machine de la façon usuelle n'est plus un algorithme au sens introduit au chapitre 1, car il ne s'agit plus d'un processus *déterministe* : la clause stipulant qu'un caractère quelconque est écrit dans l'état **devine** implique que, lorsque cet état est atteint, *plusieurs* transitions sont possibles, à savoir autant qu'il y a de caractères dans l'alphabet utilisé. Dès lors il n'est plus vrai qu'à partir d'une entrée w il existe *un* calcul, mais autant de calculs que de mots pouvant être écrits sur le ruban spécial à la suite des passages par l'état **devine**.

Exemple. Considérons la machine étendue pour un ruban, plus un ruban spécial travaillant avec l'alphabet $\{0, 1\}$ et dont les instructions sont

$(s, s', \textbf{init}) \mapsto (s, +1, s', 0, \textbf{devine})$, $\quad(\square, s', \textbf{init}) \mapsto (s, +1, s', 0, A)$,

$(s, \square, \textbf{devine}) \mapsto (s, 0, 0 \textbf{ ou } 1, +1, \textbf{init})$.

Partant de l'entrée associée au mot $(N)_2$, cette machine fait écrire sur le second ruban un mot « quelconque » de la forme $(P)_2$ avec $|(P)_2| \leq |(N)_2|$ (au fait près qu'on n'a pas pris garde à ce que le premier caractère sur le second ruban soit un 1), puis atteint l'état A. Donc, au moins pour tout nombre P au plus égal à $N/2$, il existe un calcul de la machine qui fait passer (en $|(N)_2|$ étapes) de l'entrée N à une configuration qui est, à peu de choses près, l'entrée associée au couple (N, P). En ajoutant, à partir de l'état A, les instructions faisant effectuer la division de l'entier dont le développement binaire est écrit sur le premier ruban par celui dont le développement est sur le second ruban, on obtient ainsi un processus pour établir le caractère composé de l'entrée N. Précisément, la situation est que le nombre N est composé si et seulement si parmi tous les calculs possibles à partir de N un au moins aboutit à l'acceptation.

Dès lors qu'on renonce au caractère déterministe en autorisant la possibilité de transitions multiples à partir d'un état particulier, il est naturel d'envisager le cas général où chaque état, et non plus seulement un état particulier, peut mener à des transitions multiples. On verra que cette nouvelle extension est inessentielle. Par contre elle permet des définitions homogènes et simples. Rappelons qu'une machine de Turing pour un ruban, d'alphabet $\mathcal{A}$ et d'ensemble d'états Q (contenant l'état **init**) a été définie comme une application de l'ensemble $Q \times \widetilde{\mathcal{A}}$ dans l'ensemble $\widetilde{\mathcal{A}} \times \{0,1\} \times \widetilde{Q}$.

Définition. Une *machine de Turing non déterministe* (pour un ruban) d'alphabet $\mathcal{A}$ et d'ensemble d'états Q est une application de l'ensemble $Q \times \widetilde{\mathcal{A}}$ dans l'ensemble des parties $\mathfrak{P}(\widetilde{\mathcal{A}} \times \{0,1\} \times \widetilde{Q})$.

Le recours à l'ensemble des parties permet de conserver le caractère fonctionnel de la définition. Une machine de Turing non déterministe est représentée par une table analogue à celle d'une machine de Turing, à ceci près que chaque case, au lieu de contenir exactement un triplet, peut en contenir un, ou plusieurs, ou aucun.

Définition. Supposons que $\boldsymbol{M}$ est une machine de Turing non déterministe pour un ruban, d'alphabet $\mathcal{A}$ et d'ensemble d'états Q.

i) Soient (f,p,q), (f,p,q) deux configurations dans $Conf_1^{\mathcal{A},Q}$. On dit que $\boldsymbol{M}$ *fait passer* de (f,p,q) à (f',p',q') en une étape s'il existe un triplet (s',d,q') dans $\boldsymbol{M}(q, f(p))$ vérifiant

$$f'(x) = \begin{cases} f(x) & \text{pour } x \neq p, \\ s' & \text{pour } x = p, \end{cases} \qquad \text{et} \qquad p' = p + d.$$

ii) Un *calcul* de $\boldsymbol{M}$ de longueur t est une suite de $t+1$ configurations telle que $\boldsymbol{M}$ telle que $\boldsymbol{M}$ fasse passer de chacune à la suivante en une étape. Pour w dans $\mathcal{A}^*$, un calcul de $\boldsymbol{M}$ *à partir de* w est un calcul dont la première composante est la configuration initiale associée à w. Un calcul est *acceptant* (*resp. refusant*) si l'état dans la dernier composante est l'état acceptant (*resp.* refusant).

iii) La machine $\boldsymbol{M}$ *accepte* le mot w en temps t s'il existe au moins un calcul acceptant de $\boldsymbol{M}$ de longueur inférieure ou égale à t à partir de w. Elle *refuse* le mot w en temps t si tous les calculs de $\boldsymbol{M}$ à partir de w sont refusants et ont une longueur inférieure ou égale à t.

A l'identification près d'une fonction f et de la fonction qui à l'argument x pris dans le domaine de f associe le singleton $\{x\}$, il est clair que toute machine de Turing (déterministe) est un cas particulier de machine de Turing non déterministe, et que, dans ce cas, le critère d'acceptation introduit ci-dessus coïncide avec celui qui a été utilisé jusqu'à présent.

On pourra évidemment introduire de façon similaire des machines de Turing non déterministes pour plusieurs rubans, et étendre sans peine les définitions. Finalement, on introduit de façon naturelle les classes de complexité dites non déterministes.

Définition. i) La machine de Turing non déterministe *décide* (*resp.* *semi-décide*) la partie X de $\mathcal{A}^*$ si elle accepte tous les éléments de $\mathcal{A}^*$ qui sont dans X et refuse tous les autres (*resp.* accepte tous les éléments de $\mathcal{A}^*$ qui sont dans X et ne refuse aucun élément de $\mathcal{A}^*$). L'ensemble X est $MTND$-décidable (*resp.* $MTND$-semi-décidable) s'il existe une machine de Turing non déterministe qui décide (*resp.* semi-décide) X.

ii) Soit T une fonction de complexité. La partie X de $\mathcal{A}^*$ est dans la classe de complexité $\boldsymbol{NTIME}(T(n))$ s'il existe une machine de Turing non déterministe qui décide X et est telle de surcroît que tout calcul à partir d'un mot de longueur n assez grande a une longueur au plus égale à $T(n)$.

Il est clair que ces définitions étendent celles qui ont été posées pour les machines déterministes. Ainsi il est évident que tout ensemble MT-décidable est $MTND$-décidable, et que, pour toute fonction de complexité T, l'inclusion

$$\boldsymbol{DTIME}(T(n)) \subseteq \boldsymbol{NTIME}(T(n))$$

est vraie.

Remarque. Pour peu que la fonction T soit constructible en temps (ce qui est le cas pour toutes les fonctions usuelles), on peut affaiblir légèrement la condition intervenant dans la définition de la classe $\boldsymbol{NTIME}(T(n))$ et requérir seulement l'existence d'une machine non déterministe décidant X et telle que, pour tout élément assez long w de X il existe au moins un calcul acceptant à partir de w dont la longueur est majorée par $T(|w|)$. En effet, à partir d'une telle machine, on obtient une machine ayant la propriété plus forte que tous les calculs à partir de w ont une longueur majorée par $T(|w|)$ en couplant la machine avec une T-horloge qui arrête les calculs au temps T.

On peut voir les machines non déterministes comme des modèles pour la notion de calculs en parallèle. A une configuration donnée, la machine associe un *arbre* de configurations qui s'en déduisent. Les divers calculs de la machine correspondent aux branches de cet arbre, et on peut imaginer chacun de ces calculs comme mené parallèlement et simultanément à tous les autres. Notons que ce modèle n'est cependant guère réaliste car (en l'absence d'hypothèses restrictives) le nombre de calculs, et donc de processeurs supposés les effectuer, peut croître indéfiniment. Le critère retenu pour définir la classe ***NTIME***$(T(n))$ correspond à se restreindre aux arbres de hauteur au plus $T(n)$ lorsque l'entrée a pour longueur n.

Exemple. Considérons la machine ***M*** dont un fragment de la table est

	0	1	□
init	$(0,1,\textbf{init}),(1,-1,A)$	–	–
A	$(0,-1,A),(0,1,\textbf{init})$	–	–

Partant de la configuration

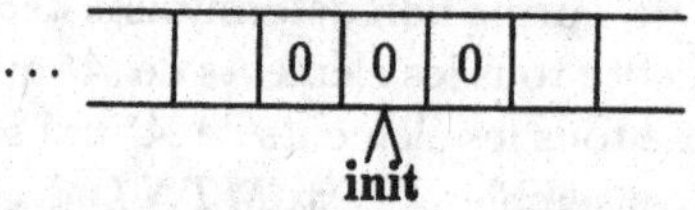

la machine permet de passer à deux configurations distinctes, à savoir

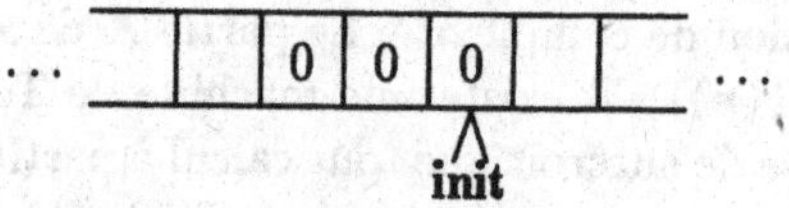

et

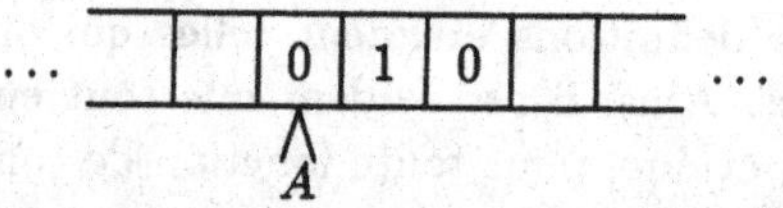

L'arbre des calculs produit par la machine à partir de la configuration ci-dessus est alors représenté dans la figure 1.
On constate que tous les calculs sont finis, et qu'on peut atteindre huit configurations terminales à partir de la configuration donnée (ces configurations sont terminales parce qu'aucune transition ultérieure n'est possible du fait des lacunes dans la table, et non parce que l'état est soit **acc** soit **ref**). La longueur maximale des calculs est ici 6, correspondant à la hauteur (ou profondeur) de l'arbre de la figure 1.

3 Comparaison des hiérarchies

Ayant introduit désormais trois hiérarchies de complexité, respectivement associées aux classes ***DTIME***, ***N'TIME*** et ***NTIME***, on aborde le problème naturel de les comparer en établissant des relations d'inclusion ou de non-inclusion entre les classes correspondantes.

On commence par la comparaison des hiérarchies ***N'TIME*** et ***NTIME***. L'approche « projection » développée dans la première section est essentiellement équivalente au cas particulier de l'approche non déterministe dans lequel il n'y a qu'un état non déterministe utilisé au début du calcul pour deviner les paramètres manquants.

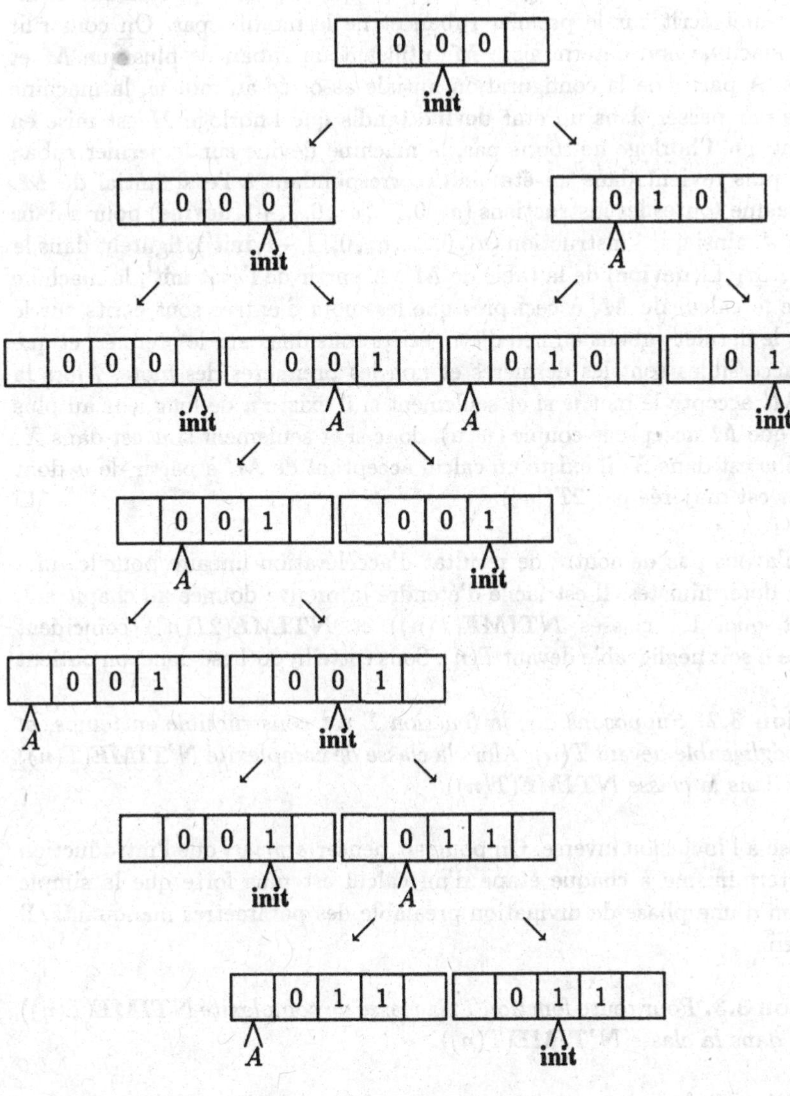

Figure 1

Lemme 3.1. *Supposons que la fonction T est constructible en temps. Alors la classe de complexité* $\boldsymbol{N'TIME}(T(n))$ *est incluse dans la classe* $\boldsymbol{NTIME}(2T(n))$.

Démonstration. Supposons que l'ensemble X est la projection de l'ensemble Y et que M est une machine de Turing décidant Y et telle qu'un mot w (assez long) est dans X si et seulement si il existe un mot u tel que la machine M accepte (w, u) en au plus $T(|w|)$ étapes. On a vu qu'on pouvait en outre supposer que, s'il existe un tel mot u, il doit en exister un de longueur au plus $T(|w|)$. Soit par ailleurs $\boldsymbol{H}$ une T-horloge. On rappelle qu'on peut supposer que $\boldsymbol{H}$ lit une fois le mot écrit sur le premier ruban et ne le modifie pas. On construit alors une machine non déterministe $\boldsymbol{M'}$ utilisant un ruban de plus que $\boldsymbol{M}$ et $\boldsymbol{H}$ réunies. A partir de la configuration initiale associée au mot w, la machine commence par passer dans un état **devine** tandis que l'horloge $\boldsymbol{H}$ est mise en route. Tant que l'horloge ne sonne pas, la machine devine sur le dernier ruban un mot u puis revient dans un état **init'** correspondant à l'état initial de $\boldsymbol{M}$, c'est-à-dire que toutes les instructions $(a_1, 0, \ldots, a_k, 0, s, +1, \mathbf{devine})$ pour s dans l'alphabet $\mathcal{A}$, ainsi que l'instruction $(a_1, 0, \ldots, a_k, 0, \square, -1, \mathbf{init'})$, figurent dans la case $(a_1, \ldots, a_k, \square, \mathbf{devine})$ de la table de $\boldsymbol{M'}$. A partir de l'état **init'**, la machine $\boldsymbol{M'}$ simule le calcul de $\boldsymbol{M}$, à ceci près que les mots d'entrée sont écrits sur le premier et le dernier rubans au lieu d'être écrits tous deux sur le premier, et que les cases accessibles sont les dernières et non les premières des mots. Alors la machine $\boldsymbol{M'}$ accepte le mot w si et seulement si il existe u de longueur au plus $T(|w|)$ tel que $\boldsymbol{M}$ accepte le couple (w, u), donc si et seulement si w est dans X. De plus, si w est dans X, il existe un calcul acceptant de $\boldsymbol{M'}$ à partir de w dont la longueur est majorée par $2T(|w|)$. □

Nous n'avons pas démontré de résultat d'accélération linéaire pour les machines non déterministes. Il est facile d'étendre la preuve donnée au chapitre 3, moyennant quoi les classes ***NTIME***$(T(n))$ et ***NTIME***$(2T(n))$ coïncident pourvu que n soit négligeable devant $T(n)$. Sous cette hypothèse donc, on obtient

Proposition 3.2. *Supposons que la fonction T est constructible en temps, et que n est négligeable devant $T(n)$. Alors la classe de complexité* ***N'TIME***$(T(n))$ *est incluse dans la classe* ***NTIME***$(T(n))$.

On passe à l'inclusion inverse. On pourrait penser *a priori* que l'introduction du non déterminisme à chaque étape d'un calcul est plus forte que la simple introduction d'une phase de divination préalable des paramètres manquants. Il n'en est rien.

Proposition 3.3. *Pour toute fonction T, la classe de complexité* ***NTIME***$(T(n))$ *est incluse dans la classe* ***N'TIME***$(T(n))$.

Démonstration. Supposons que $\boldsymbol{M}$ est une machine non déterministe. Comme on l'a dit plus haut, les différents calculs de $\boldsymbol{M}$ à partir d'une configuration donnée se structurent comme un arbre. Spécifier un calcul particulier revient à décrire une branche dans un arbre, ce qui peut se faire en précisant, à chaque bifurcation rencontrée, quel embranchement est choisi. Remarquons que, s'il peut exister une infinités de calculs à partir d'une configuration, néanmoins à chaque étape il n'existe qu'un nombre fini de configurations auxquelles on peut passer en une étape, nombre borné indépendamment de la configuration par le nombre maximal d'instructions différentes figurant dans une case de la table de la machine $\boldsymbol{M}$, nombre qu'on notera d. (Par exemple, ce nombre est 2 dans le cas de la machine explicité plus haut, ce qui se traduit par le fait que, dans l'arbre de la figure 1 chaque configuration ne peut faire passer qu'à au plus deux nouvelles configurations.) Ayant fixé une fois pour toutes un ordre sur les instructions de M figurant dans une même case, on peut repérer les calculs en indiquant à chaque étape le numéro, compris entre 1 et d, de l'instruction utilisée. Un calcul de longueur t est repéré par une suite de t nombres compris entre 1 et d. On peut alors construire à partir de M une machine *déterministe* M' munie d'un ruban supplémentaire qui, à partir d'une configuration formée d'une configuration quelconque c de M et d'une suite de nombres $m_1, \ldots, m_t$ compris entre 1 et d sur le dernier ruban simule celui des calculs de M à partir de c qui est repéré par la suite $(m_1, \ldots, m_t)$. De surcroît on peut supposer que la simulation d'un calcul de longueur t se fait en exactement t étapes.

Supposons alors que la machine M témoigne de l'appartenance de l'ensemble X à la classe ***NTIME***$(T(n))$. Soit Y l'ensemble des couples $(w, \vec{m})$ tels que w est dans X et $\vec{m}$ est une suite d'entiers entre 1 et d repérant un calcul acceptant de M à partir de w, et de longueur inférieure ou égale à $T(|w|)$. Alors X est la projection de Y, et la machine (déterministe) M' témoigne de ce que l'ensemble X appartient à la classe ***N'TIME***$(T(n))$. □

Les deux approches « projection » et « divination » sont donc complètement équivalentes. Dans tous les cas usuels, les classes de complexité ***NTIME***$(T(n))$ et ***N'TIME***$(T(n))$ coïncident. On peut donc sans perte de généralité laisser de côté désormais les classes ***N'TIME*** et se restreindre à l'étude des classes ***NTIME***.

On en vient à la comparaison des hiérarchies ***DTIME*** et ***NTIME***. Ainsi qu'on l'a déjà noté, une direction d'inclusion est triviale.

Lemme 3.4. *Pour toute fonction T, la classe de complexité **DTIME**$(T(n))$ est incluse dans la classe **NTIME**$(T(n))$.*

Démonstration. Chaque machine de Turing déterministe est un cas particulier de machine de Turing non déterministe. □

Pour la direction opposée, l'analyse déjà effectuée va fournir facilement une borne supérieure.

Proposition 3.5. *Pour toute fonction T constructible en temps, la classe de complexité **NTIME**$(T(n))$ est incluse dans la réunion des classes de complexité **DTIME**$(2^{cT(n)})$ pour $c > 0$.*

Démonstration. Supposons, comme pour la preuve de la proposition 3.3, que la machine non déterministe M témoigne de ce que l'ensemble X appartient à la classe ***NTIME***$(T(n))$. Soit à nouveau d le nombre maximal d'instructions figurant dans une case de la table de M. On a dit qu'on peut construire une machine déterministe M' qui, à partir d'un mot w sur le premier ruban et d'une suite de nombres $(m_1, \ldots, m_t)$ sur le dernier, simule en t étapes celui des calculs de M à partir de w qui est repéré par la suite $(m_1, \ldots, m_t)$ (si un tel calcul existe : on n'a pas supposé que *chaque* case de la table de M contient d instructions). Il suffit alors d'ajouter à la machine M' des instructions préliminaires faisant énumérer sur le dernier ruban successivement toutes les suites d'entiers compris entre 1 et d de longueur inférieure ou égale à $T(|w|)$, de façon à obtenir une machine déterministe simulant successivement tous les calculs de M à partir de w. Une T-horloge est utilisée pour arrêter l'énumération des suites. Si le mot w est dans l'ensemble X, il existe au moins un calcul acceptant de M de longueur moindre que $T(|w|)$, et ce calcul sera trouvé au cours de l'énumération systématique. Si w n'est pas dans X, aucune des suites ne mènera à un calcul acceptant, et le mot sera refusé à l'issue du processus. Comme il y a au plus

$$1 + d + d^2 + \ldots + d^{T(|w|)}$$

suites codant des calculs de longueur inférieure ou égale à $T(|w|)$, la simulation totale pour le mot w aura un coût en temps majoré par

$$2(0 + d.1 + d^2.2 + \ldots + d^{T(|w|)}.T(|w|))$$

(le facteur 2 initial permettant de couvrir les phases de réinitialisation entre deux simulations), quantité majorée par $c^{T(|w|)}$ pour un coefficient c convenable (dépendant de d). □

Corollaire 3.6. *Un ensemble est MTND-décidable si et seulement si il est MT-décidable.*

Démonstration. Il est trivial qu'un ensemble *MT*-décidable est *MTND*-décidable. Inversement, si la machine non déterministe M décide l'ensemble X, il existe une fonction T constructible en temps telle que X appartient à la classe $\boldsymbol{NTIME}(T(n))$, et donc à la classe $\boldsymbol{DTIME}(c^{T(n)})$ pour une certaine constante c. Donc l'ensemble X est *MT*-décidable. □

On a de même

Proposition 3.7. *Un ensemble est MTND-semi-décidable si et seulement si il est MT-semi-décidable.*

Démonstration. Supposons que la machine non déterministe M semi-décide l'ensemble X. On considère, comme dans la preuve de la proposition 3.5, la machine déterministe qui énumère successivement sur un ruban supplémentaire toutes les suites d'entiers entre 1 et d, où d est le nombre maximal d'instructions dans une case de M, et simule le calcul correspondant de M. Par contre ici on n'arrête pas à l'aide d'une horloge la construction des suites et la simulation des calculs, sauf si un calcul est acceptant. Alors la machine déterministe ainsi esquissée semi-décide l'ensemble X. □

Les résultats ci-dessus laissent ouverte la question de l'égalité des classes ***DTIME***$(T(n))$ et ***NTIME***$(T(n))$. Une inclusion stricte a été démontrée dans certains cas, à l'aide de preuves délicates (Paul *et al.*, 1983). Les méthodes utilisées ne sont pas aisément généralisables, et, de fait, de nombreux cas ne sont pas résolus. Le plus fameux concerne les classes de complexité polynomiale.

Définition. La classe ***P*** est la réunion des classes ***DTIME***(n^k) pour k entier ; la classe ***NP*** est la réunion des classes ***NTIME***(n^k) pour k entier.

La classe ***P*** est particulièrement naturelle et importante, puisqu'elle représente (largement) la famille de tous les problèmes qu'on peut espérer résoudre concrètement. Il n'est pas évident qu'un algorithme fonctionnant en temps n^{100} soit très utilisable concrètement, mais, en tout cas, il est évident qu'un algorithme dont le coût en temps est supérieur à tout polynôme n'est pas utilisable du tout dès que la taille de l'entrée dépasse une très petite valeur. Des résultats élémentaires établis plus haut on déduit les inclusions

$$\boldsymbol{P} \subseteq \boldsymbol{NP} \subseteq \bigcup_{k>0} \boldsymbol{DTIME}(2^{n^k}).$$

Le problème ouvert probablement le plus célèbre de l'algorithmique théorique est le « problème ***P*** = ***NP*** » consistant à établir l'égalité, ou, au contraire la non-égalité, des classes ***P*** et ***NP***. Il peut sembler intuitivement évident que la classe ***NP*** doive être strictement plus grande que la classe ***P***, c'est-à-dire qu'il existe des problèmes non résolubles en temps polynomial pour lesquels existe une méthode de vérification polynomiale une fois supposés devinés tous les paramètres utiles. Il n'a pas encore été possible de démontrer ce résultat, qui établirait une sorte de version rigoureuse de l'opinion « il peut être plus facile de vérifier une solution que de la trouver *ex nihilo* ».

4 L'exemple de la primalité des entiers

Pour une partie X de $\mathbb{N}$, on a vu au chapitre 3 que la complexité des divers ensembles $(X)_B$ obtenus en utilisant la représentation B-aire des entiers ne dépendait pratiquement pas du choix de la base B pourvu que celle-ci soit au moins 2. Dans le cas où la fonction T est au moins de l'ordre du carré, on dira que X est dans la classe ***DTIME***$(T(n))$ si les ensembles $(X)_B$ y sont, et on pose les définitions analogues pour les classe ***NTIME***$(T(n))$, ***P*** et ***NP***.

Notons $\mathbb{P}$ l'ensemble des entiers premiers. On a vu que la complémentaire de $\mathbb{P}$ dans $\mathbb{N}$, c'est à dire l'ensemble des nombres composés, appartient de façon immédiate à la classe ***NP***. On va montrer ici qu'il en est de même de l'ensemble $\mathbb{P}$, ce qui donnera un exemple beaucoup moins immédiat de choix des paramètres à deviner.

Lemme 4.1. *L'entier N est premier si et seulement si il existe un élément d'ordre $N-1$ dans le groupe multiplicatif des éléments inversibles de l'anneau $\mathbb{Z}/N\mathbb{Z}$.*

Démonstration. Si N n'est pas premier, l'ordre d'un élément inversible est un diviseur du cardinal $\varphi(N)$ du groupe des éléments inversibles de $\mathbb{Z}/N\mathbb{Z}$, et est donc strictement inférieur à N_1. Par contre, si N est premier, l'anneau $\mathbb{Z}/N\mathbb{Z}$ est un corps, et on sait que son groupe multiplicatif du corps est cyclique, ce qui signifie qu'il contient au moins un élément d'ordre $N-1$. □

Proposition 4.2. *L'ensemble* $\mathbb{P}$ *appartient à la classe* **NP**.

Démonstration. D'après le lemme ci-dessus, l'entier N est premier si et seulement si il existe un entier $A < N$ vérifiant

$$A^{N-1} \equiv 1 (\text{mod } N) \text{ et } (\forall M < N-1)(A^M \not\equiv 1 (\text{mod } N)).$$

On obtient donc une méthode de vérification du caractère premier de N en devinant un entier A convenable, puis en vérifiant que A satisfait aux conditions ci-dessus. Encore faut-il établir que cette vérification peut être effectuée en temps polynomial par rapport à la longueur de $(N)_2$. Un premier point est que le calcul d'une puissance A^M ne nécessite qu'un nombre de multiplications de l'ordre de $(M)_2$, c'est-à-dire de $\log_2(M)$. En effet, si on a

$$M = \varepsilon_p.2^p + \ldots + \varepsilon_1.2 + \varepsilon_0,$$

c'est à dire si $(M)_2$ est le mot $\varepsilon_p \ldots \varepsilon_0$, on a

$$A^M = \varepsilon_p A^{2^p} + \ldots + \varepsilon_1 A^2 + \varepsilon_0 A,$$

et le calcul de $A^{2^{i+1}}$ se fait en *une* multiplication à partir du calcul de A^{2^i} en appliquant la formule

$$A^{2^{i+1}} = A^{2^i}.A^{2^i}.$$

Comme de surcroît on ne s'intéresse ici qu'aux classes *modulo* N des produits, la détermination de la classe *modulo* N de l'entier A^M nécessite au plus $\log_2 M$ multiplications d'entiers au plus égaux à N, entraînant donc (pour $M < N$) un coût borné, à une constante multiplicative près, par $|(N)_2|^3$.

Il reste un problème. Si le calcul de la classe *modulo* N d'un entier A^M s'effectue bien en temps polynomial (par rapport à la longueur de $(N)_2$), il risque de ne plus en être de même s'il faut calculer chacun des entiers A^M pour M allant de 1 à $N-2$. Or supposons que la factorisation de l'entier $N-1$ en nombres premiers est

$$N - 1 = 2^{m_0} P_1^{m_1} \ldots P_\ell^{m_\ell}$$

(on peut toujours supposer N impair, donc $N-1$ pair, ce qui ici signifie $m_0 \geq 1$). Si l'entier A n'est pas d'ordre $N-1$ dans le groupe des éléments inversibles de $\mathbb{Z}/N\mathbb{Z}$, son ordre est un diviseur strict de $N-1$, et donc il divise au moins l'un des nombres $(N-1)/2$, $(N-1)/P_1$, ..., $(N-1)/P_\ell$. Par conséquent, pour vérifier que A est d'ordre $N-1$, il suffit de vérifier les $\ell+1$ conditions

$$(I)\begin{cases} A^{N-1} \equiv 1 \pmod N \\ A^{(N-1)/2} \not\equiv 1 \pmod N \\ A^{(N-1)/P_1} \not\equiv 1 \pmod N \\ \dots \\ A^{(N-1)/P_\ell} \not\equiv 1 \pmod N \end{cases}$$

Notons que le nombre de diviseurs premiers de l'entier $N-1$ est certainement majoré par $\log_2(N)$ puisque chaque diviseur est au moins égal à 2 et que $N-1$ en majore le produit. On obtient ainsi une méthode pour établir que l'entier N est premier :

• deviner des entiers A, ℓ, $P_1, \dots, P_\ell$, m_0, $m_1, \dots, m_\ell$, de longueur inférieure ou égale à $|(N)_2|$;

• vérifier que $N-1$ est égal au produit $2^{m_0}P_1^{m_1}\dots P_\ell^{m_\ell}$;
vérifier que les entiers $P_1, \dots, P_\ell$ sont des nombres premiers ;
vérifier que les conditions (I) sont vérifiées.

Alors l'entier N est premier si et seulement si il existe un choix convenable des entiers $A, \dots, m_\ell$ tel que la méthode précédente réussisse. Il reste à évaluer la complexité du processus, qui est « récursif », au sens de la programmation, puisque la vérification du fait que N est premier fait appel à la vérification du fait que les entiers $P_1, \dots, P_\ell$ le sont.

Soit $T(n)$ le nombre d'étapes maximal dans l'application de la méthode décrite pour un entier de longueur n. On cherche à majorer les longueurs des mots $(P_i)_2$. Pour tout entier P, on a toujours

$$2^{|(P)_2|} \leq P \leq 2^{|(P)_2|+1}.$$

Donc, si on a vérifié l'égalité

$$N = 2^{m_0}P_1^{m_1}\dots P_\ell^{m_\ell},$$

on peut conclure que, si n_i est la longueur de $(P_i)_2$, et n celle de N, on a nécessairement

$$2^{1+n_1+\dots+n_\ell} \leq 2^{n+1},$$

soit

$$n_1 + \dots + n_\ell \leq n.$$

Par ailleurs, ou bien on est dans le cas $\ell = 1$ et $m_1 = 1$, c'est-à-dire qu'on doit vérifier que $(N-1)/2$ est premier, ce qui se fait en au plus $T(n-1)$ étapes, ou bien nécessairement tous les facteurs P_i sont majorés par $\sqrt{N-1}$, et donc chaque entier n_i est majoré par $n/2$. D'après les remarques faites plus haut, il existe une constante d telle que la vérifications de l'ensemble des conditions arithmétiques exige au plus dn^4 étapes de calcul (dont au plus n fois cn^3 étapes pour les conditions (I)). On obtient donc une majoration du type

$$T(n) \leq \sup(T(n-1), F(n)) + dn^4,$$

où $F(n)$ est le plus grand élément de l'ensemble

$$\{T(n_1) + \dots + T(n_\ell); n_1 + \dots + n_\ell \leq n \text{ et } n_1 \leq \dots \leq n_\ell \leq n/2\}.$$

Il en résulte qu'il existe une constante e telle que $T(n)$ est majoré par en^5 : l'augmentation de l'exposant de 4 à 5 permet d'absorber le terme $T(n-1)$, d'autre part la convexité de la fonction $(\lambda n)(n^5)$ entraîne l'inégalité

$$n_1^5 + \ldots + n_\ell^5 \leq 2(n/2)^5$$

dès que les nombres $n_1, \ldots, n_\ell$ sont bornés par $n/2$ et ont une somme égale à n.

On conclut que l'ensemble $\mathbb{P}$ appartient à la classe $\boldsymbol{NTIME}(n^5)$ (moyennant la vérification de la validité du théorème d'accélération linéaire pour les machines non déterministes). □

L'exemple de l'ensemble des nombres premiers illustre bien l'idée du non-déterminisme : la méthode ci-dessus ne permet pas réellement de déterminer si un nombre est premier, mais elle permet de prouver qu'un nombre est premier si on connaît un certain nombre de paramètres supplémentaires. On ne donne pas de méthode pour déterminer ceux-ci, mais, s'il sont connus, alors le calcul est simple.

5 Commentaires

L'idée du non déterminisme est implicite dans (Rabin et Scott 1959). Elle apparaît dans (Cook 1971), et, de façon plus formelle, dans (Karp 1972). Elle apparaît également indépendamment en Russie dans les travaux de Levin, voir (Trakhtenbrot 1984). Le problème $\boldsymbol{P} = \boldsymbol{NP}$ a été l'objet d'innombrables recherches et publications. Signalons que la question analogue pour le temps linéaire, c'est-à-dire la question de l'égalité des classes $\boldsymbol{DTIME}(cn)$ et $\boldsymbol{NTIME}(cn)$, est résolue négativement (Paul & *al.* 1983). On connaît même un certain nombre de problèmes concrets qui sont dans la classe $\boldsymbol{NTIME}(n \log n)$ (qui est en un certain sens la version la plus naturelle du temps non déterministe linéaire) et dans aucune classe $\boldsymbol{DTIME}(dn)$ (Grandjean 1990).

Le fait que l'ensemble des nombres premiers appartienne à la classe $\boldsymbol{NP}$ est établi dans (Pratt 1975).

Diverses extensions de l'approche non déterministe ont été proposées récemment. Au départ il s'agit d'une réflexion sur ce qu'est une preuve d'une certaine propriété, par exemple une preuve de ce qu'un nombre N est premier. L'une des approches les plus prometteuses consiste à introduire des méthodes interactives dans lesquelles la preuve d'un fait est une stratégie permettant de répondre à toute objection, ou, à une proportion suffisante d'objections par rapport à une mesure de probabilité convenable. Les articles (Shamir 1992) et (Arora & *al* 1992) semblent des contributions décisives.

Chapitre 7
Complexité du calcul booléen

On aborde maintenant le seconde partie du cours. Ayant construit une échelle de complexité (ou plutôt deux, l'échelle déterministe et l'échelle non déterministe), on se propose d'y placer quelques ensembles liés à la logique et à l'arithmétique. On commence par le calcul booléen, dont on va montrer qu'en un sens convenable il occupe l'échelon le plus élevé de la classe $\boldsymbol{NP}$.

Chapitres préalables: 1, 2, 3, 6.

1 Formules booléennes

On considère les expressions, ou formules, *booléennes*, c'est-à-dire les combinaisons de variables susceptibles de prendre les valeurs 0 ou 1 construites au moyen d'opérateurs tels que « et », « ou », « implique ». La construction de ces expressions n'a au demeurant rien à voir avec les valeurs qu'on se propose d'attribuer aux variables. Pour pouvoir disposer d'une suite infinie de variables tout en conservant une représentation au moyen d'un alphabet fini, nous aurons à considérer les variables elles-mêmes comme des mots. On prendra ici les mots $\boldsymbol{x}_0, \boldsymbol{x}_1, \ldots$ formés du caractère $\boldsymbol{x}$ suivi de la représentation décimale d'un entier, dont l'ensemble sera noté *VAR*.

Définition. L'ensemble $FORM_0$ des *formules booléennes* est le plus petit ensemble de mots formés sur l'alphabet

$$\{\boldsymbol{x}, {}_0, \ldots, {}_9, (,), \neg, \wedge, \vee, \Rightarrow, \Leftrightarrow, \}$$

qui inclue l'ensemble *VAR* et qui soit clos par les opérations $\Phi \mapsto \neg(\Phi)$, $(\Phi, \Psi) \mapsto (\Phi) \wedge (\Psi)$, $(\Phi, \Psi) \mapsto (\Phi) \vee (\Psi)$, $(\Phi, \Psi) \mapsto (\Phi) \Rightarrow (\Psi)$, $(\Phi, \Psi) \mapsto (\Phi) \Leftrightarrow (\Psi)$.

Exemple. Les mots $\boldsymbol{x}_5$ et $\boldsymbol{x}_{12}$ sont des variables. Les mots

$$(\boldsymbol{x}_1) \Rightarrow ((\boldsymbol{x}_2) \wedge (\boldsymbol{x}_4)) \quad \text{et} \quad \neg(\neg(\boldsymbol{x}_3))$$

sont des formules booléennes.

Remarque. Dans une terminologie algébrique, on pourra dire que l'ensemble des formules booléennes est le magma libre engendré par l'ensemble *VAR* au moyen de l'opérateur unaire $\neg$ et des opérateurs binaires $\wedge$, $\vee$, $\Rightarrow$ et $\Leftrightarrow$. Dans la terminologie de la théorie des langages, on peut dire de façon équivalente que $FORM_0$ est le langage engendré par la grammaire $\mathcal{G}$ d'alphabet

$$\{\boldsymbol{S}, \boldsymbol{V}, \boldsymbol{W}, (,), \neg, \wedge, \vee, \Rightarrow, \Leftrightarrow, \boldsymbol{x}, {}_0, \ldots, {}_9\}$$

dont les productions sont

$$\begin{cases} \boldsymbol{S} \longrightarrow \boldsymbol{V} | \neg(\boldsymbol{S}) | (\boldsymbol{S}) \wedge (\boldsymbol{S}) | (\boldsymbol{S}) \vee (\boldsymbol{S}) | (\boldsymbol{S}) \Rightarrow (\boldsymbol{S}) | (\boldsymbol{S}) \Leftrightarrow (\boldsymbol{S}) \\ \boldsymbol{V} \longrightarrow \boldsymbol{x}_0 | \boldsymbol{x}_1 \boldsymbol{W} \\ \boldsymbol{W} \longrightarrow \boldsymbol{W}_0 | \ldots \boldsymbol{W}_9 | \varepsilon \end{cases}$$

Les mots $\mathcal{G}$-dérivables à partir de $\boldsymbol{V}$ sont les variables, les mots $\mathcal{G}$-dérivables à partir de $\boldsymbol{S}$ sont les formules booléennes.

Le résultat suivant, au demeurant immédiat, permet d'effectuer des preuves utilisant une induction sur la longueur des formules.

Lemme 1.1. *Toute formule booléenne qui n'est pas une variable s'écrit d'une façon unique comme* $\neg(\Phi)$, $(\Phi) \wedge (\Psi)$, $(\Phi) \vee (\Psi)$, $(\Phi) \Rightarrow (\Psi)$, *ou* $(\Phi) \Leftrightarrow (\Psi)$, *où* Φ *et, le cas échéant,* Ψ*, sont des formules booléennes de longueur strictement inférieure à la formule de départ.*

Démonstration. Soit X l'ensemble des formules qui sont soit des variables, soit d'une des formes écrites ci-dessus. Puisque X inclut *VAR* et est clos par action des opérateurs $\neg$, $\wedge$, $\vee$, $\Rightarrow$ et $\Leftrightarrow$, et que, par définition, $FORM_0$ est le plus petit ensemble (vis-à-vis de l'inclusion) ayant ces propriétés, nécessairement X inclut $FORM_0$, et donc lui est égal. □

On peut alors définir immédiatement une notion de *sous-formule* d'une formule donnée : si Φ est une variable, Φ est la seule sous-formule de Φ, si Φ est $\neg(\Phi')$, les sous-formules de Φ sont Φ et les sous-formules de Φ', si Φ est $(\Phi') \wedge (\Phi'')$, les sous-formules de Φ sont Φ et les sous-formules de Φ' et Φ'', et de même dans le cas de $\vee$, $\Rightarrow$ et $\Leftrightarrow$. Le lemme 1.1 garantit que cette définition fait sens pour toute formule.

Remarque. Comme à chaque fois qu'une grammaire formelle est sous-jacente, on peut associer à toute formule booléenne un *arbre* qui en représente la construction inductive. On se contente ici d'une description informelle. Si Φ est une variable, on lui associe l'arbre réduit à un point étiqueté par cette variable. Sinon, l'arbre associé à $\neg(\Phi)$ s'obtient en ajoutant un prédécesseur étiqueté $\neg$ à la racine de l'arbre associé à Φ. L'arbre associé à $(\Phi) \wedge (\Psi)$ s'obtient en réunissant les arbres associés à Φ et Ψ et en ajoutant à leurs racines un prédecesseur commun étiqueté $\wedge$. On procède de même dans le cas de $\vee$, $\Rightarrow$ et $\Leftrightarrow$. Par exemple l'arbre associé à la formule $(\boldsymbol{x}_1) \Rightarrow ((\boldsymbol{x}_2) \wedge (\boldsymbol{x}_4))$ est le suivant

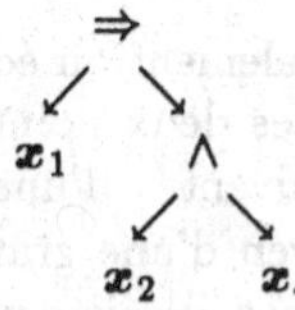

La description par un arbre est beaucoup mieux adaptée que la description par un mot dans le cas des formules booléennes (tout comme dans celui des expressions algébriques qui est similaire) : la structure inductive de la formule apparaît immédiatement sur l'arbre qui la représente, et nulle parenthèse n'est nécessaire dans l'arbre pour lever d'éventuelles ambiguïtés. En contrepartie, la typographie est malaisée, et, surtout, nous n'avons pas adapté les machines de Turing à la manipulation des arbres. Ceci serait au demeurant aisé en considérant des machines où le ruban est remplacé par un réseau bidimensionnel de cases, machines dont on peut montrer qu'elles sont simulables par les machines de Turing usuelles.

Quelle que soit la représentation adoptée, le point important ici est que le fait d'être une formule booléenne est une propriété simple au sens de la complexité.

Lemme 1.2. *L'ensemble FORM*$_0$ *appartient à la classe de complexité* ***DTIME***(n).

Démonstration. Un mot formé sur l'alphabet considéré ci-dessus est une formule booléenne si et seulement si ses préfixes obéissent à des contraintes simples portant sur les parenthèses, et sur les caractères immédiatement suivants, à savoir

- dans tout préfixe il y a davantage de parenthèses ouvrantes que de fermantes, sauf à la fin où il y a égalité ;
- après une parenthèse ouvrante on ne peut trouver qu'une autre parenthèse ouvrante, ¬ ou une variable ;
- après une parenthèse fermante on ne peut trouver qu'une autre parenthèse fermante, ∧, ∨, ⇒ ou ⇔ ;
- après une variable, on ne peut trouver qu'une parenthèse fermante ;
- après ¬, ∧, ∨, ⇒ et ⇔ on ne peut trouver qu'une parenthèse ouvrante.

Les quatre dernières contraintes ne mettent en jeu qu'un nombre borné de paramètres, et peuvent donc être vérifiées par une simple lecture du mot à tester en retenant au fur et à mesure par le biais de l'état les paramètres utiles. La première se vérifie de même à condition de disposer d'un second ruban sur lequel on ajoute un caractère à la lecture de chaque parenthèses ouvrante et on en efface un à la lecture de chaque parenthèse fermante. □

(Une machine du type esquissée dans la démonstration précédente est appelée automate à pile. Il s'agit d'un type très particulier de machine de Turing à deux rubans.)

Dans la pratique, on sait qu'il est usuel de supprimer certaines parenthèses, par exemple celles qui entourent les variables, écrivant $\neg x_i$ au lieu de $\neg(x_i)$ ou

$\boldsymbol{x}_i \wedge \boldsymbol{x}_j$ au lieu de $(\boldsymbol{x}_i) \wedge (\boldsymbol{x}_j)$. Egalement on écrit $(\Phi_1) \wedge (\Phi_2) \wedge \ldots \wedge (\Phi_r)$ pour $(\Phi_1) \wedge ((\Phi_2) \wedge (\ldots \wedge (\Phi_r)\ldots)))$. Les deux points importants à propos de telles conventions d'écriture sont les suivants : d'une part, il est possible de définir précisément (par exemple au moyen d'une grammaire formelle) l'ensemble des « formules simplifiées », d'autre part, il existe une application MT-calculable en temps linéaire qui, à toute formule simplifiée, associe la formule non simplifiée correspondante. Dès lors, on pourra vérifier que l'utilisation de formules simplifiées ne modifie pas les résultats de complexité. Il est équivalent de considérer soit qu'on utilise réellement des formules simplifiées (en supposant les définitions précises posées au départ), soit que celles-ci ne sont que des abréviations pour des formules non simplifiées qui sont les objets réellement utilisés.

Ayant ainsi défini une *syntaxe* pour le calcul booléen, on construit maintenant une *sémantique* visant à attribuer une valeur de vérité à chaque formule booléenne. Pour ce faire, il faut au départ attribuer une valeur à chaque variable.

Définition. Soit Φ une formule booléenne. Une *réalisation* (ou choix de valeurs) pour Φ est une fonction partielle de l'ensemble *VAR* dans l'ensemble $\{0, 1\}$ dont le domaine de définition inclut l'ensemble VAR_Φ des variables qui apparaissent dans Φ (c'est-à-dire qui sont sous-formule de Φ).

Notons que, si Ψ est une sous-formule de Φ, l'ensemble VAR_Ψ est certainement inclus dans VAR_Φ, et donc toute réalisation pour Φ est une réalisation pour Ψ.

Exemple. La fonction $\mathcal{R}$ définie par $\mathcal{R}(\boldsymbol{x}_1) = 0$, $\mathcal{R}(\boldsymbol{x}_1) = 1$, $\mathcal{R}(\boldsymbol{x}_2) = 0$ et $\mathcal{R}(\boldsymbol{x}_4) = 0$ est une réalisation pour toutes les formules dont les variables sont parmi $\boldsymbol{x}_1, \ldots, \boldsymbol{x}_4$.

Une fois données des valeurs aux variables, on donne inductivement une valeur aux formules booléennes qui les contiennent. C'est là qu'intervient le « sens » usuellement attribué aux opérateurs, négation pour $\neg$, conjonction pour $\wedge$, disjonction pour $\vee$, implication pour $\Rightarrow$, équivalence pour $\Leftrightarrow$.

Définition. Supposons que $\mathcal{R}$ est une réalisation, et Φ une formule dont les variables appartiennent au domaine de $\mathcal{R}$. La *valeur* de Φ dans $\mathcal{R}$, notée val$(\Phi, \mathcal{R})$ est définie par les clauses suivantes :

- si Φ est une variable, val$(\Phi, \mathcal{R})$ est $\mathcal{R}(\Phi)$;
- si Φ est $\neg(\Psi)$, val$(\Phi, \mathcal{R})$ est $1 -$ val$(\Psi, \mathcal{R})$;
- si Φ est $(\Psi) \wedge (\Psi')$, val$(\Phi, \mathcal{R})$ est le minimum de val$(\Psi, \mathcal{R})$ et val$(\Psi', \mathcal{R})$;
- si Φ est $(\Psi) \vee (\Psi')$, val$(\Phi, \mathcal{R})$ est le maximum de val$(\Psi, \mathcal{R})$ et val$(\Psi', \mathcal{R})$;

si Φ est $(\Psi) \Rightarrow (\Psi')$, val$(\Phi, \mathcal{R})$ est le maximum de $1 -$ val$(\Psi, \mathcal{R})$ et val$(\Psi', \mathcal{R})$;

si Φ est $(\Psi) \Leftrightarrow (\Psi')$, val$(\Phi, \mathcal{R})$ est 1 si et seulement si val$(\Psi, \mathcal{R})$ et val$(\Psi', \mathcal{R})$ sont égales.

Exemple. Soit $\mathcal{R}$ est la réalisation considérée plus haut. On a

$$\begin{aligned}\mathrm{val}(((\boldsymbol{x}_1) \vee (\boldsymbol{x}_3)) \Rightarrow (\boldsymbol{x}_2), \mathcal{R}) &= \max(1 - \mathrm{val}((\boldsymbol{x}_1) \vee (\boldsymbol{x}_3), \mathcal{R}), \mathrm{val}(\boldsymbol{x}_2, \mathcal{R})) \\ &= \max(1 - \max(\mathrm{val}(\boldsymbol{x}_1, \mathcal{R}), \mathrm{val}(\boldsymbol{x}_3, \mathcal{R})), 1) \\ &= \max(1 - \max(0,0), 1) \\ &= \max(1,1) \\ &= 1\end{aligned}$$

Définition. Une réalisation $\mathcal{R}$ ***satisfait*** (à) une formule booléenne Φ formule si $\mathrm{val}(\Phi, \mathcal{R})$ vaut 1. Une formule booléenne Φ est ***satisfaisable*** s'il existe au moins une réalisation $\mathcal{R}$ la satisfaisant. On note SAT_0 l'ensemble des formules booléennes satisfaisables.

Le calcul de la valeur d'une formule booléenne dans une réalisation est simple. Une réalisation est une fonction de l'ensemble de mots *VAR* dans l'ensemble $\{0,1\}$, et, à ce titre, la complexité d'une réalisation est parfaitement définie. Une réalisation finie a toujours une complexité égale à n : le nombre d'étapes nécessaires à déterminer $\mathrm{val}(\boldsymbol{x}_{(N)_{10}}, \mathcal{R})$, c'est-à-dire $\mathcal{R}(\boldsymbol{x}_{(N)_{10}})$, est juste le nombre d'étapes nécessaires à lire le mot $\boldsymbol{x}_{(N)_{10}}$.

Lemme 1.3. *Supposons que la réalisation $\mathcal{R}$ appartient à la classe de complexité* **DTIME**$(T(n))$, *où T est une fonction convexe. Alors l'ensemble des formules booléennes satisfaites dans $\mathcal{R}$ appartient à la classe* **DTIME**$(\sup(n^2, T(n)))$.

Démonstration. Soit Φ une formule de longueur n, et soient $\boldsymbol{x}_{(N_1)_{10}}, \ldots, \boldsymbol{x}_{(N_r)_{10}}$ les variables apparaissant dans Φ. On commence par lire Φ de gauche à droite, et, chaque fois qu'une variable complète a été repérée, on détermine la valeur que lui attribue $\mathcal{R}$ et on remplace la variable par cette valeur. Le coût de ce processus est borné par

$$2n + T(|(N_1)_{10}|) + \ldots + T(|(N_1)_{10}|).$$

Comme la fonction T est supposée convexe, et qu'on a certainement

$$|(N_1)_{10}| + \ldots + |(N_1)_{10}| \leq n,$$

on peut majorer ce coût par $2n + T(n)$. Ensuite on propage les valeurs obtenues par une succession de lectures du mot. Appelons directement évaluable tout mot d'un des types $\neg(e)$, ou $(e)s(e')$ avec s égal à $\wedge$, $\vee$, $\Rightarrow$ ou $\Leftrightarrow$ et e, e' égaux à 0 ou 1, ou tout mot obtenu à partir d'un des mots précédents en intercalant des blancs. La valeur d'un mot directement évaluable est déterminée en une étape : 0 pour $\neg(1)$, 1 pour $\neg(0)$, *etc.*.. Au cours d'une lecture, on remplace chaque expression directement évaluable par sa valeur. Le coût d'un tel cycle est borné par $3n$ (le coefficient 3 pour tenir compte des aller-et-retours nécessaires à l'actualisation des valeurs). A chaque cycle, au moins un sous-mot est directement évaluable, et par conséquent le processus se termine en au plus n cycles. La complexité totale est donc majorée par

$$2n + T(n) + n(3n)$$

d'où le résultat par accélération linéaire. □

On en déduit immédiatement une borne supérieure de complexité pour l'ensemble SAT_0.

Proposition 1.4. L'ensemble SAT_0 appartient à la classe de complexité ***NTIME***(n^2).

Démonstration. Soit Φ une formule booléenne. Si Φ est satisfaisable, et qu'on devine le bon choix de valeurs $\mathcal{R}$ pour les variables de Φ, alors on vient de voir que la vérification du fait que $\mathcal{R}$ satisfait Φ se fait en temps égal au carré de la longueur de Φ, ce qui correspond exactement à l'appartenance à la classe ***NTIME***(n^2). □

Proposition 1.5. L'ensemble SAT_0 appartient à la classe de complexité ***DTIME***(2^n).

Démonstration. Dans une formule Φ de longueur n apparaissent certainement moins de $n/2$ variables. On peut décider l'appartenance de Φ à SAT_0 ou VAL en énumérant systématiquement toutes les réalisations possibles pour ces variables et en évaluant la valeur correspondante de Φ. La formule Φ sera acceptée si au moins une évaluation donne la valeur 1. Il y a au plus $2^{n/2}$ réalisations à considérer, chaque évaluation nécessite au plus n^2 étapes, le coût total est borné par

$$n^2 2^{n/2},$$

donc certainement par 2^n pour n assez grand. □

Le calcul précédent n'est certainement pas optimal. En particulier il y a certainement beaucoup moins de $n/2$ variables *distinctes* dans une formule de longueur n car la somme des longueurs des p premières variables est de l'ordre de $p \log p$ et non de p. Au demeurant une analyse plus détaillée ne changerait rien d'essentiel au résultat précédent, laissant apparaître une complexité déterministe exponentielle pour l'ensemble SAT_0. Le rapprochement avec la proposition 1.4 pose immédiatement le problème de l'appartenance de l'ensemble SAT_0 à la classe de complexité ***P***. Ce problème est ouvert, mais on va donner un résultat qui suggère une non-appartenance.

2 Problèmes NP-complets

A défaut de déterminer exactement la complexité d'un ensemble, on peut se poser la question de *comparer* les complexités (inconnues) de deux ensembles. Pour cela la notion de réduction est essentielle.

Définition. Soient $\mathcal{A}$ et $\mathcal{B}$ deux alphabets, et X et Y deux ensembles inclus respectivement dans $\mathcal{A}^*$ et $\mathcal{B}^*$. Une *réduction* de X à Y est une application F de $\mathcal{A}$ dans $\mathcal{B}^*$ telle que, pour tout mot w dans $\mathcal{A}^*$, il y a équivalence entre l'appartenance de w à X et celle de $F(w)$ à Y.

La complexité d'une réduction est définie comme celle de toute application d'un ensemble de mots dans un autre. En particulier on pourra parler de réduction MT-calculable, ou de réduction calculable en temps $T(n)$. L'idée est alors que, s'il existe une réduction simple de X à Y, alors X est plus simple que Y. Par exemple, on peut énoncer

Lemme 2.1. *Si l'ensemble Y est MT-décidable (resp. MT-semi-décidable) et qu'il existe une réduction MT-calculable de X à Y, alors X est MT-décidable (resp. MT-semi-décidable).*

Démonstration. Soit F une réduction MT-calculable de X à Y. On teste l'appartenance de w à X en calculant $F(w)$, puis en testant l'appartenance de $F(w)$ à Y. □

On a des résultats quantitatifs analogues. Il faut néanmoins prendre garde à l'influence de la réduction sur la longueur des données.

Lemme 2.2. *Supposons que l'ensemble Y appartient à la classe de complexité* ***DTIME***$(T(n))$ *et qu'il existe une réduction calculable en temps $T'(n)$ de X à Y. Alors X appartient à la classe* ***DTIME***$(T'(n) + T(T'(n)))$.

Démonstration. Soit F une réduction calculable en temps $T'(n)$ de X à Y. Pour un mot w de longueur n, on teste l'appartenance de w à X en calculant $F(w)$ puis en testant l'appartenance de $F(w)$ à Y. Le coût du calcul de $F(w)$ est borné par $T'(n)$, celui de la décision d'appartenance de $F(w)$ à Y par $T(|F(w)|)$. En l'absence d'indications particulières, la seule majoration de la longueur de $F(w)$ est $T'(n)$ puisqu'on suppose que la détermination de $F(w)$, qui comporte en particulier son écriture, demande au plus $T'(n)$ étapes de calcul. □

On a évidemment un résultat semblable pour les classes ***NTIME***$(T(n))$. Notons que dans le cas d'une complexité polynomiale le problème de la longueur disparaît.

Lemme 2.3. *Supposons que l'ensemble Y appartient à la classe de complexité* **P** *(resp.* **NP***) et qu'il existe une réduction calculable en temps polynomial de X à Y. Alors X appartient également à la classe* **P** *(resp.* **NP***).*

Démonstration. Pour tous entiers k et k', la fonction

$$n \mapsto n^{k'} + (n^{k'})^k$$

est polynomiale. □

Dans une classe de complexité donnée, il n'y a aucune raison pour que les différents éléments se réduisent les uns aux autres (avec des réductions d'une complexité liée à celle de la classe en question). Mais, s'il existe un élément auquel *tous* les éléments peuvent se réduire, alors cet élément doit être le plus compliqué de la classe.

Définition. Un ensemble Y appartenant à la classe $\boldsymbol{NP}$ est $\boldsymbol{NP}$*-complet* si, pour tout ensemble X dans $\boldsymbol{NP}$, il existe une réduction calculable en temps polynomial de X à Y.

Ainsi (s'il en existe) un ensemble $\boldsymbol{NP}$-complet doit être au moins aussi compliqué que tout ensemble dans la classe $\boldsymbol{NP}$. Le caractère $\boldsymbol{NP}$-complet d'un ensemble Y est donc une indication beaucoup plus précise sur sa complexité que la simple appartenance de Y à $\boldsymbol{NP}$: il constitue en fait une borne *inférieure* de complexité pour Y, puisqu'il affirme que Y ne peut appartenir à aucune classe de complexité strictement incluse dans $\boldsymbol{NP}$. En particulier, un ensemble $\boldsymbol{NP}$-complet ne peut appartenir à la classe $\boldsymbol{P}$ que si celle-ci coïncide avec la classe $\boldsymbol{NP}$.

Proposition 2.4. *Si Y est un ensemble $\boldsymbol{NP}$-complet et si Y appartient à $\boldsymbol{P}$, alors les classes $\boldsymbol{P}$ et $\boldsymbol{NP}$ coïncident.*

Démonstration. L'idée est « Si l'ensemble le plus compliqué de $\boldsymbol{NP}$ est dans $\boldsymbol{P}$, alors tout autre ensemble dans $\boldsymbol{NP}$ est automatiquement dans $\boldsymbol{P}$ ». Plus précisément soit X un élément quelconque de $\boldsymbol{NP}$. Par définition il doit exister une réduction de X à Y calculable en temps polynomial. Alors par le lemme 2.3 l'ensemble X appartient à la classe $\boldsymbol{P}$. □

Les définitions précédentes seraient lettre morte si on ne connaissait pas d'ensemble $\boldsymbol{NP}$-complet. Mais on en connaît une très vaste collection, et la section suivante va en donner un exemple explicite et, de surcroît, archétypique.

3 Borne inférieure de complexité

L'objet de cette section est de démontrer le résultat suivant :

Théorème 3.1. (Cook, Levin) *L'ensemble SAT_0 est $\boldsymbol{NP}$-complet.*

Démonstration. Il s'agit de montrer que, pour tout ensemble X dans $\boldsymbol{NP}$, il existe une réduction de X à SAT_0 qui est calculable en temps polynomial. Soit $\mathcal{A}$ un alphabet et X une partie de $\mathcal{A}^*$ qui appartient à la classe $\boldsymbol{NTIME}(n^k)$. On fixe une machine de Turing non déterministe $\boldsymbol{M}$ qui décide X en temps n^k. On peut supposer que $\boldsymbol{M}$ est une machine spéciale, en étendant de façon évidente la définition du chapitre 3 aux machines non déterministes (cette hypothèse peut modifier la valeur de l'exposant k, mais pas son existence). Au prix d'une numérotation préalable, on peut supposer que l'alphabet $\widetilde{\mathcal{A}}$ est un intervalle entier $\{0, \ldots, c\}$ et, de même, que l'ensemble $\widetilde{Q}$ est un intervalle $\{0, \ldots, d\}$. On suppose en outre que le blanc est (représenté par) 0, l'état initial par 0, et l'état acceptant par 1. Accessoirement on suppose que les états acceptant et refusant de $\boldsymbol{M}$ ne sont pas des états terminaux, mais des états « boucles » dans lesquels la machine reste éternellement après les avoir atteints. De la sorte tout calcul peut se prolonger indéfiniment.

Soit w un mot quelconque dans $\mathcal{A}^*$, et soit n sa longueur. Alors w est dans X si et seulement si la machine $\boldsymbol{M}$ accepte le mot w en au plus n^k étapes, c'est-à-dire si et seulement si il existe un calcul de $\boldsymbol{M}$ de longueur n^k dont le premier élément est la configuration initiale associée à w et dont le dernier élément est une configuration acceptante. Remarquons que, dans un calcul de longueur n^k, seules les cases de numéro inférieur à n^k peuvent être utilisées. Pour m entier, appelons m-configuration d'alphabet $\mathcal{A}$ et d'ensemble d'états Q les triplets (f, p, q) tels que f est une application de $\{1, \ldots, m\}$ dans $\widetilde{\mathcal{A}}$, p est un élément de $\{1, \ldots, m\}$ et q un élément de Q : une m-configuration est exactement une configuration correspondant à un ruban fini de m cases. D'après la remarque précédente, on a, pour tout mot w dans $\mathcal{A}^*$, l'équivalence entre

(i) le mot w appartient à X,

(ii) il existe une suite (de longueur $n^k + 1$) de n^k-configurations (f_0, p_0, q_0), ..., $(f_{n^k}, p_{n^k}, q_{n^k})$ telle que

la configuration (f_0, p_0, q_0) est la n^k-configuration initiale associée à w ;

la configuration (f_1, p_1, q_1) est une des configurations $\boldsymbol{M}$-dérivables à partir de (f_0, p_0, q_0) ;

la configuration (f_2, p_2, q_2) est une des configurations $\boldsymbol{M}$-dérivables à partir de (f_1, p_1, q_1) ;

...

• la configuration $(f_{n^k}, p_{n^k}, q_{n^k})$ est une des configurations $\boldsymbol{M}$-dérivables à partir de $(f_{n^k-1}, p_{n^k-1}, q_{n^k-1})$;

la configuration $(f_{n^k}, p_{n^k}, q_{n^k})$ est acceptante (c'est à dire que q_{n^k} est 1).

L'idée est alors d'introduire une (longue) suite de variables booléennes pour décrire complètement une suite de configurations du type précédent. La description d'un calcul $\vec{c}$ correspond alors à un choix de valeurs pour l'ensemble de ces variables booléennes, c'est-à-dire à la définition d'une réalisation $\mathcal{R}_{\vec{c}}$.

Pour spécifier une suite (f_0, p_0, q_0), ..., $(f_{n^k}, p_{n^k}, q_{n^k})$ où les f_i sont des applications de $\{1, \ldots, m\}$ dans $\widetilde{\mathcal{A}}$, les p_i des éléments de $\{1, \ldots, m\}$ et les q_i des éléments de $\widetilde{Q}$, il suffit de donner la valeur « vrai » ou « faux » de toutes les informations du type suivant

« l'entier p_5 est 8 »,

« l'entier $f_2(7)$ est 2 »,

« l'entier q_{10} est 5 », *etc...*

Fixons une numérotation par des entiers de ces informations. Par exemple, décidons que l'information

« l'entier p_i est ℓ »,

pour $0 \leq i \leq n^k$ et $0 \leq \ell \leq n^k$ reçoit le numéro dont le développement décimal est $2(i)_2 2(\ell)_2$ (on utilise le chiffre 2 comme séparateur et donc le développement en base 2 des entiers pour n'y faire intervenir que les chiffres 0 et 1). De même l'information

« l'entier $f_i(j)$ est ℓ »

pour $0 \leq i \leq n^k$, $0 \leq j \leq n^k$ et $0 \leq \ell \leq c$ reçoit le numéro dont le développement décimal est $3(i)_2 3(j)_2 3(\ell)_2$. Enfin l'information

« l'entier q_i est ℓ »
pour $0 \leq i \leq n^k$ et $0 \leq \ell \leq d$ reçoit le numéro dont le développement décimal est $4(i)_2 4(\ell)_2$.

Soit I_n l'ensemble des numéros d'informations ci-dessus, et soit $\mathcal{R}_{\vec{c}}$ la réalisation où les variables de I_n reçoivent les valeurs correspondant au calcul $\vec{c}$, il y a équivalence entre
(i) le mot w appartient à X,
(iii) il existe une réalisation $\mathcal{R}$ codant pour un calcul de $\boldsymbol{M}$ à partir de w qui est acceptant.

Le point crucial est alors qu'il existe une formule booléenne qui caractérise les réalisations codant pour un calcul acceptant de $\boldsymbol{M}$ à partir de w, c'est-à-dire telle que les réalisations de ce type soient exactement celles qui satisfont la formule. Il s'agit d'exprimer par des formules booléennes chacune des contraintes qui doivent être satisfaites dans un tel calcul.

La vérification est facile, bien que fastidieuse. Une première contrainte correspond à ce que, pour que les variables $\boldsymbol{x}_i$ codent un triplet de type (f, p, q), il doit exister une et une seule valeur pour p, pour q et pour chacun des entiers $f(j)$ pour i entre 1 et n^k. Avec les notations fixées plus haut, la réalisation $\mathcal{R}$ code le fait que, dans la i-ème configuration, la seconde composante a la valeur p si et seulement si on a

$$\mathcal{R}(\boldsymbol{x}_{2(i)_2 2(p)_2}) = 1.$$

Par exemple la valeur dans $\mathcal{R}$ de $\boldsymbol{x}_{2021}$ est 1 si et seulement si $\mathcal{R}$ code pour « $p_0 = 1$ ». Soit alors $\Psi'_{n,0}$ la formule booléenne suivante :

$$\begin{aligned}
&(\boldsymbol{x}_{2020} \wedge \neg \boldsymbol{x}_{2021} \wedge \neg \boldsymbol{x}_{2022} \wedge \ldots \wedge \neg \boldsymbol{x}_{202(n^k)_2})) \\
&\quad \vee (\boldsymbol{x}_{2021} \wedge \neg \boldsymbol{x}_{2020} \wedge \neg \boldsymbol{x}_{2022} \wedge \ldots \wedge \neg \boldsymbol{x}_{202(n^k)_2})) \\
&\quad \vee \ldots \\
&\quad \vee (\boldsymbol{x}_{202(n^k)_2} \wedge \neg \boldsymbol{x}_{2020} \wedge \neg \boldsymbol{x}_{2021} \wedge \ldots \wedge \neg \boldsymbol{x}_{202(n^k-1)_1}))
\end{aligned}$$

Une réalisation $\mathcal{R}$ satisfait la formule $\Psi'_{n,0}$ si et seulement si il existe exactement une et une seule valeur p entre 0 et n^k telle que la variable $\boldsymbol{x}_{202(p)_2}$ vaille 1, donc si et seulement si $\mathcal{R}$ code pour une suite où « p_0 » a une valeur unique entre 0 et n^k. Si $\Psi'_{n,i}$ est la formule analogue à $\Psi'_{n,0}$ obtenue en remplaçant chaque variable $\boldsymbol{x}_{202(p)_2}$ par la variable $\boldsymbol{x}_{2(i)_2 2(p)_2}$ correspondante, et si Ψ'_n est la formule

$$\Psi'_{n,0} \wedge \Psi'_{n,1} \wedge \ldots \wedge \Psi'_{n,n^k},$$

alors la réalisation $\mathcal{R}$ satisfait Ψ'_n si et seulement si elle code pour une suite où les entiers $p_0, \ldots, p_{n^k}$ ont une unique valeur. Il est immédiat d'écrire une formule analogue $\Psi''_{n,i,j}$ telle que $\mathcal{R}$ satisfait $\Psi''_{n,i,j}$ si et seulement si $\mathcal{R}$ code pour une suite où l'entier $f_i(j)$ a une unique valeur, et, de même il existe une formule $\Psi'''_{n,i}$ exprimant qu'il existe une unique valeur pour q_i. Si Ψ''_n est la conjonction des formules $\Psi''_{n,i,j}$, et Ψ'''_n celle des $\Psi'''_{n,i}$, si enfin Ψ_n est la conjonction de Ψ'_n, Ψ''_n et Ψ'''_n, alors la satisfaction de Ψ_n par $\mathcal{R}$ exprime que $\mathcal{R}$ code pour une suite de configurations (f_0, p_0, q_0), …, $(f_{n^k}, p_{n^k}, q_{n^k})$ du type voulu.

Il reste à exprimer les contraintes qui traduisent les propriétés particulières des calculs de la machine de Turing $\boldsymbol{M}$ et les conditions initiales et finales. Dire que la configuration (f_1, p_1, q_1) est $\boldsymbol{M}$-dérivable en une étape à partir de la configuration (f_0, p_0, q_0), c'est dire que les conditions suivantes sont vérifiées :

pour $j \neq p_0$ on a $f_1(j) = f_0(j)$,

le triplet $(f_1(p_0), p_1 - p_0, q_1)$ est un des éléments de $\boldsymbol{M}(f_0(p_0), q_0)$.

Or soit $\Upsilon'_{n,0,j,\ell}$ la formule booléenne suivante :

$$\neg \boldsymbol{x}_{202(j)_2} \Rightarrow (\boldsymbol{x}_{313(j)_2 3(\ell)_2} \Leftrightarrow \boldsymbol{x}_{303(j)_2 3(\ell)_2}).$$

La satisfaction de $\Upsilon'_{n,0,j,\ell}$ exprime le fait que, pourvu que j ne soit pas p_0, la valeur $f_1(j)$ est ℓ si et seulement si la valeur de $f_0(j)$ est ℓ. Donc, si $\Upsilon'_{n,0,j}$ est la conjonction de $\Upsilon'_{n,0,j,0}, \Upsilon'_{n,0,j,1}, \ldots, \Upsilon'_{n,0,j,c}$, la satisfaction de $\Upsilon'_{n,0,j}$ exprime que, pourvu que j ne soit pas p_0, la valeur $f_1(j)$ coïncide avec la valeur $f_0(j)$.

Ensuite, pour chaque couple (s, q) dans $\{0, \ldots, c\} \times \{0, \ldots, d\}$ soit $\Upsilon''_{n,s,q,0,j}$ la formule

$$\begin{aligned}(\boldsymbol{x}_{202(j)_2} \wedge \boldsymbol{x}_{303(j)_2 3(s)_2} \wedge \boldsymbol{x}_{404(q)_2}) \Rightarrow \\ ((\boldsymbol{x}_{212(j+d_1)_2} \wedge \boldsymbol{x}_{313(j)_2 3(s_1)_2} \wedge \boldsymbol{x}_{414(q_1)_2}) \\ \vee (\boldsymbol{x}_{212(j+d_2)_2} \wedge \boldsymbol{x}_{313(j)_2 3(s_2)_2} \wedge \boldsymbol{x}_{414(q_2)_2}) \\ \vee \ldots \\ \vee (\boldsymbol{x}_{212(j+d_\ell)_2} \wedge \boldsymbol{x}_{313(j)_2 3(s_\ell)_2} \wedge \boldsymbol{x}_{414(q_\ell)_2}))\end{aligned}$$

où $(s_1, d_1, q_1), \ldots, (s_\ell, d_\ell, q_\ell)$ sont les différents éléments de $\boldsymbol{M}(q, s)$. La satisfaction de la formule $\Upsilon''_{n,s,q,0,j}$ exprime que de (f_0, p_0, q_0) à (f_1, p_1, q_1) la passage est conforme à la table $\boldsymbol{M}$ si p_0 est j. Donc la conjonction des cdn^k formules $\Upsilon''_{n,s,q,0,j}$ lorsque s, q et j varient, et des n^k formules $\Upsilon'_{n,0,j}$ quand j varie donne une formule $\Upsilon_{n,0}$ qui exprime que le passage de (f_0, p_0, q_0) à (f_1, p_1, q_1) est conforme aux lois générales des machines de Turing et à la table de $\boldsymbol{M}$. En définissant de même une formule $\Upsilon_{n,i}$ où $(i)_2$ remplace 0, puis en prenant la conjonction des n^k formules $\Upsilon_{n,i}$ quand i varie, on obtient une formule Υ_n dont la satisfaction exprime que $(f_0, p_0, q_0), \ldots, (f_{n^k}, p_{n^k}, q_{n^k})$ est un calcul de $\boldsymbol{M}$.

Il ne reste qu'à traduire les conditions d'entrée et de sortie. Supposons que w est le mot $s_1 \ldots s_n$. La formule Δ_w

$$\begin{aligned}\boldsymbol{x}_{2021} \wedge \boldsymbol{x}_{30313(s_1)_2} \wedge \boldsymbol{x}_{30323(s_2)_2} \wedge \ldots \wedge \boldsymbol{x}_{303(n)_2 3(s_n)_2} \\ \wedge \boldsymbol{x}_{303(n+1)_2 30} \wedge \ldots \wedge \boldsymbol{x}_{303(n^k)_2 30} \wedge \boldsymbol{x}_{4040}\end{aligned}$$

est satisfaite si et seulement si (f_0, p_0, q_0) est la configuration initiale associée à w. Enfin le fait que la dernière configuration est acceptante correspond à ce que le dernier état est 1, c'est à dire, avec nos notations, au simple fait que la variable $\boldsymbol{x}_{a(n^k)_2 41}$ prend la valeur 1.

Finalement soit $\Phi(w)$ la formule

$$\Psi_n \wedge \Upsilon_n \wedge \Delta_w \wedge x_{a(n^k)_2 41}.$$

Une réalisation $\mathcal{R}$ satisfait la formule $\Phi(w)$ si et seulement si elle code pour un calcul acceptant de M de longueur n^k à partir de w. Donc il y a équivalence entre

(i) le mot w est dans X,

(iv) la formule $\Phi(w)$ est satisfaisable.

De la sorte l'application Φ est une réduction de X à SAT_0. Il reste à voir que Φ est calculable en temps polynomial (par rapport à la longueur de w). Or la formule $\Psi'_{n,i}$ a une longueur de l'ordre de $(n^k)^2(i)_2$, et il est facile d'imaginer une machine de Turing qui, à partir du mot w, écrit la formule $\Psi'_{|w|,i}$ en un temps de l'ordre de la longueur de cette formule. Donc la fonction $(\lambda w)(\Psi'_{|w|,i})$ est de complexité polynomiale, et il en est de même pour $\Psi'_{|w|}$ qui est la conjonction (c'est-à-dire essentiellement la concaténation) des formules $\Psi'_{|w|,0}, \ldots, \Psi'_{|w|,|w|^k}$. L'argument est le même pour les formules Ψ'' et Ψ''', donc pour Ψ, puis pour Υ et Δ. Finalement Φ elle-même est calculable en temps polynomial, ce qui achève la preuve. □

4 Commentaires

Le caractère ***NP***-complet de l'ensemble SAT_0 est établi dans (Cook 1971), et, indépendamment, dans les travaux de Levin qui sont à peu près contemporains (Trakhtenbrot 1984). A la suite de ce résultat, de très nombreux résultats de ***NP***-complétude ont été établis en construisant des réductions polynomiales de SAT_0 à d'autres ensembles de la classe ***NP***. On renvoie à (Stern 1990) pour quelques exemples classiques, comme les problèmes du sac à dos, des cycles hamiltoniens et du voyageur de commerce. On trouve dans (Garey & Johnson 1979) une liste de plusieurs centaines de problèmes ***NP***-complets dans des branches diverses des mathématiques.

On peut améliorer légèrement l'énoncé du théorème de Cook en montrant la ***NP***-complétude d'un sous-ensemble de SAT_0 *a priori* plus simple, à savoir l'ensemble des conjonctions de 3-clauses satisfaisables. Une 3-clause est une formule booléenne d'un type particulier, à savoir une formule de la forme $L_1 \vee L_2 \vee L_3$ où L_1, L_2 et L_3 sont soit des variables, soit des négations de variables. On montre que toute formule booléenne est équivalente du point de vue de la satisfaisabilité à une conjonction de 3-clauses, et le point essentiel est que l'augmentation de longueur qui intervient lorsqu'on passe d'une formule quelconque à une conjonction de 3-clauses équivalente du point de vue de la satisfaisabilité n'est pas trop grande pour détruire le caractère polynomial de la réduction construite plus haut vers les formules booléennes.

A ce jour tous les efforts pour obtenir un algorithme (déterministe) polynomial décidant l'ensemble SAT_0 (ou l'un des quelconques des ensembles $\boldsymbol{NP}$-complets connus) ont été vains, de même que ceux visant à établir l'impossibilité de l'existence d'un tel algorithme. En définissant des versions relativisées $\boldsymbol{P}_A$ et $\boldsymbol{NP}_A$ des classes de complexité et en montrant qu'il existe des choix pour le paramètre A (usuellement une suite infinie de caractères ou de chiffres, c'est-à-dire essentiellement un nombre réel) pour lesquels l'égalité $\boldsymbol{P}^A = \boldsymbol{NP}^A$ est vraie, et d'autres pour lesquels cette égalité est fausse, Baker, Gill et Solovay ont montré qu'on ne peut espérer trancher le problème « $\boldsymbol{P} = \boldsymbol{NP}$ » à l'aide d'un argument uniformément généralisable qui devrait résoudre dans le même sens chacun des problèmes « $\boldsymbol{P}^A = \boldsymbol{NP}^A$ » (Baker & *al* 1975). On trouvera dans (Hopcroft & Ullman 1979) une présentation de ces résultats.

Chapitre 8
Complexité des logiques du premier ordre

Dans une démarche parallèle à celle du chapitre précédent on étudie ici la complexité du problème de reconnaître si une formule donnée est satisfaisable ou non, cette fois dans le cas des logiques du premier ordre, c'est-à-dire dans le cas des formules mathématiques usuelles. Comme ces logiques ont un pouvoir d'expression plus étendu que le calcul booléen, le problème de satisfaisabilité associé est plus difficile, et la borne inférieure de complexité obtenue est plus élevée puisqu'il s'agit ici de l'indécidabilité.

Chapitres préalables : 1, 2, 3, 5.

1 Formules du premier ordre

Les formules du premier ordre, ce sont les formules mathématique au sens le plus commun. Par exemple

$$(\forall x)(\exists y)(x + y = 0)$$

ou

$$(\forall x, y, z)(x^3 + y^3 \neq z^3)$$

sont des formules du premier ordre. Néanmoins l'appellation « du premier ordre » est réservée à une classe précise correspondant à l'exclusion de certaines formules. La principale contrainte est de n'utiliser qu'*une* sorte de variables, autrement dit de ne référer dans une formule donnée qu'à un seul type d'objet mathématique. Dans les deux formules ci-dessus, les variables x, y, z représentent des objets de même nature : ici on pense à des nombres, il peut tout autant s'agir d'autres types, mais certainement un seul à la fois. Seront donc exclues du cadre des formules du premier ordre des formules (néanmoins parfaitement honorables) telles que

$$(\forall \varepsilon \in \mathbb{R}^+)(\exists N \in \mathbb{N})(\forall n \in \mathbb{N})(n > N \Longrightarrow |x_n - \ell| > \varepsilon)$$

ou

$$(\exists X \subseteq \mathbb{N})((\forall p \in \mathbb{N})(\exists q > p)(q \in X) \wedge (\forall p \in X)(\exists q)(q^2 = p)).$$

Dans le premier cas, la variable ε représente un réel tandis que les variables p et q représentent des entiers, dans le second cas, la variable X représente un ensemble d'entiers tandis que les variables p et q représentent des entiers. Notons bien qu'il s'agit ici de contraintes de nature syntaxique, n'ayant rien à voir avec le sens des formules (et donc leur vérité) : la seconde formule ci-dessus est certainement équivalente, du point de vue de ce qu'elle exprime, à la formule

$$(\forall p)(\exists q)(q^2 > p),$$

qui, elle, est du premier ordre puisqu'elle ne met en jeu que des variables d'un seul type.

A partir du moment où toutes les variables représentent le même type d'objet, il n'est plus nécessaire de mentionner ce type dans la formule elle-même, ce qui offre la possibilité de considérer que la *même* formule peut référer à des objets divers. Ainsi on considérera qu'il n'existe qu'une formule $\boldsymbol{x} = \boldsymbol{x}$, mais qui peut recevoir diverses interprétations (toutes également vraies on s'en doute) suivant que $\boldsymbol{x}$ réfère à des entiers, des réels, des points ou tout autre type d'objet mathématique.

De la sorte, un moment de réflexion montre que les formules mathématiques obéissant aux contraintes ci-dessus peuvent toutes se mettre sous une forme unifiée, à savoir des formules affirmant que des combinaisons de variables à l'aide d'opérations (qu'on appellera termes) sont liées par des relations (dont l'égalité est un cas particulier), ou des combinaisons booléennes de telles formules. Ceci nous conduit à une définition précise et naturelle. Comme le choix des opérations et des relations, ou plutôt des symboles utilisés pour les représenter, dépend des propriétés qu'on cherche à exprimer, il est usuel de ne pas fixer ce choix une fois pour toutes, mais de définir pour chacun de ces choix une logique du premier ordre associée. C'est pourquoi on parle *des* logiques du premier ordre. Il doit être assez clair qu'aussi longtemps qu'il s'agit de syntaxe, c'est-à-dire aussi longtemps qu'on ne se soucie pas de valeurs attribuées à ces variables, relations et opérations, le nom des symboles utilisés n'a aucune importance, et seul compte le fait de savoir s'il s'agit d'une relation ou d'une opération et quel est le nombre correspondant d'arguments (l'« arité » donc).

Définition. Soit $\mathcal{A}$ un alphabet quelconque (fini). Une *signature* est un triplet formé d'un ensemble Σ, fini ou non, MT-décidable, de mots de $\mathcal{A}^*$ et de deux applications MT-calculables τ (« espèce ») et α (« arité ») de Σ respectivement dans $\{0, 1\}$ et dans $\mathbb{N}$.

Si (Σ, τ, α) est une signature, les éléments de Σ d'espèce 0 sont appelés *symboles de relation* (ou relateurs), ceux d'espèce 1 symboles d'opération, ou *opérateurs*. Un opérateur d'arité 0 est appelé symbole de constante, ou simplement *nom*. Dans le cas (fréquent) d'une signature finie Σ, il est usuel d'utiliser un seul caractère pour chaque symbole de Σ ; ce n'est évidemment plus possible dans le cas d'une signature infinie.

Exemple. On peut représenter une signature comme une suite de triplets « (symbole, espèce, arité) ». Alors l'ensemble

$$\{(\mathbf{0},1,0),(+,1,2),(\times,1,2),(<,0,2)\}$$

est la signature contenant un nom **0**, deux opérateurs binaires **+** et **×** et un symbole de relation binaire **<**.

On définit alors inductivement les termes puis les formules construits à partir d'une signature donnée.

Définition. Soit Σ une signature d'alphabet $\mathcal{A}$. L'ensemble des *termes en* Σ est le plus petit ensemble de mots $TERM(\Sigma)$ formé sur l'alphabet

$$\mathcal{A} \cup \{\boldsymbol{x}, {}_0, \ldots, {}_9, (,)\}$$

qui inclue l'ensemble des variables VAR (défini au chapitre précédent) et l'ensemble des noms de Σ, et soit clos par chacune des opérations

$$(t_1, \ldots, t_k) \mapsto \boldsymbol{s}(t_1, \ldots, t_k)$$

pour $\boldsymbol{s}$ opérateur k-aire de Σ, ceci pour tout entier $k \geq 1$.

Exemple. Si Σ_0 est la signature $\{(\mathbf{0},1,0),(+,1,2),(<,0,2)\}$, c'est à dire que **0** est un nom, **+** un opérateur bianire et **<** un symbole de relation binaire, alors les mots

$$+(\boldsymbol{x}_1,\mathbf{0}) \qquad \text{et} \qquad +(+(\boldsymbol{x}_1,\boldsymbol{x}_2),\mathbf{0})$$

sont des termes en Σ_0. On sait qu'il est usuel et commode d'utiliser pour les opérateurs binaires une notation « infixe », et de supprimer les parenthèses qui entourent les variables nues. On se conformera à cet usage, qui conduit à noter les termes précédents respectivement sous les formes

$$\boldsymbol{x}_1 + \mathbf{0} \qquad \text{et} \qquad (\boldsymbol{x}_1 + \boldsymbol{x}_2) + \mathbf{0}.$$

Comme on l'a remarqué au chapitre précédent pour le cas des formules booléennes, ces modifications d'écriture ne posent pas de problème car le passage d'une forme à l'autre est MT-calculable en temps quadratique (et même certainement moindre) et le rapport des longueurs des deux formes est certainement compris entre 1/3 et 1. Qu'il s'agisse de complexité polynomiale ou de MT-décidabilité, les résultats ne dépendent donc pas du choix entre les deux types de notation, original ou simplifié.

Définition. Soit Σ une signature d'alphabet $\mathcal{A}$. L'ensemble des *formules en* Σ est le plus petit ensemble de mots $FORM_1(\Sigma)$ formé sur l'alphabet

$$\mathcal{A} \cup \{\boldsymbol{x}, {}_0, \ldots, {}_9, (,), \neg, \wedge, \vee, \Rightarrow, \Leftrightarrow, \exists, \forall\}$$

qui inclue l'ensemble des mots (dits *formules atomiques*) de la forme

$$\boldsymbol{s}(t_1, \ldots, t_k) \qquad \text{et} \qquad t_1 = t_2$$

où t_1, ..., t_k sont des termes en Σ et $\boldsymbol{s}$ un symbole de relation k-aire de Σ, et soit clos par chacune des opérations

$$\Phi \mapsto \neg(\Phi), \quad (\Phi_1, \Phi_2) \mapsto (\Phi_1) \wedge (\Phi_2), \quad (\Phi_1, \Phi_2) \mapsto (\Phi_1) \vee (\Phi_2),$$
$$(\Phi_1, \Phi_2) \mapsto (\Phi_1) \Rightarrow (\Phi_2), \quad (\Phi_1, \Phi_2) \mapsto (\Phi_1) \Leftrightarrow (\Phi_2),$$
$$\text{et } \Phi \mapsto (\exists \boldsymbol{v})(\Phi), \quad \Phi \mapsto (\forall \boldsymbol{v})(\Phi)$$

pour tout $\boldsymbol{v}$ dans *VAR*.

Exemple. Avec les mêmes notations que ci-dessus, le mot

$$< (\boldsymbol{x}_1 + \mathbf{0}, (\boldsymbol{x}_1 + \boldsymbol{x}_2) + \mathbf{0})$$

est une formule atomique en Σ_0, et le mot

$$((\exists \boldsymbol{x}_1)(< (\boldsymbol{x}_1 + \mathbf{0}, (\boldsymbol{x}_1 + \boldsymbol{x}_2) + \mathbf{0}))) \wedge (\boldsymbol{x}_1 = \boldsymbol{x}_1)$$

est une formule en Σ_0. Des conventions de simplification d'écriture sont appliquées de façon usuelle, à savoir la notation infixe pour certains symboles de relation binaires, et la suppression des parenthèses autour des formules atomiques. Par exemple, la formule ci-dessus sera simplifiée sans ambiguïté de lecture possible en

$$(\exists \boldsymbol{x}_1)(\boldsymbol{x}_1 + \mathbf{0} < (\boldsymbol{x}_1 + \boldsymbol{x}_2) + \mathbf{0}) \wedge \boldsymbol{x}_1 = \boldsymbol{x}_1.$$

La relative lourdeur des définitions précedentes disparaît lorsqu'on utilise les grammaires formelles. Par exemple l'ensemble des formules du premier ordre (non simplifiées) en la signature spécifiée plus haut est l'ensemble des mots engendrés par la grammaire

$$\boldsymbol{S} \longrightarrow \boldsymbol{A} | \neg(\boldsymbol{S}) | (\boldsymbol{S}) \wedge (\boldsymbol{S}) | (\boldsymbol{S}) \vee (\boldsymbol{S}) | (\boldsymbol{S}) \Rightarrow (\boldsymbol{S}) | (\boldsymbol{S}) \Leftrightarrow (\boldsymbol{S}) | (\exists \boldsymbol{V})(\boldsymbol{S}) | (\forall \boldsymbol{V})(\boldsymbol{S})$$
$$\boldsymbol{V} \longrightarrow \boldsymbol{x}_0 | \boldsymbol{x}_1 \boldsymbol{W} \qquad \boldsymbol{W} \longrightarrow \boldsymbol{W}_0 | \ldots \boldsymbol{W}_9 | \varepsilon$$
$$\boldsymbol{A} \longrightarrow \boldsymbol{T} = \boldsymbol{T} | < (\boldsymbol{T}, \boldsymbol{T})$$
$$\boldsymbol{T} \longrightarrow \boldsymbol{V} | \mathbf{0} | + (\boldsymbol{T}, \boldsymbol{T})$$

Les variables sont les mots dérivables à partir de $\boldsymbol{V}$, les termes les mots dérivables à partir de $\boldsymbol{T}$, les formules atomiques les mots dérivables à partir de $\boldsymbol{A}$ et les formules les mots dérivables à partir de $\boldsymbol{S}$. Il est facile d'écrire une grammaire (légèrement plus compliquée) pour les formules « simplifiées »

Comme dans le cas des formules booléennes, la structure « véritable » d'une formule du premier ordre est celle d'un arbre plus que d'un mot, en liaison avec les arbres de dérivation de la grammaire correspondante. Sans développer un formalisme inutile ici, on comprendra facilement que l'arbre associé à la formule donné en exemple plus haut puisse être le suivant.

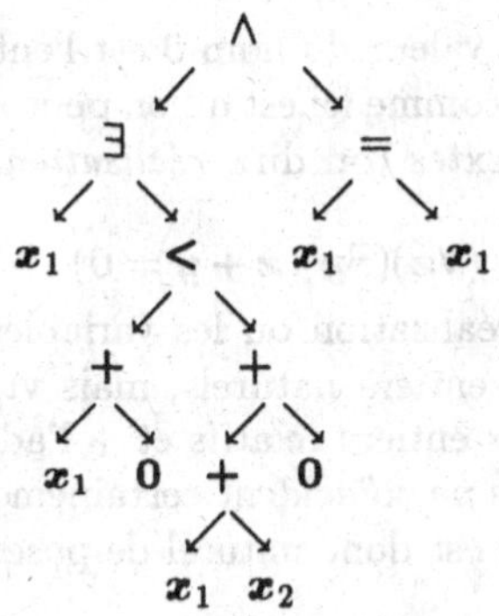

Pour ce qui concerne ce cours, le point essentiel à retenir de la description de la syntaxe des logiques du premier ordre est que celle-ci est algorithmiquement simple. Par exemple on peut énoncer

Lemme 1.1. *Supposons que la signature Σ appartient à la classe de complexité* ***DTIME***$(T(n))$. *Alors l'ensemble $FORM_1(\Sigma)$ appartient à la classe* ***DTIME***$(\sup(n, T(n)))$.

Démonstration. Vérifier qu'un mot est une formule en Σ se fait en déterminant la nature des symboles spécifiques rencontrés au cours de la lecture du mot de gauche à droite, et, d'autre part, en comptant des parenthèses, à condition de distinguer trois types, parenthèses-variable (après un quantificateur), parenthèses-terme (après un opérateur ou un symbole de relation), parenthèses-formules (après un connecteur $\neg$, $\wedge$, *etc.*..). Les détails sont faciles. □

Comme dans le cas de la logique booléenne, les logiques du premier ordre prennent leur pleine signification lorsqu'on définit une notion de *satisfaction* (ou de vérité) d'une formule, c'est-à-dire lorsqu'on introduit une sémantique. Dans le cas booléen, il est entendu que les valeurs qu'on peut attribuer aux variables sont les valeurs « fixes » 0 et 1, de sorte qu'une réalisation est simplement un choix de telles valeurs. Dans le cas d'une logique du premier ordre, on souhaite pouvoir donner aux variables des valeurs diverses (entiers, réels, points, *etc.*..) et, d'autre part, les symboles spécifiques constituant la signature doivent recevoir une interprétation. Comme le point de vue adopté consiste à considérer des formules « abstraites » préalables à toute telle interprétation, les éléments nécessaires pour débuter une évaluation inductive de la vérité d'une formule sont

un ensemble dans lequel les variables quantifiées sont supposées prendre leurs valeurs ;

un choix de valeurs pour celles de variables qui ne sont pas quantifiées ;

une interprétation des symboles d'opérations et de relation compatible avec le domaine des variables.

Par exemple, si on cherche à exprimer des propriétés des nombres entiers à l'aide des formules en la signature Σ_0 définie plus haut, il est naturel de supposer que les variables désignent des nombres entiers, que la valeur de l'opérateur + est l'addition des entiers, que la valeur du nom **0** est l'entier 0. L'intérêt de séparer les opérateurs de leur valeur comme ici est qu'on peut ainsi interpréter une *même* formule dans plusieurs contextes (on dira ***réalisations***) différents. Par exemple la formule

$$(\forall \boldsymbol{x})(\exists \boldsymbol{y})(\boldsymbol{x} + \boldsymbol{y} = \mathbf{0})$$

pourra être fausse dans la réalisation où les variables représentent des entiers naturels et $+$ l'addition des entiers naturels, mais vraie dans la réalisation où les variables représentent des entiers relatifs et $+$ l'addition des entiers relatifs. Noter que ces deux additions ne coïncident certainement pas (même si l'une est une restriction de l'autre). Il est donc naturel de poser les définitions suivantes.

Définition. Supposons que Σ est une signature dont les symboles sont $\boldsymbol{s}_1$, $\boldsymbol{s}_2$, *etc.*... . Une ***réalisation*** $\mathcal{R}$ pour Σ est une suite $(D, s_1, s_2, \ldots)$ telle que D est un ensemble non vide et, pour chaque symbole $\boldsymbol{s}_i$ dans Σ, s_i est

- un élément de D si $\boldsymbol{s}_i$ est un nom,
- une opération k-aire sur D (c'est-à-dire une application de D^k dans D) si $\boldsymbol{s}_i$ est un opérateur k-aire,
- une relation k-aire sur D (c'est-à-dire une application de D^k dans $\{0, 1\}$) si $\boldsymbol{s}_i$ est un symbole de relation k-aire.

L'ensemble D est le ***domaine*** de la réalisation ; l'objet s_i est la ***valeur*** (ou interprétation) du symbole $\boldsymbol{s}_i$ dans la réalisation $\mathcal{R}$, notée val$(\boldsymbol{s}_i, \mathcal{R})$ ou $\boldsymbol{s}_i^{\mathcal{R}}$.

Ainsi la suite $(\mathbb{N}, 0, +_{\mathbb{N}}, <_{\mathbb{N}})$ (où $+_{\mathbb{N}}$ et $<_{\mathbb{N}}$ sont l'addition et l'ordre usuels des entiers) est une réalisation pour la signature Σ_0, mais la suite $(\mathbb{Z}, 0, +_{\mathbb{Z}}, <_{\mathbb{Z}})$ en est une autre, de même que $(\mathbb{N}, 1, \times_{\mathbb{N}}, >_{\mathbb{N}})$ puisque rien n'interdit de donner comme valeur au nom **0** l'entier 1, ou comme valeur à l'opérateur $+$ la multiplication des entiers (même si ce choix ne facilite guère la lecture).

Comme on le sait, on distingue dans une formule du premier ordre des occurrences de variables libres ou liées suivant que ces occurrences sont ou non dans le champ d'un quantificateur. Les définitions précises de ces notions sont un peu fastidieuses : on se contentera de la définition (ici informelle) suivant laquelle le champ d'un quantificateur correspond au sous-arbre qui est sous celui-ci dans la représentation par arbre des formules. Par exemple, la variable $\boldsymbol{x}_1$ a cinq occurrences dans la formule dont l'arbre a été représenté plus haut : les trois premières sont liées, les deux dernières sont libres. Il doit être clair (puisque les logiques du premier ordre ne sont qu'une mise en forme des usages mathématiques) que la donnée d'une réalisation de la signature et d'un choix de valeurs pour les variables libres (c'est-à-dire ayant au moins une occurrence libre) est exactement ce qui est nécessaire pour attribuer une valeur « vrai » ou « faux » à une formule du premier ordre. Pour mémoire, une définition inductive peut être donnée.

Définition. Supposons que Σ est une signature et $\mathcal{R}$ une réalisation pour Σ de domaine D. On suppose que f est une fonction partielle de l'ensemble VAR dans le domaine de $\mathcal{R}$.

i) Pour tout terme t dont les variables appartiennent au domaine de f, la valeur de t dans $(\mathcal{R}, f)$, notée val$(t, (\mathcal{R}, f))$, est définie inductivement par

$$\mathrm{val}(t,(\mathcal{R},f)) = \begin{cases} \mathrm{val}(t,\mathcal{R}) & \text{si } t \text{ est un nom,} \\ f(t) & \text{si } t \text{ est une variable,} \\ \boldsymbol{s}^{\mathcal{R}}(\mathrm{val}(t_1,(\mathcal{R},f)),\ldots,\mathrm{val}(t_k,(\mathcal{R},f))) & \\ & \text{si } t \text{ est } \boldsymbol{s}(t_1,\ldots,t_k) \text{ avec } \boldsymbol{s} \text{ opérateur } k\text{-aire.} \end{cases}$$

ii) Pour toute formule atomique Φ dont les variables appartiennent au domaine de f, la valeur de Φ dans $(\mathcal{R},f)$, notée $\mathrm{val}(\Phi,(\mathcal{R},f))$, est 1 si Φ est $\boldsymbol{s}(t_1,\ldots,t_k)$ avec $\boldsymbol{s}$ symbole de relation k-aire et que le k-uplet $(\mathrm{val}(t_1,(\mathcal{R},f)),\ldots,\mathrm{val}(t_k,(\mathcal{R},f)))$ est dans la relation $\boldsymbol{s}^{\mathcal{R}}$, ou si Φ est $t_1 = t_2$ et que les valeurs $\mathrm{val}(t_1,(\mathcal{R},f))$ et $\mathrm{val}(t_2,(\mathcal{R},f))$ sont égales, et 0 sinon.

iii) Pour toute formule non atomique Φ dont les variables libres appartiennent au domaine de f, la valeur de Φ dans $(\mathcal{R},f)$, notée $\mathrm{val}(\Phi,(\mathcal{R},f))$, est définie inductivement par

$$\mathrm{val}(\Phi,(\mathcal{R},f)) = \begin{cases} 1-\mathrm{val}(\Psi,(\mathcal{R},f)) & \text{si } \Phi \text{ est } \neg(\Psi), \\ \inf(\mathrm{val}(\Psi,(\mathcal{R},f)),\mathrm{val}(\Psi',(\mathcal{R},f))) & \text{si } \Phi \text{ est } (\Psi)\wedge(\Psi'), \\ \sup(\mathrm{val}(\Psi,(\mathcal{R},f)),\mathrm{val}(\Psi',(\mathcal{R},f))) & \text{si } \Phi \text{ est } (\Psi)\vee(\Psi'), \\ \sup(1-\mathrm{val}(\Psi,(\mathcal{R},f)),\mathrm{val}(\Psi',(\mathcal{R},f))) & \\ & \text{si } \Phi \text{ est } (\Psi)\Rightarrow(\Psi'), \\ 1_{=}(\mathrm{val}(\Psi,(\mathcal{R},f)),\mathrm{val}(\Psi',(\mathcal{R},f))) & \text{si } \Phi \text{ est } (\Psi)\Leftrightarrow(\Psi'), \\ \sup\{\mathrm{val}(\Psi,(\mathcal{R},f\setminus\{(\boldsymbol{v},f(\boldsymbol{v}))\}\cup\{(\boldsymbol{v},a)\});a\in D\} & \\ & \text{si } \Phi \text{ est } (\exists\boldsymbol{v})(W), \\ \inf\{\mathrm{val}(\Psi,(\mathcal{R},f\setminus\{(\boldsymbol{v},f(\boldsymbol{v}))\}\cup\{(\boldsymbol{v},a)\});a\in D\} & \\ & \text{si } \Phi \text{ est } (\forall\boldsymbol{v})(W). \end{cases}$$

La formule Φ est ***satisfaite*** (ou vraie) dans la réalisation $\mathcal{R}$ si, quel que soit le choix de valeurs f pour les variables libres de Φ, la valeur de Φ dans $(\mathcal{R},f)$ est 1 Elle est ***valide*** si elle est satisfaite dans toute réalisation.

Cette définition garantit par exemple que la valeur de la formule

$$(\exists\boldsymbol{x}_1)(\boldsymbol{x}_1+\boldsymbol{0}<(\boldsymbol{x}_1+\boldsymbol{x}_2)+\boldsymbol{0})\wedge\boldsymbol{x}_1=\boldsymbol{x}_1$$

dans la réalisation $(\mathbb{N},0,+,<)$ complétée par le choix de valeurs $\boldsymbol{x}_1\mapsto 0$, $\boldsymbol{x}_2\mapsto 1$ est 1, ce qu'on traduira en disant que la formule ci-dessus est satisfaite dans la réalisation $(\mathbb{N},0,+,<)$ complétée par les valeurs $\boldsymbol{x}_1=0$, $\boldsymbol{x}_2=1$, ou encore, en remplaçant les occurrences libres de variables par la valeur qu'on leur attribue, que la formule

$$(\exists\boldsymbol{x}_1)(\boldsymbol{x}_1+\boldsymbol{0}<(\boldsymbol{x}_1+1)+\boldsymbol{0})\wedge 0=0$$

est satisfaite dans la réalisation $(\mathbb{N},0,+,<)$, ce qui est un abus par rapport à nos conventions puisque la formule écrite mêle éléments syntaxiques (symboles divers) et sémantiques (valeurs données dans une réalisation particulière). Une fois encore ces usages ne sont pas dangereux tant qu'il n'introduisent pas d'ambiguïté, ni, dans l'optique présente, ne modifient la complexité des procédures envisagées. Dans la suite on maintiendra une distinction entre les symboles et leur valeur en réservant aux premiers des caractères gras.

Dans le cas particulier d'une formule dont toutes les variables sont liées (on parle alors de formule *close*), la valeur est définie dans toute réalisation indépendamment de tout choix de valeurs. Notons que, d'une façon générale, la valeur d'une formule ne dépend que des choix des valeurs attribuées aux variables qui y ont au moins une occurrence libre, et est donc indépendante des éventuelles valeurs attribuées aux autres variables.

Dans notre contexte, l'importance des définitions précédentes est de permettre une détermination effective de la valeur dans les cas de réalisations de domaine fini.

Lemme 1.2. *Soit Σ une signature quelconque, et $\mathcal{R}$ une réalisation de domaine fini de Σ. Alors l'application de $FORM_1(\Sigma)$ dans $\{0,1\}$ qui associe à toute formule Φ sa valeur dans $\mathcal{R}$ complétée par un choix de valeurs fini est MT-calculable en temps exponentiel.*

Démonstration. La méthode est la même que pour l'évaluation d'une formule booléenne. Elle consiste à substituer aux variables les valeurs attribuées puis à propager ces valeurs vers la racine de l'arbre. Pour une formule de longueur n, il y aura au plus n étapes de propagation. L'élément nouveau ici est la possibilité des quantifications. Dans le cas d'un domaine fini à d éléments, on évaluera séparément chacune des formules consistant à substituer à la variable quantifiée une des d valeurs possibles. Le nombre de variables quantifiées est certainement majoré par n, et donc le nombre total de choix à envisager par d^n. La coût total de l'évaluation est donc majoré par une expression de l'ordre de n^2d^n. □

Le procédé précédent ne saurait s'étendre au cas des réalisations de domaine infini : on ne peut déterminer la vérité dans $(\mathbb{N},+,\times)$ de la formule

$$(\forall x,y,z)(x^3+y^3\neq z^3)$$

en essayant successivement tous les triplets d'entiers possibles. Les sections suivantes montreront qu'il ne peut exister en fait aucun procédé d'évaluation uniformément valide.

2 Bornes supérieures de complexité

Comme pour le calcul booléen, on se propose de déterminer un encadrement de la complexité du problème de la satisfaisablilité pour les logiques du premier ordre. Nous distinguerons deux notions suivant qu'on se restreint ou non aux réalisations de domaine fini.

Définition. Soit Σ une signature ; $SAT_1(\Sigma)$ est l'ensemble des formules closes Φ de Σ qui sont satisfaisables, c'est-à-dire sont telles qu'il existe au moins une réalisation satisfaisant Φ. De même $SAT_1^{fini}(\Sigma)$ est l'ensemble des formules closes Φ de Σ qui sont *finiment* satisfaisables, c'est-à-dire sont telles qu'il existe au moins une réalisation de domaine fini satisfaisant Φ.

Notons que la restriction au cas des formules closes est inessentielle. Si les variables $v_1, \ldots, v_n$ ont des occurrences libres dans la formule Φ, alors la formule Φ est, en un sens évident, satisfaisable, si et seulement si la formule close $(\exists v_1)\ldots(\exists v_n)(\Phi)$ est satisfaisable.

Nous commencerons par deux résultats positifs, constituant des bornes supérieures de complexité. Le premier est très facile.

Proposition 2.1. *Pour toute signature Σ l'ensemble $SAT_1^{fini}(\Sigma)$ est MT-semi-décidable.*

Démonstration. Dans une formule donnée Φ n'apparaissent qu'un nombre fini de symboles de la signature Σ, et on peut se restreindre aux réalisations de Σ' en notant Σ' la restriction de Σ à cet ensemble fini de symboles. Autrement dit, on peut supposer Σ finie. Si la formule Φ est vraie dans une réalisation $\mathcal{R}$ dont le domaine a d éléments, alors Φ est certainement vraie dans une réalisation $\mathcal{R}'$ dont le domaine est l'intervalle entier $\{1,\ldots,d\}$: il suffit de transporter les opérations et relations de $\mathcal{R}$ sur $\{1,\ldots,d\}$ au moyen d'une bijection quelconque du domaine de $\mathcal{R}$ sur cet intervalle. On peut donc déterminer si la formule Φ est vraie dans une réalisation dont le domaine a d éléments en évaluant Φ successivement dans toutes les réalisations de Σ de domaine $\{1,\ldots,d\}$. Or (Σ étant supposé finie) il n'existe qu'un nombre fini de telles réalisations : il y a d^{d^k} choix pour la valeur de chaque opérateur k-aire, et 2^{d^k} choix pour la valeur de chaque symbole de relation k-aire. Par le lemme 1.1, l'évaluation de Φ dans chacune de ces réalisations est possible algorithmiquement. On obtient un algorithme semi-décidant l'ensemble $SAT_1^{fini}(\Sigma)$ en faisant énumérer successivement pour $d=1$, $d=2$, ... toutes les réalisations de Σ dont le domaine est $\{1,\ldots,d\}$ et en évaluant Φ dans chacune d'elles jusqu'à ce que la valeur « vrai » soit obtenue. □

Comme on l'a déjà remarqué, l'algorithme précédent ne donne aucune indication pour l'ensemble $SAT_1(\Sigma)$. Dans le cas de cet ensemble, une borne supérieure va venir d'une tout autre approche prenant son origine dans la notion de *preuve*.

Bien qu'on ait remarqué que la méthode d'évaluation directe d'une formule par application de la définition inductive de la vérité ne peut être appliquée dans le cas de réalisations de domaine infini (dès qu'une quantification intervient), on sait établir que certaines formules sont vraies dans certaines réalisations. Par exemple on sait que la formule

$$(\forall x_0)(\exists x_1, x_2, x_3, x_4)(x_0 = x_1^2 + x_2^2 + x_3^2 + x_4^2)$$

est vraie dans la réalisation de domaine $\mathbb{N}$ où $+$ désigne l'addition et ^{2} le carré usuels. Cette connaissance provient d'une preuve de la formule ci-dessus à partir d'autres formules dont on sait qu'elles sont vraies dans la réalisation ci-dessus, par exemple les axiomes de Peano.

Il existe des arguments de preuve variés (calcul explicite, preuve par l'absurde, récurrence...) Pour dégager un cadre formalisable, on peut toujours considérer une preuve comme une suite (finie) de formules Φ_1, Φ_2, ... qui ont la propriété que ou bien Φ_i est une des hypothèses ou axiomes admis au départ, ou bien Φ_i s'obtient « par dérivation » (ou déduction, ou inférence) à partir de formules Φ_j avec $j < i$. Une règle de dérivation apparaît alors comme une fonction qui, à un certain nombre (fini) de formules associe une nouvelle formule. Toutes les fois qu'on a défini une logique, c'est à dire un ensemble *FORM* de mots appelés formules, une règle de dérivation apparaît comme une fonction (partielle) du type

$$FORM^k \longrightarrow FORM,$$

et, en particulier, la notion de règle de dérivation MT-calculable est automatiquement définie.

Bien sûr, on cherche à se restreindre à des règles compatibles avec la sémantique de la logique concernée. Afin de pouvoir affirmer que tout ce qui dérivable à partir de formules vraies est encore vrai, on est conduit à poser la définition suivante :

Définition. Supposons que $\mathcal{L}$ est une logique quelconque, et que $FORM_{\mathcal{L}}$ est l'ensemble de formules de $\mathcal{L}$. Une ***règle de dérivation*** (k-aire) pour $\mathcal{L}$ est une application δ de $(FORM_{\mathcal{L}})^k$ dans $FORM_{\mathcal{L}}$ telle qu'une réalisation quelconque $\mathcal{R}$ de $\mathcal{L}$ satisfait la formule $\delta(\Phi_1, \ldots, \Phi_k)$ dès qu'elle satisfait les formules Φ_1, ..., Φ_k.

Exemple. On appelle *coupure* la fonction partielle δ de $FORM_0^2$ dans $FORM_0$ définie par

$$\delta(\Phi, \Psi) = \Upsilon \text{ si } \Psi \text{ est } (\Phi) \Rightarrow (\Upsilon).$$

Alors la coupure est une règle de dérivation pour le calcul booléen, tout comme pour les logiques du premier ordre : en effet si les formules $(\Phi) \Rightarrow (\Upsilon)$ et Φ sont vraies dans une réalisation $\mathcal{R}$, il en est certainement de même de la formule Υ. Notons que la règle de coupure est MT-calculable, de surcroît en temps linéaire. Pour l'appliquer à un couple de formules (Φ, Ψ), il suffit de lire Ψ et de comparer avec le mot $(\Phi) \Rightarrow$: si ce mot est un préfixe de W, alors $\delta(\Phi, \Psi)$ est défini si la partie de Ψ qui suit $(\Phi) \Rightarrow$ est du type (Υ)) où Θ est une formule, auquel cas Υ est le résultat.

Définition. On suppose que Δ est un ensemble de règles de dérivation pour une logique $\mathcal{L}$, et Θ un ensemble quelconque de formules de $\mathcal{L}$.

i) Une ***dérivation par*** Δ (dans $\mathcal{L}$) à partir de l'ensemble de formules Θ est une suite finie $(\Phi_1, \ldots, \Phi_N)$ de formules de $\mathcal{L}$ telle que, pour tout $i \leq N$, ou bien Φ_i est un élément de Θ, ou bien il existe une règle δ dans Δ et des entiers i_1, ..., i_k inférieurs strictement à i tels que Φ_i est $\delta(\Phi_{i_1}, \ldots, \Phi_{i_k})$.

ii) La formule Φ est ***dérivable*** par Δ à partir de Θ s'il existe une dérivation par Δ à partir de Θ dans laquelle figure Φ. La formule Φ est ***réfutable*** par Δ à partir de Θ s'il existe une dérivation par Δ à partir de $\Theta \cup \{\Phi\}$ dans laquelle figure une formule du type $\Psi \wedge \neg\Psi$.

(La définition de réfutabilité ne vaut que pour des logiques où conjonction et négation sont définies, ce qui est bien sûr le cas des logiques considérées ici.)

Exemple. La suite

$(\boldsymbol{x}_0 \Rightarrow (\boldsymbol{x}_1 \Rightarrow \boldsymbol{x}_2)) \Rightarrow ((\boldsymbol{x}_0 \Rightarrow \boldsymbol{x}_1) \Rightarrow (\boldsymbol{x}_0 \Rightarrow \boldsymbol{x}_2))$

$\boldsymbol{x}_0$

$\boldsymbol{x}_0 \Rightarrow \boldsymbol{x}_1$

$\boldsymbol{x}_0 \Rightarrow (\boldsymbol{x}_1 \Rightarrow \boldsymbol{x}_2)$

$(\boldsymbol{x}_0 \Rightarrow \boldsymbol{x}_1) \Rightarrow (\boldsymbol{x}_0 \Rightarrow \boldsymbol{x}_2)$

$\boldsymbol{x}_0 \Rightarrow \boldsymbol{x}_2$

$\boldsymbol{x}_2$

est une dérivation par coupure de $\boldsymbol{x}_2$ à partir des formules booléennes $(\boldsymbol{x}_0 \Rightarrow (\boldsymbol{x}_1 \Rightarrow \boldsymbol{x}_2)) \Rightarrow ((\boldsymbol{x}_0 \Rightarrow \boldsymbol{x}_1) \Rightarrow (\boldsymbol{x}_0 \Rightarrow \boldsymbol{x}_2))$, $\boldsymbol{x}_0$, $\boldsymbol{x}_0 \Rightarrow \boldsymbol{x}_1$ et $\boldsymbol{x}_0 \Rightarrow (\boldsymbol{x}_1 \Rightarrow \boldsymbol{x}_2)$.

Lemme 2.2. *Si $\mathcal{R}$ est une réalisation satisfaisant chaque formule dans l'ensemble Θ, et si Δ est un ensemble de règles de dérivation, $\mathcal{R}$ satisfait toute formule qui est dérivable par Δ à partir de Θ, et ne satisfait aucune formule qui soit réfutable par Δ à partir de Θ*

Démonstration. On montre par induction sur la longueur d'une dérivation que toute formule apparaissant dans une dérivation à partir de Θ est satisfaite dans $\mathcal{R}$. Par ailleurs, une formule du type $\Psi \wedge \neg\Psi$ ne peut jamais être satisfaite – dès lors que $\wedge$ et $\neg$ reçoivent l'interprétation « standard ». □

Définition. Un ensemble de règles de dérivation Δ est MT-calculable si, pour tout entier k l'ensemble

$$\{(\Phi_1,\ldots,\Phi_k,\Phi); (\exists\delta \in \Delta)(\Phi = \delta(\Phi_1,\ldots,\Phi_k))\}$$

est MT-semi-décidable.

Si l'ensemble de règles de dérivation Δ est fini, il est MT-calculable dès que chacune des règles le composant est MT-calculable. Par contre la condition peut ne plus être suffisante pour un ensemble infini.

Lemme 2.3. *Supposons que Δ est un ensemble de règles de dérivation MT-calculable pour une logique quelconque $\mathcal{L}$, et que Θ est un ensemble MT-semi-décidable de formules de $\mathcal{L}$. Alors l'ensemble des formules de $\mathcal{L}$ qui sont dérivables par Δ à partir de Θ est MT-semi-décidable, de même que l'ensemble des formules qui sont réfutables par Δ à partir de Θ.*

Démonstration. L'ensemble des dérivations par Δ à partir de Θ est un ensemble MT-semi-décidable. En effet partant d'une suite finie de formules $\Phi_1, \ldots, \Phi_N$, on teste pour chaque i (simultanément, c'est-à-dire successivement en simulant un nombre croissant d'étapes comme au chapitre 6) l'appartenance de Φ_i à Δ et, pour chaque sous-ensemble $\{i_1,\ldots,i_k\}$ de l'intervalle $\{1,\ldots,i-1\}$ la propriété que Φ_i est l'image de $(\Phi_{i_1},\ldots,\Phi_{i_p})$ par l'une des règles de Δ. Si $(\Phi_1,\ldots,\Phi_N)$ est une Δ-dérivation à partir de Θ, l'algorithme précédent l'établit après un nombre fini d'étapes. Par contre, si ce n'est pas le cas, l'algorithme ne se termine pas. On conclut par la proposition 6.1.1 puisque l'ensemble des formules dérivables par Δ à partir de Θ est (à une écriture près) la projection de l'ensemble des dérivations par Δ à partir de Θ. L'argument est similaire dans le cas de la réfutabilité ; il suffit d'énumérer toutes les dérivations par Δ à partir de $\Theta \cup \{\Phi\}$. □

On revient alors au problème de la satisfaisabilité pour les logiques du premier ordre. Par le lemme 2.2, si Θ est un ensemble de formules valides de $FORM_1(\Sigma)$, aucune formule réfutable par coupure à partir de Θ ne peut être satisfaisable, et donc une formule satisfaisable ne peut être réfutable par coupure à partir de Θ. Un des résultats majeurs de la logique mathématique est une réciproque de la propriété précédente.

Théorème 2.4. (complétude des logiques du premier ordre, forme négative) *Soit Σ une signature quelconque. Il existe un ensemble MT-décidable de formules en Σ, soit $AX(\Sigma)$, tel que, pour toute formule (close) du premier ordre Φ, il y a équivalence entre*

i) la formule Φ est satisfaisable ;

ii) la formule Φ n'est pas réfutable par coupure à partir de $AX(\Sigma)$.

Pour une preuve de ce résultat (qui relève de la logique et non de la théorie de la complexité), on renvoie aux traités classiques, par exemple (Kreisel & Krivine 1967) ou (Enderton 1972). On se bornera ici à expliciter un des choix possibles pour l'ensemble $AX(\Sigma)$ convenant, ce qui permettra d'en vérifier le caractère MT-calculable. L'ensemble comprend plusieurs familles de formules :

i) toutes les formules obtenues à partir de formules valides du calcul booléen en substituant aux variables n'importe quelles formules en Σ ;

ii) toutes les formules de la forme

$$(\forall \boldsymbol{v})(\Phi \Rightarrow \Psi) \Rightarrow (\Phi \Rightarrow (\forall \boldsymbol{v})(\Psi))$$

où $\boldsymbol{v}$ est une variable sans occurrence libre dans Φ ;

iii) toutes les formules de la forme

$$(\forall \boldsymbol{v})(\Phi) \Rightarrow (\Psi)$$

où Ψ est obtenue à partir de Φ en substituant à chaque occurrence de $\boldsymbol{v}$ un terme fixé t tel que toutes les occurrences de variables de t provenant de ces substitutions soient libres ;

iv) toutes les formules

$$(\exists \boldsymbol{v})(\Phi) \Leftrightarrow \neg(\forall \boldsymbol{v})(\neg\Phi);$$

v) toutes les formules

$$\boldsymbol{v} = \boldsymbol{v}$$

pour $\boldsymbol{v}$ variable ;

vi) toutes les formules

$$v' = v" \Longrightarrow (\Phi' \Leftrightarrow \Phi")$$

où Φ' et $\Phi"$ sont obtenues à partir d'une formule Φ en y substituant partout à une variable v respectivement la variable v' et la variable $v"$, dans le cas où toutes les occurrences de v' et $v"$ issues de ces substitutions sont libres ;

vii) toutes les formules

$$\Phi \Rightarrow (\forall v)(\Phi).$$

Il doit être clair que, quelle que soit la signature Σ, l'ensemble de formules $AX(\Sigma)$ est un ensemble MT-décidable.

Le théorème de complétude ramène la satisfaisabilité, qui est une propriété sémantique mettant en jeu la famille (infinie) de toutes les réalisations possibles, à la non-réfutabilité, qui est une propriété purement syntaxique. Il exprime que, d'une certaine façon, les seules formules non satisfaisables sont celles qui contiennent déjà écrites en elles de façon implicite une contradiction. Le terme de « complétude » est utilisé ici pour exprimer que le critère de non-satisfaisabilité constitué par la réfutabilité est complet au sens où il s'applique à *toute* formule.

Pour mémoire, on peut énoncer une forme duale du théoème concernant les formules valides. On remarquera que, du point de vue sémantique, satisfaisabilité et validité sont intimement liées puisqu'une formule Φ est satisfaisable si et seulement si la formule $\neg\Phi$ n'est pas valide.

Théorème 2.5. (complétude des logiques du premier ordre, forme positive) *Pour toute formule du premier ordre Φ en Σ, il y a équivalence entre*

i) la formule Φ est valide,

ii) la formule Φ est dérivable par coupure à partir de $AX(\Sigma)$.

Pour ce qui nous concerne ici, on tire du théorème de complétude le corollaire suivant.

Proposition 2.6. *Soit Σ une signature quelconque. Alors le complémentaire (dans $FORM_1(\Sigma)$) de l'ensemble $SAT_1(\Sigma)$ est un ensemble MT-semi-décidable.*

Démonstration. Immédiat à partir du lemme 2.3 puisque la règle de coupure est MT-calculable et que l'ensemble $AX(\Sigma)$ est MT-décidable. □

Sous la forme duale, la proposition précédente affirme que l'ensemble des formules valides est MT-semi-décidable.

3 Bornes inférieures de complexité

Les deux résultats de la section précédente sont des résultats positifs : ils affirment l'existence d'algorithmes et donnent donc des bornes supérieures de complexité. On va maintenant établir deux résultats négatifs, constituant des bornes inférieures. Nous procéderons en plusieurs étapes. La première (qui est aussi la principale) fournit un premier résultat d'indécidabilité qui sera ensuite affiné.

Proposition 3.1. *Supposons qu'il existe une machine de Turing spéciale à d états, dont le problème d'arrêt est MT-indécidable. Si la signature Σ contient au moins d noms et cinq symboles de relation binaires, l'ensemble $SAT_1^{fini}(\Sigma)$ n'est pas MT-décidable.*

Démonstration. L'idée est la même que pour la $\boldsymbol{NP}$-complétude de SAT_0. On part cette fois d'une machine de Turing spéciale $\boldsymbol{M}$ et on construit une réduction MT-calculable du problème de l'arrêt de $\boldsymbol{M}$, c'est-à-dire de l'ensemble des mots 1^n tels que le calcul de $\boldsymbol{M}$ à partir de 1^n s'arrête en un nombre fini d'étapes, dans l'ensemble $SAT_1^{fini}(\Sigma)$. Par le théorème 5.1.4, on sait qu'il existe une telle machine dont le problème de l'arrêt est MT-indécidable, et donc on peut conclure que l'ensemble $SAT_1^{fini}(\Sigma)$ est lui aussi MT-indécidable.

A tout calcul $\vec{c}$ de $\boldsymbol{M}$ on va associer une réalisation $\mathcal{R}(\vec{c})$ d'une certaine signature qui décrit le calcul $\vec{c}$. Ici le domaine de la réalisation $\mathcal{R}(\vec{c})$ sera un intervalle entier de même longueur (finie ou infinie) que le calcul $\vec{c}$. Et (dans une démarche parallèle à celle de la preuve du théorème de Cook) on va montrer qu'il existe une formule $\Phi(w)$ telle qu'une réalisation dans laquelle $\Phi(w)$ est vraie doit coder un calcul acceptant de $\boldsymbol{M}$ à partir de w. Alors dire que $\Phi(w)$ est finiment satisfaisable signifie qu'il existe un calcul de $\boldsymbol{M}$ à partir de w qui se termine en un nombre fini d'étapes (le cardinal du domaine de la réalisation satisfaisant $\Phi(w)$), et Φ constitue une réduction MT-calculable du problème de l'arrêt de $\boldsymbol{M}$ dans le problème de décision de $SAT_1^{fini}(\Sigma)$: de l'indécidabilité du premier on déduit celle du second.

On suppose que l'ensemble d'états de $\boldsymbol{M}$ est $\{0,\ldots,d-1\}$, avec 0 initial, et d acceptant. On ne s'intéresse qu'aux calculs de $\boldsymbol{M}$ dont la longueur est au moins d. Comme il est immédiat de décider si le calcul de la machine $\boldsymbol{M}$ à partir d'une entrée w s'arrête en au plus d étapes, l'ensemble des mots w tels que le calcul de $\boldsymbol{M}$ à partir de w s'arrête en un nombre fini d'étapes au moins égal à d est MT-indécidable.

La première étape est de définir, pour tout calcul $\vec{c}$ de longueur supérieure à d, la réalisation $\mathcal{R}(\vec{c})$ qui le code. Supposons que $\vec{c}$ est la suite des configurations

$$(f_0, p_0, q_0), (f_1, p_1, q_1), \ldots$$

Le domaine de $\mathcal{R}(\vec{c})$ est l'intervalle $\{0,\ldots,t\}$ si $\vec{c}$ a $t+1$ éléments, et $\mathbb{N}$ si $\vec{c}$ est une suite infinie. Les symboles de Σ sont d noms $\boldsymbol{0}$, ..., $\boldsymbol{d}$ et cinq symboles de relation binaires, à savoir $<$ et $\blacktriangleleft$ (qui seront utilisés en notation infixe), et $\boldsymbol{E}$, $\boldsymbol{C}$, $\boldsymbol{P}$ (qui seront notés en notation préfixe usuelle). Les valeurs données à ces symboles dans la réalisation $\mathcal{R}(\vec{c})$ sont les suivantes :

- on interprète le nom $\boldsymbol{i}$ comme l'entier i ;

on interprète $<$ comme l'ordre usuel des entiers ;

on interprète $\blacktriangleleft$ comme la relation $\triangleleft$ de successeur immédiat relativement à l'ordre précédent : $i \triangleleft j$ est vrai si et seulement si j est $i+1$;

$\boldsymbol{E}(i,k)$ est vrai si q_i est k (*i.e.* si l'état dans la i-ème configuration est k) ;

$\boldsymbol{C}(i,k)$ est vrai si $f_i(k)$ est 1 (*i.e.* si le caractère de la case k dans la i-ème configuration est 1);

- $\boldsymbol{P}(i,k)$ est vrai si $p_i = k$ (*i.e.* si la case accessible dans la i-ème configuration est k).

Il s'agit alors d'écrire une formule de Σ qui soit vraie dans la réalisation $\mathcal{R}(\vec{c})$ et qui caractérise celle-ci au sens où, inversement, toute réalisation de Σ qui satisfait à cette formule est isomorphe à $\mathcal{R}(\vec{c})$, ou, tout au moins, inclut une sous-réalisation isomorphe à $\mathcal{R}(\vec{c})$. La formule cherchée est construite comme la conjonction de plusieurs formules exprimant chacune une partie des contraintes à respecter pour coder le calcul acceptant de $\boldsymbol{M}$ à partir de w.

D'abord l'interprétation de $<$ doit être un ordre total strict, possèdant un plus petit élément qui est l'interprétation de $\mathbf{0}$, et un plus grand élément si et seulement si l'état terminal d est atteint. C'est ce qu'exprime la formule Ψ suivante :

$$\begin{aligned}&(\forall \boldsymbol{x}_1, \boldsymbol{x}_2, \boldsymbol{x}_3)\\ &\quad(\neg \boldsymbol{x}_1 < \boldsymbol{x}_1\\ &\quad\wedge\neg(\boldsymbol{x}_1 < \boldsymbol{x}_2 \wedge \boldsymbol{x}_2 < \boldsymbol{x}_1)\\ &\quad\wedge((\boldsymbol{x}_1 < \boldsymbol{x}_2 \wedge \boldsymbol{x}_2 < \boldsymbol{x}_3) \Rightarrow \boldsymbol{x}_1 < \boldsymbol{x}_3)\\ &\quad\wedge(\boldsymbol{x}_1 < \boldsymbol{x}_2 \vee \boldsymbol{x}_2 < \boldsymbol{x}_1 \vee \boldsymbol{x}_1 = \boldsymbol{x}_2)\\ &\quad\wedge(\forall \boldsymbol{x}_4)(\mathbf{0} < \boldsymbol{x}_4 \vee \mathbf{0} = \boldsymbol{x}_4)\\ &\quad\wedge(\forall \boldsymbol{x}_4)((\forall \boldsymbol{x}_5)(\boldsymbol{x}_5 < \boldsymbol{x}_4 \vee \boldsymbol{x}_4 = \boldsymbol{x}_5) \Leftrightarrow \boldsymbol{E}(\boldsymbol{x}_4, \boldsymbol{d}))\end{aligned}$$

Ensuite (l'interprétation de) $\triangleleft$ est la relation de successeur immédiat relative à (l'interprétation de) $<$. Le successeur immédiat existe pour tout élément sauf le plus grand. De même chaque élément qui n'est pas le plus petit est le successeur immédiat d'un unique élément. En outre les (interprétations) de $\mathbf{0}, \ldots, \boldsymbol{d}$ sont des éléments successifs pour $\triangleleft$. C'est ce qu'exprime la formule Ψ' suivante :

$$\begin{aligned}&(\forall \boldsymbol{x}_1, \boldsymbol{x}_2)\\ &\quad(\boldsymbol{x}_1 \triangleleft \boldsymbol{x}_2 \Leftrightarrow (\boldsymbol{x}_1 < \boldsymbol{x}_2 \wedge (\forall \boldsymbol{x}_3)(\boldsymbol{x}_1 < \boldsymbol{x}_3 \Rightarrow (\boldsymbol{x}_2 < \boldsymbol{x}_3 \vee \boldsymbol{x}_2 = \boldsymbol{x}_3))\\ &\quad\wedge(\exists \boldsymbol{x}_3)(\boldsymbol{x}_1 < \boldsymbol{x}_3) \Rightarrow (\exists \boldsymbol{x}_3)(\boldsymbol{x}_1 \triangleleft \boldsymbol{x}_3)\\ &\quad\wedge(\exists \boldsymbol{x}_3)(\boldsymbol{x}_3 < \boldsymbol{x}_1) \Rightarrow (\exists \boldsymbol{x}_3)(\boldsymbol{x}_3 \triangleleft \boldsymbol{x}_1)\\ &\quad\wedge \mathbf{0} \triangleleft \mathbf{1} \wedge \ldots \wedge \boldsymbol{d\text{-}1} \triangleleft \boldsymbol{d}.\end{aligned}$$

Le fait que chaque configuration comporte exactement un état (compris entre $\mathbf{0}$ et $\boldsymbol{d}$) est exprimé par la formule Ψ'' :

$$\begin{aligned}&(\forall \boldsymbol{x}_1)(\boldsymbol{E}(\boldsymbol{x}_1, \mathbf{0}) \vee \ldots \vee \boldsymbol{E}(\boldsymbol{x}_1, \boldsymbol{d})\\ &\quad\wedge(\forall \boldsymbol{x}_2, \boldsymbol{x}_3)((\boldsymbol{E}(\boldsymbol{x}_1, \boldsymbol{x}_2) \wedge \boldsymbol{E}(\boldsymbol{x}_1, \boldsymbol{x}_3)) \Rightarrow \boldsymbol{x}_3 = \boldsymbol{x}_2)).\end{aligned}$$

Par le choix de l'alphabet, il n'y a pas de restriction sur la distribution des caractères, donc pas de contrainte générale sur la relation $\boldsymbol{C}$. Par contre, on exprime qu'une seule case est accessible dans chaque configuration par la formule Ψ''' :

$$\begin{aligned}&(\forall \boldsymbol{x}_1, \boldsymbol{x}_2, \boldsymbol{x}_3)\\ &\quad((\boldsymbol{P}(\boldsymbol{x}_1, \boldsymbol{x}_2) \wedge \boldsymbol{P}(\boldsymbol{x}_1, \boldsymbol{x}_3)) \Rightarrow \boldsymbol{x}_3 = \boldsymbol{x}_2)).\end{aligned}$$

A ce point, toute réalisation $\mathcal{R}$ satisfaisant aux formules Ψ, Ψ', Ψ'' et Ψ''' code une suite (finie ou infinie) de configurations de machines de Turing. Le fait que la première de ces configurations est la configuration initiale associée au mot 1^n est exprimé par la formule $\Phi'(n)$ suivante :

$$\begin{aligned}&\boldsymbol{E}(0,0) \wedge \boldsymbol{P}(0,1) \wedge \boldsymbol{C}(0,1)\\ &\quad \wedge(\exists \boldsymbol{x}_1)\ldots(\exists \boldsymbol{x}_n)(0 \lessdot \boldsymbol{x}_1 \wedge \ldots \wedge \boldsymbol{x}_{n-1} \lessdot \boldsymbol{x}_n\\ &\qquad \wedge \boldsymbol{C}(0,\boldsymbol{x}_1) \wedge \ldots \wedge \boldsymbol{C}(0,\boldsymbol{x}_n)\\ &\qquad \wedge(\forall \boldsymbol{x}_{n+1})(\boldsymbol{x}_n < \boldsymbol{x}_{n+1} \Rightarrow \neg \boldsymbol{C}(0,\boldsymbol{x}_{n+1})).\end{aligned}$$

Noter qu'il est impossible de quantifier par rapport à la quantité n : pour chaque valeur de n la formule $\Phi'(n)$ diffère des formules $\Phi'(m)$ pour m distinct de n. Soit q un état queconque, et supposons que la valeur de $\boldsymbol{M}$ en $(q,1)$ est le triplet $(1,1,q')$. Le fait que la configuration de rang $\boldsymbol{x}_2$ soit dérivable à partir de la configuration de rang $\boldsymbol{x}_1$ par application de l'instruction $(q,1,1,1,q')$ est exprimé par la formule $\Upsilon_{q,1,1,1,q'}$ suivante :

$$\begin{aligned}&\boldsymbol{E}(\boldsymbol{x}_1,\boldsymbol{q})\\ &\quad \wedge(\exists \boldsymbol{x}_3)((\boldsymbol{P}(\boldsymbol{x}_1,\boldsymbol{x}_3) \wedge \boldsymbol{C}(\boldsymbol{x}_1,\boldsymbol{x}_3)\\ &\qquad \wedge \boldsymbol{C}(\boldsymbol{x}_2,\boldsymbol{x}_3) \wedge (\forall \boldsymbol{x}_4)(\boldsymbol{x}_4 \neq \boldsymbol{x}_3 \Rightarrow (\boldsymbol{C}(\boldsymbol{x}_1,\boldsymbol{x}_4) \Leftrightarrow \boldsymbol{C}(\boldsymbol{x}_2,\boldsymbol{x}_4)))\\ &\qquad \wedge(\exists \boldsymbol{x}_5)(\boldsymbol{x}_3 \lessdot \boldsymbol{x}_5 \wedge \boldsymbol{P}(\boldsymbol{x}_2,\boldsymbol{x}_5)))\\ &\quad \wedge \boldsymbol{E}(\boldsymbol{x}_2,\boldsymbol{q}')\end{aligned}$$

Pour les autres combinaisons de caractères et de déplacements (huit en tout) on écrira des formules similaires. Par exemple la formule $\Upsilon_{q,1,\Box,-1,q'}$ est

$$\begin{aligned}&\boldsymbol{E}(\boldsymbol{x}_1,\boldsymbol{q})\\ &\quad \wedge(\exists \boldsymbol{x}_3)((\boldsymbol{P}(\boldsymbol{x}_1,\boldsymbol{x}_3) \wedge \boldsymbol{C}(\boldsymbol{x}_1,\boldsymbol{x}_3)\\ &\qquad \wedge\neg \boldsymbol{C}(\boldsymbol{x}_2,\boldsymbol{x}_3) \wedge (\forall \boldsymbol{x}_4)(\boldsymbol{x}_4 \neq \boldsymbol{x}_3 \Rightarrow (\boldsymbol{C}(\boldsymbol{x}_1,\boldsymbol{x}_4) \Leftrightarrow \boldsymbol{C}(\boldsymbol{x}_2,\boldsymbol{x}_4)))\\ &\qquad \wedge(\exists \boldsymbol{x}_5)(\boldsymbol{x}_5 \lessdot \boldsymbol{x}_3 \wedge \boldsymbol{P}(\boldsymbol{x}_2,\boldsymbol{x}_5)))\\ &\quad \wedge \boldsymbol{E}(\boldsymbol{x}_2,\boldsymbol{q}')\end{aligned}$$

Le fait que chaque configuration doit être dérivable par la machine $\boldsymbol{M}$ à partir de la précédente est exprimé par la formule Υ suivante

$$(\forall \boldsymbol{x}_1,\boldsymbol{x}_2)(\boldsymbol{x}_1 \lessdot \boldsymbol{x}_2 \Rightarrow (\Upsilon_{q_1,s_1,s'_1,d'_1,q'_1} \vee \ldots \vee \Upsilon_{q_k,s_k,s'_k,d'_k,q'_k})$$

où (s_1,q_1,s'_1,d'_1,q'_1), …, (s_k,q_k,s'_k,d'_k,q'_k) est une énumération des instructions de la machine $\boldsymbol{M}$.

Finalement, le fait qu'il existe une dernière configuration et que celle-ci soit acceptante est exprimé par la formule Υ' suivante :

$$(\exists \boldsymbol{x}_1)(\boldsymbol{E}(\boldsymbol{x}_1,\boldsymbol{d})).$$

Soit $\Phi(n)$ la conjonction des formules Ψ, Ψ', Ψ'', Ψ''', $\Phi'(n)$, Υ et Υ'. Si $\vec{c}$ est le calcul de la machine $\boldsymbol{M}$ à partir du mot 1^n, et si ce calcul est fini, la réalisation $\mathcal{R}(\vec{c})$ satisfait certainement la formule $\Phi(n)$. Inversement si cette formule est satisfaite dans une réalisation $\mathcal{R}$, alors le domaine de celle-ci est nécessairement un ensemble fini (car c'est un ensemble totalement ordonné avec plus petit et plus grand élément dans lequel tout élément admet un plus petit successeur) et on a tout fait pour que $\mathcal{R}$ code le calcul de $\boldsymbol{M}$ à partir de 1^n, c'est-à-dire soit isomorphe à $\mathcal{R}(\vec{c})$. Donc le domaine de $\mathcal{R}(\vec{c})$ est lui aussi fini, ce qui signifie que le calcul de $\boldsymbol{M}$ à partir de 1^n s'arrête en un nombre fini d'étapes. On a donc bien ainsi obtenu une réduction du problème de l'arrêt de $\boldsymbol{M}$ dans l'ensemble $SAT_1^{fini}(\Sigma)$. Il est clair que cette réduction est MT-calculable, puisque la formule $\Phi(n)$ a été explicitement écrite ci-dessus, et qu'en particulier sa dépendance par rapport au paramètre n est linéaire. □

On obtient un résultat analogue pour la satisfaisabilité en général.

Proposition 3.2. *Supposons qu'il existe une machine de Turing spéciale à d états, dont le problème d'arrêt est MT-indécidable. Si la signature Σ contient au moins d noms et cinq symboles de relation binaires, l'ensemble $SAT_1(\Sigma)$ n'est pas MT-décidable.*

Démonstration. Dans la preuve précédente, on a associé à tout mot 1^n sur l'alphabet $\{1\}$ une formule $\Phi(n)$ telle qu'il y a équivalence entre

- la machine $\boldsymbol{M}$ s'arrête en un nombre fini d'étapes à partir du mot 1^n,
- la formule $\Phi(n)$ est finiment satisfaisable.

Par construction, toute réalisation satisfaisant à la formule $\Phi(n)$ doit avoir un domaine fini : il y a donc équivalence entre le fait que $\Phi(n)$ soit finiment satisfaisable et le fait qu'elle soit satisfaisable en général. La réduction Φ est donc tout autant une réduction du problème de l'arrête de $\boldsymbol{M}$ dans l'ensemble $SAT(\Sigma)$, ce qui implique à nouveau que ce dernier ensemble est MT-indécidable. □

Les ensembles $SAT_1^{fini}(\Sigma)$ et $FORM_1(\Sigma) \setminus SAT_1(\Sigma)$ sont des ensembles MT-semi-décidables disjoints, et on vient de voir que (moyennant des hypothèses sur la signature Σ), ils ne sont pas MT-décidables. On peut montrer un résultat plus fort.

Proposition 3.3. *Sous les hypothèses précédentes, il ne peut pas exister deux ensembles MT-décidables disjoints X et Y tels que $SAT_1^{fini}(\Sigma)$ soit inclus dans X et $FORM_1(\Sigma) \setminus SAT_1(\Sigma)$ soit inclus dans Y.*

Démonstration. Soit X un ensemble inclus dans $SAT_1(\Sigma)$ et incluant $SAT_1^{fini}(\Sigma)$. L'argument de la démonstration précédente reste valable pour X : la formule $\Phi(n)$ appartient à X si et seulement si elle est finiment satisfaisable. Donc X ne peut être que MT-indécidable. □

Il reste à améliorer les résultats précédents en simplifiant autant que possible la signature utilisée. On procédera en deux étapes, en éliminant d'abord les symboles de constante, puis en se ramenant au cas d'un unique symbole de relation binaire.

Lemme 3.4. *Supposons que la signature Σ' est obtenue à partir de la signature Σ par adjonction d'un nom supplémentaire. Alors il existe une réduction MT-calculable de $SAT_1^{fini}(\Sigma')$ à $SAT_1^{fini}(\Sigma)$, et de $SAT(\Sigma')$ à $SAT(\Sigma)$.*

Démonstration. Supposons que $\boldsymbol{s}$ est le nom appartenant à Σ' et pas à Σ. Soit Φ une formule quelconque en Σ'. On définit la formule $F(\Phi)$ comme $(\exists \boldsymbol{x}_n)(\Phi')$ où $\boldsymbol{x}_n$ est une variable n'apparaissant pas dans Φ et Φ' est obtenue à partir de Φ en remplaçant chaque occurrence de $\boldsymbol{s}$ par $\boldsymbol{x}_n$. La correspondance de Φ à $F(\Phi)$ est clairement MT-calculable. Si $\mathcal{R}'$ est une réalisation de Σ' qui satisfait Φ, alors $\mathcal{R}'$ satisfait automatiquement à $F(\Phi)$: il suffit de choisir comme valeur pour la variable « $\boldsymbol{x}_n$ » qui a été rajoutée la valeur donnée dans $\mathcal{R}'$ au nom $\boldsymbol{s}$. Inversement si $\mathcal{R}$ est une réalisation de Σ qui satisfait la formule $F(\Phi)$, on définit une réalisation $\mathcal{R}'$ de Σ' en adjoignant à $\mathcal{R}$ une valeur pour le nom supplémentaire $\boldsymbol{s}$, et on choisit comme valeur un élément a du domaine de $\mathcal{R}$ qui satisfait la formule Φ' obtenue à partir de Φ en remplaçant $\boldsymbol{s}$ par $\boldsymbol{x}_n$: par hypothèse $\Phi'(a)$ est vraie dans $\mathcal{R}$, et donc Φ est vraie dans $\mathcal{R}'$. Comme on n'a pas altéré le domaine de la réalisation, l'application F est à la fois une réduction de $SAT_1^{fini}(\Sigma')$ à $SAT_1^{fini}(\Sigma)$ et de $SAT(\Sigma')$ à $SAT(\Sigma)$. □

La réduction de cinq symboles de relation à un seul est plus délicate. On va expliciter ci-dessous le passage de deux symboles de relation à un seul. Il sera facile d'étendre le résultat au cas de cinq symboles (ou d'un nombre quelconque)

Lemme 3.5. *Supposons que Σ' est la signature composée de deux symboles de relation binaire $\boldsymbol{R}_1$ et $\boldsymbol{R}_2$, et Σ la signature composée d'un seul symbole de relation binaire $\boldsymbol{R}$. Il existe une réduction MT-calculable de $SAT_1^{fini}(\Sigma')$ à $SAT_1^{fini}(\Sigma)$, et de $SAT(\Sigma')$ à $SAT(\Sigma)$.*

Démonstration. A toute réalisation $\mathcal{R}'$ de Σ' on associe une réalisation $\widehat{\mathcal{R}}'$ de Σ. L'idée est de démultiplier chaque élément x du domaine de $\mathcal{R}'$ en deux éléments x_1, x_2 du domaine de $\widehat{\mathcal{R}}'$. Comme il s'agit de remplacer les deux relations $\boldsymbol{R}_1$ et $\boldsymbol{R}_2$ par une seule, on remplacera $\boldsymbol{R}_1(x,y)$ par $\boldsymbol{R}(x_1,y_1)$ et $\boldsymbol{R}_2(x,y)$ par $\boldsymbol{R}(x_2,y_2)$. Pour que le passage ait les qualités d'injectivité requises, il est nécessaire de pouvoir reconnaître dans la nouvelle réalisation les éléments qui sont des « premières composantes » et ceux qui sont des « secondes composantes », et aussi de pouvoir apparier les première et seconde composantes issues d'un même élément. Pour cela, on ne peut qu'utiliser la relation $\boldsymbol{R}$ elle-même. Une solution classique consiste à distinguer des éléments en leur attachant des motifs caractéristiques définis en terme de la relation $\boldsymbol{R}$. Finalement on associera non pas deux, mais trois éléments du domaine de $\widehat{\mathcal{R}}'$ à chaque élément du domaine de $\mathcal{R}$, l'élément supplémentaire servant à repérer de façon convenable les deux éléments x_1 et x_2 envisagés antérieurement. Supposons donc que le domaine de $\mathcal{R}'$ est D', et soient R_1 et R_2 les interprétations de $\boldsymbol{R}_1$ et $\boldsymbol{R}_2$ dans $\mathcal{R}'$. Le domaine de $\widehat{\mathcal{R}}'$ est l'ensemble $D' \times \{0,1,2\}$, et l'interprétation du symbole $\boldsymbol{R}$ dans $\widehat{\mathcal{R}}'$ est l'ensemble des couples suivants :

- tous les couples $((x,i),(x,i+1))$ pour x dans D et i dans $\{0,1\}$,
- tous les couples $((x,1),(y,1))$ pour (x,y) dans R_1 ;
- tous les couples $((x,2),(y,2))$ pour (x,y) dans R_2.

Appelons ***spéciale*** toute réalisation de Σ qui est l'image d'une réalisation de Σ' par l'application $\widehat{\ }$. Un premier point important est que les réalisations spéciales sont caractérisées par une formule, c'est-à-dire qu'il existe une formule Ψ (en Σ) telle que la réalisation $\mathcal{R}$ est spéciale si et seulement si elle vérifie la formule Ψ. En effet on remarque que, dans une réalisation spéciale,

• les points R-initiaux (ceux qui ne sont liés par R à aucun autre point à gauche) sont exactement les points $(x, 0)$,

les R-successeurs de points R-initiaux sont exactements les points $(x, 1)$,

les R-successeurs de R-successeurs de points R-initiaux qui ne sont pas des R-successeurs de points R-initiaux sont exactements les points $(x, 2)$,

les seules R-relations non « horizontales », c'est-à-dire les seuls points (x, i) et (y, j) avec $i \neq j$ vérifiant $R((x, i), (y, j))$, sont telles que x et y sont égaux (et j est $i + 1$).

Considérons les formules suivantes (à une variable libre) :

$$\begin{aligned}
&\boldsymbol{\Phi}_0(\boldsymbol{x}_0) : (\forall \boldsymbol{x}_1)(\neg \boldsymbol{R}(\boldsymbol{x}_1, \boldsymbol{x}_0)),\\
&\boldsymbol{\Phi}_1(\boldsymbol{x}_1) : \neg \boldsymbol{\Phi}_0(\boldsymbol{x}_1) \wedge (\exists \boldsymbol{x}_0)(\boldsymbol{\Phi}_0(\boldsymbol{x}_0) \wedge \boldsymbol{R}(\boldsymbol{x}_0, \boldsymbol{x}_1)),\\
&\boldsymbol{\Phi}_2(\boldsymbol{x}_2) : \neg \boldsymbol{\Phi}_0(\boldsymbol{x}_2) \wedge \neg \boldsymbol{\Phi}_1(\boldsymbol{x}_2) \wedge (\exists \boldsymbol{x}_1)(\boldsymbol{\Phi}_1(\boldsymbol{x}) \wedge \boldsymbol{R}(\boldsymbol{x}_1, \boldsymbol{x}_2)).
\end{aligned}$$

Soit alors Ψ la formule

$$\begin{aligned}
&(\forall \boldsymbol{x}_0)((\boldsymbol{\Phi}_0(\boldsymbol{x}_0) \vee \boldsymbol{\Phi}_1(\boldsymbol{x}_0) \vee \boldsymbol{\Phi}_2(\boldsymbol{x}_0))\\
&\quad \wedge(\forall \boldsymbol{x}_0)(\boldsymbol{\Phi}_0(\boldsymbol{x}_0) \Rightarrow (\exists! \boldsymbol{x}_1)(\boldsymbol{\Phi}_1(\boldsymbol{x}_1) \wedge \boldsymbol{R}(\boldsymbol{x}_1, \boldsymbol{x}_2))\\
&\quad \wedge(\forall \boldsymbol{x}_1)(\boldsymbol{\Phi}_1(\boldsymbol{x}_1) \Rightarrow (\exists! \boldsymbol{x}_0)(\boldsymbol{\Phi}_0(\boldsymbol{x}_0) \wedge \boldsymbol{R}(\boldsymbol{x}_0, \boldsymbol{x}_1))\\
&\quad \wedge(\forall \boldsymbol{x}_1)(\boldsymbol{\Phi}_1(\boldsymbol{x}_1) \Rightarrow (\exists! \boldsymbol{x}_2)(\boldsymbol{\Phi}_2(\boldsymbol{x}_2) \wedge \boldsymbol{R}(\boldsymbol{x}_1, \boldsymbol{x}_2))\\
&\quad \wedge(\forall \boldsymbol{x}_2)(\boldsymbol{\Phi}_2(\boldsymbol{x}_2) \Rightarrow ((\exists! \boldsymbol{x}_1)(\boldsymbol{\Phi}_1(\boldsymbol{x}_1) \wedge \boldsymbol{R}(\boldsymbol{x}_1, \boldsymbol{x}_2))\\
&\wedge(\forall \boldsymbol{x}_1, \boldsymbol{x}_2)(\boldsymbol{R}(\boldsymbol{x}_1, \boldsymbol{x}_2) \Rightarrow (\boldsymbol{\Phi}_0(\boldsymbol{x}_1) \wedge \boldsymbol{\Phi}_1(\boldsymbol{x}_2)) \vee (\boldsymbol{\Phi}_1(\boldsymbol{x}_1) \wedge \boldsymbol{\Phi}_2(\boldsymbol{x}_2))\\
&\quad \vee(\boldsymbol{\Phi}_1(\boldsymbol{x}_1) \wedge \boldsymbol{\Phi}_1(\boldsymbol{x}_2)) \vee (\boldsymbol{\Phi}_2(\boldsymbol{x}_1) \wedge \boldsymbol{\Phi}_2(\boldsymbol{x}_2)))
\end{aligned}$$

où, comme il est d'usage, $(\exists! \boldsymbol{x})(\boldsymbol{\Phi}(\boldsymbol{x}))$ est une abréviation pour

$$(\exists \boldsymbol{x})(\boldsymbol{\Phi}(\boldsymbol{x}) \wedge (\forall \boldsymbol{x}')(\boldsymbol{\Phi}(\boldsymbol{x}') \Rightarrow \boldsymbol{x}' = \boldsymbol{x}))$$

avec $\boldsymbol{x}'$ variable suivant immédiatement $\boldsymbol{x}$ dans l'ensemble *VAR*.

La formule Ψ est vraie dans toute réalisation spéciale. Inversement si $\mathcal{R}$ est une réalisation de Σ vérifiant Ψ, alors le domaine de $\mathcal{R}$ est partitionné en trois parties D_1, D_2, D_3 correspondant aux éléments vérifiant respectivement Φ_1, ..., Φ_3, et les restrictions de R établissent pour chaque i une bijection entre D_i et D_{i+1}. De plus les seuls couples (x, y) vérifiant $R(x, y)$ sont les couples « verticaux » joignant un point de D_i au point correspondant de D_{i+1} et des couples « horizontaux » soit sur le niveau D_1, soit sur le niveau D_2. Une telle réalisation est donc une réalisation spéciale. Notons que l'ajout du niveau « 0 » est essentiel car, en son absence, on ne pourrait caractériser les points de niveau 1 comme étant R-initiaux. La propriété cruciale ici est de nature *métrique* : les niveaux des points sont définis sans ambiguïté comme la distance minimale (au sens du graphe de R) à un point R-initial.

Il est maintenant facile de réduire la satisfaisabilité de Σ' à celle de Σ. Soit Φ' une formule quelconque de Σ'. On note $F(\Phi')$ la formule $\Psi \wedge \widetilde{\Phi}'$ où $\widetilde{\Phi}'$ est la formule obtenue à partir de Φ comme suit. Chaque fragment $\boldsymbol{x}_p = \boldsymbol{x}_q$ est remplacé par $\boldsymbol{x}_{3p} = \boldsymbol{x}_{3q}$ (en fait il faudrait parler de $\boldsymbol{x}_{(p)_{10}}$ et $\boldsymbol{x}_{(3p)_{10}}$) ; chaque fragment

$\boldsymbol{R}_1(\boldsymbol{x}_p, \boldsymbol{x}_q)$ est remplacé par $\boldsymbol{R}(\boldsymbol{x}_{3p+1}, \boldsymbol{x}_{3q+1})$, chaque fragment $\boldsymbol{R}_2(\boldsymbol{x}_p, \boldsymbol{x}_q)$ est remplacé par $\boldsymbol{R}(\boldsymbol{x}_{3p+2}, \boldsymbol{x}_{3q+2})$, chaque fragment $(\exists \boldsymbol{x}_p)(...$ est remplacé par

$$(\exists \boldsymbol{x}_{3p}, \boldsymbol{x}_{3p+1}, \boldsymbol{x}_{3p+2})(\Phi_0(\boldsymbol{x}_{3p}) \wedge \Phi_1(\boldsymbol{x}_{3p+1}) \wedge \Phi_2(\boldsymbol{x}_{3p+2}) \\ \wedge \boldsymbol{R}(\boldsymbol{x}_{3p}, \boldsymbol{x}_{3p+1}) \wedge \boldsymbol{R}(\boldsymbol{x}_{3p+1}, \boldsymbol{x}_{3p+2}) \wedge ...,$$

enfin chaque fragment $(\forall \boldsymbol{x}_p)(...$ est remplacé par

$$(\forall \boldsymbol{x}_{3p}, \boldsymbol{x}_{3p+1}, \boldsymbol{x}_{3p+2})((\Phi_0(\boldsymbol{x}_{3p}) \wedge \Phi_1(\boldsymbol{x}_{3p+1}) \wedge \Phi_2(\boldsymbol{x}_{3p+2}) \\ \wedge \boldsymbol{R}(\boldsymbol{x}_{3p}, \boldsymbol{x}_{3p+1}) \wedge \boldsymbol{R}(\boldsymbol{x}_{3p+1}, \boldsymbol{x}_{3p+2})) \Rightarrow ....$$

Supposons que $\mathcal{R}'$ est une réalisation de Σ' qui vérifie la formule close Φ'. Alors la réalisation $\widetilde{\mathcal{R}}'$ vérifie la formule $F(\Phi')$. En effet on montre par induction sur la formule $\Phi'(\boldsymbol{x}_{p_1}, \ldots, \boldsymbol{x}_{p_k})$ (avec des variables libres parmi $\boldsymbol{x}_{p_1}$, …, $\boldsymbol{x}_{p_k}$) que, si $\mathcal{R}'$ et les valeurs a_1, …, a_k vérifient Φ', alors $\mathcal{R}$ et les valeurs $(a_1, 0)$, $(a_1, 1)$, $(a_1, 2)$, …, $(a_k, 0)$, $(a_k, 1)$, $(a_k, 2)$ vérifient la formule $\widetilde{\Phi}'$ (ainsi que Ψ puisque $\widetilde{\mathcal{R}}$ est une réalisation spéciale). Le cas des formules atomiques est clair, puisque, par définition de $\widetilde{\mathcal{R}}$, $R_e(a_i, a_j)$ est équivalent à $R((a_i, e), (a_j, e))$. Pour le passage à $\exists$, on note que pour tout a dans le domaine de $\mathcal{R}'$ les trois éléments $(a, 0)$, $(a, 1)$, $(a, 2)$ vérifient toujours la formule ajoutée dans la construction $\tilde{}$, et de même pour $\forall$. Inversement supposons que $\mathcal{R}$ est une réalisation de Σ qui satisfait la formule $F(\Phi')$. D'abord $\mathcal{R}$ doit vérifier Ψ, donc est une réalisation spéciale isomorphe à une réalisation de la forme $\widetilde{\mathcal{R}}'$ pour $\mathcal{R}'$ réalisation de Σ'. Or on a vu que $\widetilde{\mathcal{R}}'$ vérifie $\widetilde{\Phi}'$ si et seulement si $\mathcal{R}'$ vérifie Φ'. La satisfaction étant certainement préservée par isomorphisme, on conclut que Φ' est satisfaite dans $\mathcal{R}'$. L'application F est donc une réduction de l'ensemble $SAT(\Sigma')$ à l'ensemble $SAT(\Sigma)$. Il est clair que F est MT-calculable. Par ailleurs, si $\mathcal{R}'$ est une réalisation de Σ' de domaine fini, il en est de même de $\widetilde{\mathcal{R}}'$ (son domaine a exactement trois fois plus d'éléments que le domaine de $\mathcal{R}'$), donc F est également une réduction de $SAT_1^{fini}(\Sigma')$ à $SAT_1^{fini}(\Sigma)$. □

Il est facile d'adapter la démonstration précédente pour passer de cinq symboles de relation binaire à un seul (il y aura cette fois $5 + 1$ niveaux dans les réalisations spéciales). Comme il est clair que la satisfaisabilité pour une signature Σ se réduit trivialement à la satisfaisabilité pour toute signature incluant Σ, on peut énoncer

Théorème 3.6. (indécidabilité des logiques du premier ordre) *Si Σ est une signature contenant au moins un symbole de relation binaire, les ensembles $SAT(\Sigma)$ et $SAT_1^{fini}(\Sigma)$ sont MT-indécidables.*

En termes de validité, le résultat précédent implique que l'ensemble des formules valides en Σ est un ensemble MT-semi-décidable non MT-décidable dès que Σ contient au moins un symbole de relation binaire.

4 Commentaires

L'indécidabilité de la validité (et donc de la satisfaisabilité) pour les logiques du premier ordre est établie dans (Church 1936), et sous une forme à peu près équivalente, dans (Turing 1936). Le cas de la satisfaisabilité finie est établi dans (Trahtenbrot 1950).

Notons l'importance tout à fait concrète du théorème d'indécidabilité des logiques du premier ordre pour l'informatique. Plusieurs langages de programmation utilisent des formules du premier ordre comme instructions : c'est notamment le cas de PROLOG. L'exécution du programme consiste à chercher si la formule constituant le programme est ou non satisfaisable. Le théorème indique qu'il ne peut pas exister de méthode résolvant de façon parfaite la question, pour autant qu'on autorise des formules quelconques et une signature comportant au moins un symbole de relation binaire. Un examen attentif de la preuve montre de fait que l'indécidabilité arrive dès qu'on considère des formules comportant au moins deux étages de quantifications alternées $\forall\forall\ldots\exists\exists\ldots$ (on peut vérifier que de telles formules suffisent à coder l'arrêt d'une machine de Turing). On ne peut donc espérer pour les méthodes pratiques qu'une complétude restreinte à des formules très simples, ou renoncer à la complétude, c'est-à-dire se contenter d'algorithmes qui ne fonctionnent que dans certains cas. Toute tentative pour contourner cette difficulté est vouée à l'échec (pour autant que la thèse de Church soit fondée).

Notons que les résultats négatifs obtenus sont optimaux : on peut établir la décidabilité de l'ensemble $SAT_1(\Sigma)$ si Σ ne comporte que des symboles de relation unaires, ou si on se restreint à des formules sans alternance de quantificateurs : voir (Grigorieff 1991) pour un inventaire très complet des résultats de décidabilité et d'indécidabilité en logique.

Chapitre 9
Complexité de l'arithmétique

Au lieu de s'intéresser comme dans les chapitres précédents au problème de reconnaître si une formule donnée est satisfaisable, c'est à dire s'il existe au moins une réalisation qui la vérifie, quelle que soit cette réalisation, on en vient à la question de reconnaître si une formule est vérifiée dans une réalisation particulière fixée. La réalisation considérée sera ici l'ensemble des entiers muni de diverses opérations arithmétiques, de sorte que la question est simplement de reconnaître si une formule d'arithmétique est vraie ou fausse dans les entiers. En d'autres termes, il s'agit d'évaluer la complexité de l'arithmétique, ou, plus précisément, du fragment de l'arithmétique constitué par les propriétés exprimables par une formule du premier ordre. Le résultat principal est que, pourvu qu'on puisse utiliser simultanément l'addition et la multiplication, le problème ci-dessus est indécidable. On en déduit l'impossibilité d'une axiomatisation complète de l'arithmétique, ce qui constitue le fameux théorème d'incomplétude de Gödel. On termine par quelques rudiments sur les logiques du second ordre et les modèles non standard de l'arithmétique de Peano du premier ordre.

Chapitres préalables : 1, 2, 3, 4, 5, 8.

1 L'arithmétique avec addition, multiplication et chiffres binaires

Dans toute la suite, on va considérer des réalisations formées par l'ensemble des entiers naturels $\mathbb{N}$ muni de diverses opérations et relations usuelles. Ceci correspond à envisager diverses signatures.

Définition. Soit Σ une signature quelconque, et $\mathcal{R}$ une réalisation pour Σ. La *théorie (du premier ordre)* de $\mathcal{R}$ est l'ensemble $TH_1(\mathcal{R})$ formé par toutes les formules du premier ordre en Σ qui sont vraies dans $\mathcal{R}$.

Ainsi $TH_1(\mathbb{N}, +)$ est l'ensemble de toutes les formules du premier ordre qui sont vraies dans la réalisation $(\mathbb{N}, +)$. Ceci sous-entend que la signature considérée comprend ici un unique opérateur binaire interprété comme l'addition des entiers. On utilisera comme symbole associé à un objet défini dans les entiers (constante, opération ou relation) la version grasse du même caractère, ce qui permet de ne pas confondre le symbole et son interprétation sans introduire de lourdeur parfaitement inutile tant qu'on ne considère qu'une seule réalisation.

Ainsi on utilisera dans les formules **+** comme opérateur pour l'addition, **0** comme nom pour l'entier 0, **<** comme symbole de relation pour l'ordre usuel <, *etc.*.. Avec ces notations, on a par exemple que

$$(\exists \boldsymbol{x}_1)(\forall \boldsymbol{x}_2)(\boldsymbol{x}_1 + \boldsymbol{x}_2 = \boldsymbol{x}_2)$$

est dans $TH_1(\mathbb{N}, +)$, alors que

$$(\forall \boldsymbol{x}_1)(\exists \boldsymbol{x}_2)(\boldsymbol{x}_1 \times \boldsymbol{x}_2 = \mathbf{1})$$

n'est pas dans $TH_1(\mathbb{N}, \times, 1)$ (on note $\times$ la mulplication des entiers).

On se propose d'établir un résultat d'indécidabilité en réduisant le problème de l'arrêt d'une machine de Turing à la théorie de $\mathbb{N}$ muni d'une structure suffisamment riche. Précisément, on introduit sur $\mathbb{N}$ une nouvelle relation binaire.

Définition. Pour N, i entiers, la relation $B(N, i)$ est vraie si le i-ième chiffre du développement binaire inversé de l'entier N est 1.

Par exemple, les entiers i tels que $B(25, i)$ est vrai sont 0, 2 et 3 puisque $(25)_2$ est le mot 1101. Notre point de départ sera le résultat suivant.

Proposition 1.1. *L'ensemble* $TH_1(\mathbb{N}, +, -, \times, <, B, 0, 1)$ *est* MT*-indécidable.*

Démonstration. Soit $\boldsymbol{M}$ une machine de Turing spéciale dont l'arrêt est MT-indécidable (théorème 5.1.4). Si Σ est la signature associée à la réalisation $(\mathbb{N}, +, -, \times, <, B, 0, 1)$, c'est à dire la signature comprenant trois opérateurs binaires **+**, **−** et **×**, deux symboles de relation binaire **<** et $\boldsymbol{B}$ et deux noms **0** et **1**, il s'agit de construire une réduction (MT-calculable) de l'ensemble des mots à partir desquels la machine $\boldsymbol{M}$ s'arrête dans l'ensemble $TH_1(\mathbb{N}, +, -, \times, B, 0, 1)$. Pour cela on va construire une application

$$\Phi : \mathbb{N} \longrightarrow FORM_1(\Sigma)$$

de sorte que la formule $\Phi(n)$ est vraie dans $(\mathbb{N}, +, -, \times, <, B, 0, 1)$ si et seulement si la machine $\boldsymbol{M}$ s'arrête à partir de 1^n.

Comme dans les chapitres précédents, il s'agit de *coder* les calculs de $\boldsymbol{M}$ à l'aide des objets spécifiques qu'on veut étudier. Ici on ne codera plus un calcul par une réalisation (du calcul booléen ou d'une logique du premier ordre), mais par des entiers (ainsi qu'on l'a déjà fait au chapitre 4). Nous supposerons que les états de la machine $\boldsymbol{M}$ sont les entiers 1 à d, et on notera ℓ l'entier immédiatement supérieur à $\log_2(d)$ de sorte que le développement binaire de chacun des nombres 1 à d a au plus ℓ chiffres. On supposera en outre que 1 est l'état initial, et 2 l'état acceptant.

Par hypothèse on sait que dans tous les calculs de $\boldsymbol{M}$ à partir d'une configuration initiale n'apparaissent que des configurations « n'utilisant que le demi-ruban positif », c'est à dire des configurations (f, p, q) avec $f(x) = \square$ pour tout $x < 0$ et avec $p \geq 0$. Si de plus (f, p, q) est atteinte dans un calcul de longueur t à partir d'une configuration initiale, on sait que la partie du ruban située au delà de la t-ième case peut être négligée. On associe d'abord à la configuration (f, p, q) (et à l'entier t choisi) une matrice $M_t((f, p, q))$ à $\ell+1$ lignes et t colonnes à coefficients dans $\{0, 1\}$. La première ligne de cette matrice contient les entiers $f(0)$, …, $f(t-1)$, c'est-à-dire reproduit la portion retenue du ruban, le reste de la matrice est empli de 0, à l'exception de la p-ième colonne qui contient (de haut en bas) le développement binaire de l'entier q.

Supposons maintenant que $(\boldsymbol{c}_1, \ldots, \boldsymbol{c}_t)$ est un calcul de $\boldsymbol{M}$ de longueur t. On lui associe de même une matrice $M((\boldsymbol{c}_1, \ldots, \boldsymbol{c}_t))$ en juxtaposant les t matrices $M_t(\boldsymbol{c}_0)$,…, $M_t(\boldsymbol{c}_t)$, obtenant ainsi une matrice à $\ell+1$ lignes et t^2 colonnes.

On code finalement la matrice $M(\vec{c})$ associée au calcul $\vec{c}$ par les $\ell+1$ entiers $\varphi_0(\vec{c})$, …, $\varphi_\ell(\vec{c})$ dont les lignes de la matrice constituent les développements binaires inversés.

Supposons par exemple $d = 4$ donc $\ell = 2$, et considérons le calcul $\vec{c}$ suivant

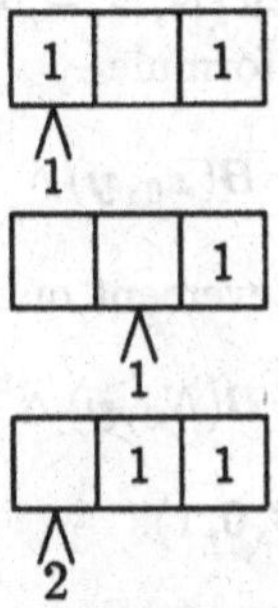

La matrice associée à la première configuration est

$$\begin{pmatrix} 1 & 0 & 1 \\ 1 & 0 & 0 \\ 0 & 0 & 0 \end{pmatrix},$$

et la matrice $M(\vec{c})$ est

$$\begin{pmatrix} 1 & 0 & 1 & 0 & 0 & 1 & 0 & 1 & 1 \\ 1 & 0 & 0 & 0 & 1 & 0 & 0 & 0 & 0 \\ 0 & 0 & 0 & 0 & 0 & 0 & 1 & 0 & 0 \end{pmatrix}.$$

Finalement on a

$$\varphi_0(\vec{c}) = 421 \qquad \text{(puisque } (421)_2 \text{ est } 110100101)$$
$$\varphi_1(\vec{c}) = 17 \qquad \varphi_2(\vec{c}) = 64.$$

Ayant ainsi codé tout calcul de $\boldsymbol{M}$ par une suite de $\ell+1$ entiers, il s'agit de savoir si on peut reconnaître le code d'un calcul acceptant de $\boldsymbol{M}$ à partir d'un mot 1^n parmi tous les $\ell+1$-uples d'entiers. Ici, puisqu'on souhaite obtenir une réduction dans les formules d'arithmétique vraies dans $\mathbb{N}$, la caractérisation souhaitée des suites d'entiers doit être effectuée en termes de la satisfaction dans $\mathbb{N}$ d'une formule d'arithmétique.

On part donc de $\ell+2$ entiers $N_0, \ldots, N_\ell, t$ et on cherche à construire une formule d'arithmétique (utilisant les symboles de la signature Σ ici considérée) $\Phi(1^n)$ à $\ell+2$ variables libres $\boldsymbol{x}_0, \ldots, \boldsymbol{x}_{\ell+1}$ telle que

$$\Phi(n)(N_0, \ldots, N_\ell, t)$$

est vraie dans $\mathbb{N}$ si et seulement si $(N_0, \ldots, N_\ell)$ code (au sens des applications φ_i) un calcul acceptant de longueur t de la machine $\boldsymbol{M}$ à partir de l'entrée 1^n.

Comme dans les chapitres précédents, la formule $\Phi(n)$ va être la conjonction de plusieurs formules exprimant les diverses contraintes à respecter. Dans ce qui suit on note $\boldsymbol{t}$ la variable $\boldsymbol{x}_{\ell+1}$, et $\boldsymbol{y}$, $\boldsymbol{z}$ des variables quelconques distinctes de $\boldsymbol{x}_0, \ldots, \boldsymbol{x}_{\ell+1}$.

(i) Pour que la suite $(N_0, \ldots, N_\ell)$ code un calcul de longueur t, il faut que le développement binaire des entiers N_i ait au plus t^2 chiffres, ce qui est exprimé par la satisfaction dans la réalisation $(\mathbb{N}, +, -, \times, <, B, 0, 1)$ amendée des valeurs $\boldsymbol{x}_0 = N_0, \ldots, \boldsymbol{x}_\ell = N_\ell$, $\boldsymbol{t} = t$ de la formule

$$(\forall \boldsymbol{y})(\boldsymbol{t} \times \boldsymbol{t} < \boldsymbol{y} \Rightarrow (\neg \boldsymbol{B}(\boldsymbol{x}_0, \boldsymbol{y}) \wedge \ldots \wedge \neg \boldsymbol{B}(\boldsymbol{x}_\ell, \boldsymbol{y}))).$$

Suivant les usages, on dira plus brièvement que la formule

$$(\forall \boldsymbol{y})(t \times t < \boldsymbol{y} \Rightarrow (\neg \boldsymbol{B}(N_0, \boldsymbol{y}) \wedge \ldots \wedge \neg \boldsymbol{B}(N_\ell, \boldsymbol{y})))$$

est satisfaite dans $(\mathbb{N}, +, -, \times, <, B, 0, 1)$.

(ii) Pour qu'il s'agisse d'un calcul de la machine $\boldsymbol{M}$, il faut qu'il existe des liens entre les chiffres de rang j et $j+t$ de $N_0, \ldots, N_\ell$. Soit $\Psi(\boldsymbol{x}_0, \ldots, \boldsymbol{x}_\ell, \boldsymbol{y})$ la formule

$$\boldsymbol{B}(\boldsymbol{x}_1, \boldsymbol{y}) \vee \ldots \vee \boldsymbol{B}(\boldsymbol{x}_\ell, \boldsymbol{y}).$$

Si $\Theta(N_0 \ldots N_\ell, j)$ est vraie, cela signifie que, dans la matrice associée à $(N_0, \ldots, N_\ell)$, la j-ième colonne contient au moins un 1 dans les lignes 1 à ℓ, ce qui, si $(N_0, \ldots, N_\ell)$ code un suite de configurations de $\boldsymbol{M}$, indique que la case qui est en position j est la case accessible de la configuration dont elle fait partie. Le contenu d'une case non accessible ne change pas d'une configuration à la configuration suivante. Donc, toujours si $(N_0, \ldots, N_\ell)$ code un calcul de longueur t de $\boldsymbol{M}$, la formule

$$(\forall \boldsymbol{y})(\neg \Psi(N_0, \ldots, N_\ell, \boldsymbol{y}) \Rightarrow (\boldsymbol{B}(N_0, \boldsymbol{y}) \Leftrightarrow \boldsymbol{B}(N_0, \boldsymbol{y}+t)))$$

est vraie dans $(\mathbb{N}, \times, <, B)$. De même, si ni la case y, ni la case $y+1$, ni la case $y-1$ ne sont accessibles, la case $y+t$ n'est certainement pas accessible, ce qu'exprime la satisfaction de la formule

$$(\forall \boldsymbol{y})((\neg\Psi(N_0,\ldots,\boldsymbol{x}_\ell,\boldsymbol{y}) \wedge \neg\Psi(N_0,\ldots,N_\ell,\boldsymbol{y+1}) \wedge \neg\Psi(N_0,\ldots,N_\ell,\boldsymbol{y-1})) \Rightarrow \neg\Psi(N_0,\ldots,N_\ell,\boldsymbol{y+t})).$$

Supposons maintenant que le quintuplet

$$(s_1\ldots s_\ell, s, s', +1, s'_1\ldots s'_\ell)$$

figure dans la table de $\boldsymbol{M}$. Ici s, s_1, ..., s'_ℓ sont considérés comme étant soit 0 (identifié à □), soit 1. La formule suivante décrit les liens entre une configuration et la suivante dans les cas où le quintuplet précédent est invoqué (on convient que $\varepsilon(0)$ est le mot vide, alors que $\varepsilon(1)$ est $\neg$)

$(\forall \boldsymbol{y})((\varepsilon(s)\boldsymbol{B}(\boldsymbol{x}_0,\boldsymbol{y}) \wedge (\varepsilon(s_1)\boldsymbol{B}(\boldsymbol{x}_1,\boldsymbol{y}) \wedge \ldots(\varepsilon(s_\ell)\boldsymbol{B}(\boldsymbol{x}_\ell,\boldsymbol{y}))$
« la case y est accessible, le caractère en y est s et l'état est $s_1\ldots s_\ell$ »
$\Rightarrow (\varepsilon(s')\boldsymbol{B}(\boldsymbol{x}_0,\boldsymbol{y+t})$
« le caractère en $y+t$ est s' »
$\wedge(\varepsilon(s'_1)\boldsymbol{B}(\boldsymbol{x}_1,\boldsymbol{y+t+1}) \wedge \ldots(\varepsilon(s'_\ell)\boldsymbol{B}(\boldsymbol{x}_\ell,\boldsymbol{y+t+1})$
« la case $y+t+1$ est accessible et l'état est $s'_1\ldots s'_\ell$ »
$\wedge(\neg\boldsymbol{B}(\boldsymbol{x}_1,\boldsymbol{y+t}) \wedge \ldots \wedge \neg\boldsymbol{B}(\boldsymbol{x}_\ell,\boldsymbol{y+t}))$
$\wedge(\neg\boldsymbol{B}(\boldsymbol{x}_1,\boldsymbol{y+t-1}) \wedge \ldots \wedge \neg\boldsymbol{B}(\boldsymbol{x}_\ell,\boldsymbol{y+t-})))$
« les cases $y+t$ et $y+t-1$ ne sont pas accessibles. ».

Il est facile d'écrire une formule analogue pour un déplacement à gauche. Alors la conjonction des formules associées de la sorte à chaque quintuplet dans la table de $\boldsymbol{M}$ (qui forment une famille *finie*) est vraie pour tout $\ell+1$-uplet d'entiers codant un calcul de $\boldsymbol{M}$, et, inversement, un $\ell+1$-uplet d'entiers la vérifiant code effectivement un calcul de $\boldsymbol{M}$, puisqu'on a traduit toutes les contraintes.

(iii) Le fait que $(N_0,\ldots,N_\ell,t)$, supposé coder un calcul de $\boldsymbol{M}$, code un calcul acceptant, c'est à dire tel que l'état 2 (représenté par la colonne $0^{\ell-2}10$) soit atteint est exprimé par la satisfaction de la formule

$$(\exists \boldsymbol{y})(\neg\boldsymbol{B}(N_1,\boldsymbol{y}) \wedge \ldots \wedge \neg\boldsymbol{B}(N_{\ell-2},\boldsymbol{y}) \wedge \boldsymbol{B}(N_{\ell-1},\boldsymbol{y}) \wedge \neg\boldsymbol{B}(N_\ell,\boldsymbol{y})).$$

(iv) Enfin, le fait que les t premières colonnes codent la configuration initiale associée au mot 1^n est exprimé par la satisfaction par $(N_0,\ldots,N_\ell,t)$ de la formule suivante

$\boldsymbol{B}(N_0,\boldsymbol{0}) \wedge \ldots \wedge \boldsymbol{B}(N_0,\boldsymbol{1+\ldots+1})$
$\wedge(\forall \boldsymbol{y})((\boldsymbol{1+\ldots+1<y} \wedge \boldsymbol{y<t}) \Rightarrow \neg\boldsymbol{B}(N_0,\boldsymbol{y})))$
$\wedge(\forall \boldsymbol{y})(\boldsymbol{y<1+\ldots+1} \Rightarrow (\neg\boldsymbol{B}(N_1,\boldsymbol{y}) \wedge \ldots \wedge \neg\boldsymbol{B}(N_{\ell-1},\boldsymbol{y}))$
$\wedge\boldsymbol{B}(\boldsymbol{x}_\ell,\boldsymbol{0}) \wedge (\forall \boldsymbol{y})(\boldsymbol{0<y<1+\ldots+1} \Rightarrow \neg\boldsymbol{B}(N_\ell,\boldsymbol{y}))$

où $\boldsymbol{1+\ldots+1}$ est un mot de longueur $2n-3$ ($n-1$ caractères $\boldsymbol{1}$, $n-2$ caractères $\boldsymbol{+}$).

La conjonction de toutes les formules ci-dessus est une formule

$$\Phi'(n)(\boldsymbol{x}_0,\ldots,\boldsymbol{x}_\ell,\boldsymbol{t})$$

(à $\ell+2$ variables libres), et il doit être clair qu'il y a équivalence entre

(i) les entiers $N_0, \ldots, N_\ell$ codent un calcul acceptant de longueur t de $\boldsymbol{M}$ à partir du mot 1^n,

(ii) la formule $\Psi(n)(N_0, \ldots, N_\ell, t)$ est vraie dans la réalisation $(\mathbb{N}, +, -, \times, <, B, 0, 1)$.

Donc si finalement $\Phi(n)$ est la formule

$$(\exists \boldsymbol{x}_0, \ldots, \boldsymbol{x}_\ell, \boldsymbol{t})(\Phi'(n)(\boldsymbol{x}_0, \ldots, \boldsymbol{x}_\ell, \boldsymbol{t})),$$

la formule (close) $\Phi(n)$ est vraie dans $(\mathbb{N}, +, -, \times, <, B, 0, 1)$ si et seulement si le calcul de $\boldsymbol{M}$ à partir du mot 1^n s'arrête. Comme l'application qui à n associe $\Phi(n)$ est MT-calculable (la formule $\Phi(n)$ ne dépend « presque pas » de n), on déduit la MT-indécidabilité de $TH_1(\mathbb{N}, +, -, \times, <, B, 0, 1)$ de celle de l'arrêt de $\boldsymbol{M}$. □

Notons alors qu'à la différence de l'ensemble des formules satisaisables la théorie d'une réalisation a nécessairement la même complexité que son complémentaire.

Lemme 1.2. *Soit $\mathcal{R}$ une réalisation pour une signature Σ quelconque. Alors l'ensemble $TH_1(\mathcal{R})$ est MT-décidable si et seulement si il est MT-semi-décidable.*

Démonstration. Pour toute formule Φ dans $FORM_1(\Sigma)$, on a l'équivalence

$$\Phi \in TH_1(\mathcal{R}) \iff \neg\Phi \notin TH_1(\mathcal{R}).$$

Donc, si $TH_1(\mathcal{R})$ est MT-semi-décidable, il en est de même de l'ensemble complémentaire $FORM_1(\Sigma) \setminus TH_1(\mathcal{R})$. Comme $FORM_1(\Sigma)$ est MT-décidable, ceci (par le lemme 5.1.5) entraîne que $TH_1(\mathcal{R})$ est MT-décidable. □

On peut donc énoncer

Proposition 1.3. *L'ensemble $TH_1(\mathbb{N}, +, -, \times, <, B, 0, 1)$ n'est pas MT-semi-décidable.*

2 Définissabilité

Le résultat précédent est important, mais on peut se demander si l'indécidabilité ne provient pas de la relation « exotique » B concernant le développement binaire des entiers. D'une façon générale, on aimerait pouvoir énoncer l'indécidabilité de la théorie des entiers vis-à-vis d'une signature la plus simple possible. L'outil pour accomplir cette simplification est la notion de *définissabilité*.

L'idée est naturelle. Considérons le cas de la relation binaire $<$ sur les entiers. Il se trouve que, pour N, N' dans $\mathbb{N}$, la relation $N < N'$ est vraie si et seulement si il existe un entier non nul M tel que N' est égal à $N + M$. Supposons que Φ est une formule mettant en jeu les symboles $\mathbf{+}$, $\mathbf{0}$, $\mathbf{<}$, et soit Φ' la formule obtenue à partir de Φ en remplaçant chaque sous-formule atomique de Φ du type $t_1 \mathbf{<} t_2$ par la formule $(\exists \boldsymbol{v})(t_1 \mathbf{+} \boldsymbol{v} = t_2)$, où $\boldsymbol{v}$ est la première variable qui n'apparaît ni dans le terme t_1, ni dans le terme t_2. Alors le symbole $\mathbf{<}$ est absent de la formule Φ', et la formule Φ' est vraie dans la réalisation $(\mathbb{N}, +, 0)$ si et seulement si la formule Φ est vraie dans la réalisation $(\mathbb{N}, +, 0, <)$. La propriété utilisée est le fait que la relation $<$ dans $\mathbb{N}$ est définissable à partir de $+$ et 0, et que, de là, on peut éliminer les occurrences de $<$ en les remplaçant par leur définition.

Définition. Supposons que $\mathcal{R}$ est une réalisation de domaine D pour la signature Σ.

i) L'élément a de D est *définissable* dans $\mathcal{R}$ s'il existe une formule $\Delta(\boldsymbol{x})$ de Σ à une variable libre $\boldsymbol{x}$ telle que a est l'unique élément x de D vérifiant $\Delta(x)$.

ii) La fonction f de D^r dans D^s est *définissable* dans $\mathcal{R}$ s'il existe une formule Δ à $r + s$ variables libres $\boldsymbol{x}_1, \ldots, \boldsymbol{x}_r, \boldsymbol{y}_1, \ldots, \boldsymbol{y}_s$ telle que, pour tous $a_1, \ldots, b_s$ dans D, $(b_1, \ldots, b_s)$ est l'unique élément de D^s tel que $\Delta(a_1, \ldots, a_r, b_1, \ldots, b_s)$ soit vraie dans $\mathcal{R}$ (s'il existe un tel élément).

iii) La relation k-aire r sur D est *définissable* dans $\mathcal{R}$ s'il existe une formule $\Delta(\boldsymbol{x}_1, \ldots, \boldsymbol{x}_k)$ de Σ à k variables libres $\boldsymbol{x}_1, \ldots, \boldsymbol{x}_k$ telle que, pour tous $a_1, \ldots, a_k$ dans D, $r(a_1, \ldots, a_k)$ est vraie dans $\mathcal{R}$ si et seulement si $\Delta(a_1, \ldots, a_k)$ l'est.

Dans les trois cas ci-dessus, on dira qu'une formule Δ vérifiant les conditions est une *définition* dans $\mathcal{R}$ pour respectivement a, f ou r.

Exemples. L'élément 0 est définissable dans $(\mathbb{N}, +)$: la formule

$$\boldsymbol{x} = \boldsymbol{x} \mathbf{+} \boldsymbol{x}$$

en est une définition. Noter qu'il n'y a pas unicité de la définition : la formule

$$(\forall \boldsymbol{y})(\boldsymbol{x} \mathbf{+} \boldsymbol{y} = \boldsymbol{y})$$

est une autre définiton de 0 dans $(\mathbb{N}, +)$.

De même l'opération $-$ est définissable dans $(\mathbb{N}, +, 0)$: la formule

$$\boldsymbol{x} \mathbf{+} \boldsymbol{x}_2 = \boldsymbol{x}_1 \vee (\boldsymbol{x} = \mathbf{0} \wedge (\exists \boldsymbol{x}_3)(\boldsymbol{x}_1 \mathbf{+} \boldsymbol{x}_3 = \boldsymbol{x}_2))$$

est vraie dans $(\mathbb{N}, +, 0)$ pour le choix $\boldsymbol{x}_1 = a_1$, $\boldsymbol{x}_2 = a_2$, $\boldsymbol{x} = a$ si et seulement si la formule

$$\boldsymbol{x} = \boldsymbol{x}_1 \mathbf{-} \boldsymbol{x}_2$$

l'est dans $(\mathbb{N}, -)$ pour le même choix de valeurs. Autrement dit la formule ci-dessus est bien une définition de $-$ dans $(\mathbb{N}, +, 0)$.

Enfin la relation $<$ sur $\mathbb{N}$ est définissable dans $(\mathbb{N}, +)$, puisque, ainsi qu'on l'a noté, la formule $\boldsymbol{x}_1 \mathbf{<} \boldsymbol{x}_2$ est $(\mathbb{N}, +, <)$-équivalente à la formule

$$(\exists x_0)(x_1 + x_0 = x_2).$$

L'intérêt de la définissabilité d'un objet en terme de la complexité de la théorie associée est facilement établi.

Lemme 2.1. *Supposons que la réalisation $\mathcal{R}$ est obtenue à partir de la réalisation $\mathcal{R}'$ en ôtant soit un élément, soit une opération, soit une relation. Si l'objet ôté est définissable dans $\mathcal{R}$, alors il existe une réduction MT-calculable (en temps polynomial) de $TH_1(\mathcal{R}')$ à $TH_1(\mathcal{R})$.*

Démonstration. Soit Σ' la signature sous-jacente à $\mathcal{R}'$, et Σ la signature sous-jacente à $\mathcal{R}$. On note s l'objet ôté à $\mathcal{R}'$, et $\mathbf{s}$ le symbole correspondant dans $\Sigma' \setminus \Sigma$. La réduction F consiste à remplacer dans une formule quelconque Φ' en Σ' le symbole $\mathbf{s}$ par sa définition Δ pour obtenir une formule en Σ. Précisément, on suppose que Δ est une définition pour s dans $\mathcal{R}$, et que les variables de Δ sont choisies distinctes de toutes les variables ayant une occurrence dans Φ'. Si s est une relation k-aire, $F(\Phi')$ est obtenue en remplaçant chaque sous-formule atomique $\mathbf{s}(t_1, \ldots, t_k)$ de Φ' par la formule $\Delta(t_1, \ldots, t_k)$. Si s est un élément, $F(\Phi')$ est la formule $(\exists x)(\Delta(x) \wedge \Phi'')$ où Φ'' est obtenue à partir de Φ' en remplaçant chaque occurrence de $\mathbf{s}$ par v, v étant une variable distincte de celle de Φ' et de Δ. Enfin, supposons que s est une opération k-aire. On suppose que le symbole $\mathbf{s}$ apparaît dans Φ'. Soit alors $\mathbf{s}(t_1, \ldots, t_k)$ le dernier sous-terme de Φ' dont $\mathbf{s}$ est l'opérateur. On note $F_1(\Phi')$ la formule $(\exists x)(\Delta(t_1, \ldots, t_k, x) \wedge \Phi'')$ où Φ'' est obtenue à partir de Φ' en remplaçant par x ce dernier sous-terme $\mathbf{s}(t_1, \ldots, t_k)$. Le symbole $\mathbf{s}$ a certainement une occurrence de moins dans $F_1(\Phi')$ que dans Φ', de sorte qu'en itérant l'opération un nombre suffisant de fois (majoré par la longueur de Φ'), et en veillant à ce que les variables introduites soient toutes distinctes, on parvient à une formule notée $F(\Phi')$ dont $\mathbf{s}$ est absent. Il doit être clair que, dans chacun des cas, la formule $F(\Phi')$ est satisfaite dans $\mathcal{R}'$ si et seulement si la formule Φ' l'est. Par ailleurs l'application F est calculable en temps polynomial (les contraintes sur les variables ayant à être distinctes et le processus itéré dans le cas d'une opération provoquent une complexité essentiellement quadratique). □

Lemme 2.2. *Si s' est définissable dans $\mathcal{R}'$ et que $\mathcal{R}'$ est $\mathcal{R} \cup \{s\}$ avec s définissable dans $\mathcal{R}$, alors s' est définissable dans $\mathcal{R}$.*

Démonstration. Soit F la réduction de $FORM_1(\Sigma')$ à $FORM_1(\Sigma)$ construite dans la preuve ci-dessus. Si Δ' est une définition de s' sur $\mathcal{R}'$, alors $F(\Delta')$ est une définition de s' sur $\mathcal{R}$. □

Exemple. L'entier 1 est défini sur $(\mathbb{N}, +, 0, <)$ par la formule

$$\mathbf{0} < x \wedge (\forall y)(y = \mathbf{0} \vee y = x \vee x < y).$$

Or on a vu que $<$ et 0 sont définissables dans $(\mathbb{N}, +)$: il en est donc de même de 1.

On obtient facilement une première amélioration du résultat d'indécidabilité de la section 1.

Proposition 2.3. *L'ensemble* $TH_1(\mathbb{N}, +, \times, (\lambda N)(2^N))$ *n'est pas MT-semi-décidable.*

Démonstration. Partant de la proposition 1.3, il s'agit de démontrer que l'opération $-$, les constantes 0 et 1 et les relations $<$ et B sont définissables dans $\mathbb{N}$ à partir de l'addition, la multiplication et l'exponentiation de base 2. Pour ce qui est de $-$, 0, 1 et $<$, on a déjà vu que ces objets sont définissables dans $\mathbb{N}$ à partir de la seule addition, donc *a fortiori* à partir de l'addition, de la multiplication et de l'exponentiation. Reste le cas de la relation B. Or notons que $B(N, i)$ est vraie si et seulement si N peut s'écrire $N_1 + 2^i + N_2$ avec $N_1 < 2^i$ et 2^{i+1} diviseur de N_2. Ceci montre que la formule

$$\begin{aligned}(\exists \boldsymbol{x}_0, \boldsymbol{x}_3)(\boldsymbol{x}_1 = \boldsymbol{x}_0 + e(\boldsymbol{x}_2) + \boldsymbol{x}_3 \\ \wedge \boldsymbol{x}_0 < e(\boldsymbol{x}_2) \\ \wedge (\exists \boldsymbol{x}_4)(\boldsymbol{x}_3 = e(\boldsymbol{x}_2 + 1) \times \boldsymbol{x}_4))\end{aligned}$$

où e est un opérateur unaire représentant la fonction $(\lambda N)(2^N)$, est une définition pour la relation B dans $(\mathbb{N}, +, \times, (\lambda N)(2^N), <, 1)$. Il est alors facile d'éliminer $<$ et 1. □

Remarque. La définissabilité est évidemment relative à *une* réalisation particulière. La réalisation $(\mathbb{Z}, +)$ est complètement distincte de la réalisation $(\mathbb{N}, +)$, même s'il est usuel d'employer la même notation pour l'addition des entiers relatifs que pour sa restriction aux entiers naturels. Il n'y a aucune raison pour que les mêmes objets soient définissables dans ces deux réalisations. Par exemple, l'entier 0 se trouve être définissable dans les deux par la même formule $\boldsymbol{x} + \boldsymbol{x} = \boldsymbol{x}$. Mais, par contre, l'entier 1, qui est définissable dans $(\mathbb{N}, +)$ ainsi qu'on l'a vu plus haut, n'est *pas* définissable dans $(\mathbb{Z}, +)$. On peut le démontrer en remarquant que la symétrie $N \mapsto -N$ est un automorphisme du groupe $(\mathbb{Z}, +)$, d'où il résulte que, pour toute formule Δ ne faisant intervenir que l'opération $+$, $\Delta(1)$ est vraie dans $(\mathbb{Z}, +)$ si et seulement si $\Delta(-1)$ l'est, ce qui entraîne que Δ ne peut être une définition pour 1.

Il reste maintenant la question, beaucoup plus délicate, de savoir si l'exponentiation entière peut se définir à partir de l'addition et de la multiplication des entiers. On sait que l'exponentiation (comme opération unaire ou comme opération binaire) est une fonction récursive puisqu'elle se définit par récurrence à partir de la multiplication. On va établir un résultat très général.

Définition. Une fonction π de $\mathbb{N}^2$ dans $\mathbb{N}$ est un *représentation des suites finies* si, pour tout entier ℓ et toute suite finie d'entiers $(M_0, \ldots, M_\ell)$, il existe au moins un entier M vérifiant les $\ell + 1$ égalités $\pi(M, 0) = M_0$, ..., $\pi(M, \ell) = M_\ell$.

Lemme 2.4. *Il existe une représentation des suites finies définissable dans* $(\mathbb{N}, +, \times)$.

Démonstration. Notons $\beta(N, M, P)$ le reste de la division euclidienne de l'entier N par l'entier $(P+1)M+1$. Alors β est une fonction (partout définie) de $\mathbb{N}^3$ dans $\mathbb{N}$ qui est définissable dans $(\mathbb{N}, +, \times, <)$ donc dans $(\mathbb{N}, +, \times)$. En effet la formule

$$\begin{aligned} &\boldsymbol{y_1 < (x_3+1) \times x_2 + 1} \\ &\quad \wedge(\exists \boldsymbol{x_4})(\boldsymbol{x_1} = ((\boldsymbol{x_3}+\mathbf{1}) \times \boldsymbol{x_2}+\mathbf{1}) \times \boldsymbol{x_4} + \boldsymbol{y_1}) \end{aligned}$$

en constitue une définition. Soit $(M_0, \ldots, M_\ell)$ une suite finie quelconque d'entiers. Posons

$$D = \max(M_0, \ldots, M_\ell, \ell) \qquad \text{et} \qquad M = D!.$$

Supposons que l'entier p divise à la fois $(i+1)M+1$ et $(j+1)M+1$, où i et j sont distincts et compris entre 0 et ℓ. Alors p divise $(i-j)M$. Puisque M et $(i+1)M+1$ sont premiers entre eux, p doit diviser $i-j$. Mais alors p est inférieur ou égal à ℓ, donc à D, et donc p divise M. Comme p divise $(i+1)M+1$ par hypothèse, p est nécessairement 1. Autrement dit les nombres $M+1$, $2M+1$, $\ldots$, $(\ell+1)M+1$ sont deux à deux premiers entre eux. Par le lemme des restes chinois, il doit donc exister un entier N tel que le reste de la division de N par $(i+1)M+1$, c'est-à-dire $\beta(N, M, i)$, est égal à M_i pour chaque i entre 0 et ℓ.

La fonction β a toutes les qualités requises, à ceci près que les suites finies sont ici représentées par des couples d'entiers, et non des entiers. On pourrait pallier ce défaut en utilisant la bijection récursive de $\mathbb{N}^2$ sur $\mathbb{N}$ introduite au chapitre 4. Ceci serait inadéquat ici, car la construction de cette bijection fait appel à l'exponentiation, et sa définissablité à l'aide de l'addition et la multiplication seule serait donc (pour le moment) problématique. Par contre la bijection

$$K : (N_1, N_2) \mapsto (N_1 + N_2)(N_1 + N_2 + 1)/2 + N_1$$

est immédiatement définissable dans $(\mathbb{N}, +, \times)$. On obtient donc une représentation des suites finies π en posant

$$\pi(N, N') = \beta(K_1(N), K_2(N), N'),$$

où (K_1, K_2) est la bijection réciproque de K. La fonction π est certainement définissable puisque P est $\pi(N, N')$ si et seulement si il existe deux entiers N_1 et N_2 vérifiant à la fois $P = \beta(N_1, N_2, N')$ et $N = K(N_1, N_2)$. □

On peut alors établir le résultat genéral suivant.

Proposition 2.5. *Toute fonction récursive de* $\mathbb{N}^r$ *dans* $\mathbb{N}^s$ *est définissable dans* $(\mathbb{N}, +, \times)$.

Démonstration. On établit le résultat pour les fonctions de base, puis on montre que la propriété est préservée par les quatre opérations de composition, concaténation, définition par minimalisation et définition par récurrence. D'après les résultats antérieurs, il est suffisant d'établir la définissabilité dans $(\mathbb{N}, +, \times, 0, 1, <)$.

(i) La fonction S est trivialement définissable, puisqu'elle *est* l'opération $+$: $\boldsymbol{x}_1 + \boldsymbol{x}_2 = \boldsymbol{y}_1$ est une définition de S.
La décrémentation D est définie par
$\boldsymbol{x}_1 = \boldsymbol{y}_1 + \mathbf{1} \vee (\boldsymbol{x}_1 = \mathbf{0} \wedge \boldsymbol{y}_1 = \mathbf{0})$.
Pour $M > 0$, la fonction constante $C_{r,M}$ est définie par
$\boldsymbol{y}_1 = \mathbf{1} + \ldots + \mathbf{1}$, où il y a M signes $\mathbf{1}$.
La fonction constante $C_{r,0}$ est définie par $\boldsymbol{y}_1 = \mathbf{0}$.
La projection $\Pi_{r,s}$ est définie par $\boldsymbol{y}_1 = \boldsymbol{x}_s$.

(ii) Supposons que F est **concat**(G, H), où G et H sont définies dans $(\mathbb{N}, +, \times)$ par les formules $\Delta_G(\boldsymbol{x}_1, \ldots, \boldsymbol{x}_r, \boldsymbol{y}_1, \ldots, \boldsymbol{y}_s)$ et $\Delta_H(\boldsymbol{x}_1, \ldots, \boldsymbol{x}_r, \boldsymbol{y}_1, \ldots, \boldsymbol{y}_t)$. Alors F est définie dans $(\mathbb{N}, +, \times)$ par la formule

$$\Delta_G(\boldsymbol{x}_1, \ldots, \boldsymbol{x}_r, \boldsymbol{y}_1, \ldots, \boldsymbol{y}_s) \wedge \Delta_H(\boldsymbol{x}_1, \ldots, \boldsymbol{x}_r, \boldsymbol{y}_{s+1}, \ldots, \boldsymbol{y}_{s+t}).$$

(iii) Supposons que F est **comp**(G, H), où G et H sont définies dans $(\mathbb{N}, +, \times)$ par les formules $\Delta_G(\boldsymbol{x}_1, \ldots, \boldsymbol{x}_r, \boldsymbol{y}_1, \ldots, \boldsymbol{y}_s)$ et $\Delta_H(\boldsymbol{y}_1, \ldots, \boldsymbol{y}_s, \boldsymbol{y}_1, \ldots, \boldsymbol{y}_t)$. Alors F est définie dans $(\mathbb{N}, +, \times)$ par la formule

$$(\exists \boldsymbol{z}_1, \ldots, \boldsymbol{z}_s)(\Delta_G(\boldsymbol{x}_1, \ldots, \boldsymbol{x}_r, \boldsymbol{z}_1, \ldots, \boldsymbol{z}_s) \wedge \Delta_H(\boldsymbol{z}_1, \ldots, \boldsymbol{z}_s, \boldsymbol{y}_1, \ldots, \boldsymbol{y}_t),$$

où $\boldsymbol{z}_1, \ldots, \boldsymbol{z}_s$ sont des variables distinctes de $\boldsymbol{x}_1, \ldots, \boldsymbol{y}_t$.

(iv) Supposons que F est **minim**(G), où G est définie dans $(\mathbb{N}, +, \times)$ par la formule $\Delta_G(\boldsymbol{x}_1, \ldots, \boldsymbol{x}_r, \boldsymbol{x}_{r+1}, \boldsymbol{y}_1)$. Alors F est définie dans $(\mathbb{N}, +, \times)$ par la formule

$$(\forall \boldsymbol{z}_1)(\boldsymbol{z}_1 < \boldsymbol{y}_1) \Rightarrow (\exists \boldsymbol{z}_2)(\boldsymbol{z}_2 \neq \mathbf{0} \wedge \Delta_g(\boldsymbol{x}_1, \ldots, \boldsymbol{x}_r, \boldsymbol{z}_1, \boldsymbol{z}_2)) \wedge \Delta_G(\boldsymbol{x}_1, \ldots, \boldsymbol{x}_r, \boldsymbol{y}_1, \mathbf{0}).$$

(v) Il reste donc le cas de la définition par récurrence, et celui-ci, à la différence de tous les précédents, n'est *pas* trivial. Supposons que F est **rec**(G, H), où G et H sont définies dans $(\mathbb{N}, +, \times)$ par les formules $\Delta_G(\boldsymbol{x}_1, \ldots, \boldsymbol{x}_r, \boldsymbol{y}_1)$ et $\Delta_H(\boldsymbol{x}_1, \ldots, \boldsymbol{x}_{r+2}, \boldsymbol{y}_1)$. Alors pour chaque valeur de l'entier M la fonction $(\lambda\vec{N})(F(N, M))$ est définissable. En effet, la fonction $(\lambda\vec{N})(F(N, 0))$ est par définition la fonction G base de la récurrence. Elle est donc par hypothèse définie par la formule $\Delta_G(\boldsymbol{x}_1, \ldots, \boldsymbol{x}_r, \boldsymbol{y}_1)$, ou encore par la formule Δ_0 équivalente

$$(\exists \boldsymbol{z}_0)(\Delta_G(\boldsymbol{x}_1, \ldots, \boldsymbol{x}_r, \boldsymbol{z}_0) \wedge \boldsymbol{y}_1 = \boldsymbol{z}_0).$$

Ensuite la fonction $(\lambda\vec{N})(F(N, 1))$ est à peu de choses près une composée des fonctions G et H. Elle est définie par la formule

$$(\exists \boldsymbol{z}_0)(\Delta_G(\boldsymbol{x}_1, \ldots, \boldsymbol{x}_r, \boldsymbol{z}_0) \wedge \Delta_H(\boldsymbol{x}_1, \ldots, \boldsymbol{x}_r, \mathbf{1}, \boldsymbol{z}_0, \boldsymbol{y}_1)),$$

soit encore par la formule $\Delta_1$équivalente

$$(\exists \boldsymbol{z}_0, \boldsymbol{z}_1)(\Delta_G(\boldsymbol{x}_1, \ldots, \boldsymbol{x}_r, \boldsymbol{z}_0) \wedge \Delta_H(\boldsymbol{x}_1, \ldots, \boldsymbol{x}_r, \mathbf{1}, \boldsymbol{z}_0, \boldsymbol{z}_1) \wedge \boldsymbol{y}_1 = \boldsymbol{z}_1).$$

De même la fonction $(\lambda\vec{N})(F(N, 2))$ est définie par la formule Δ_2

$$(\exists \boldsymbol{z}_0, \boldsymbol{z}_1, \boldsymbol{z}_2)(\Delta_G(\boldsymbol{x}_1, \ldots, \boldsymbol{x}_r, \boldsymbol{z}_0) \wedge \Delta_H(\boldsymbol{x}_1, \ldots, \boldsymbol{x}_r, \mathbf{1}, \boldsymbol{z}_0, \boldsymbol{z}_1)$$
$$\wedge \Delta_H(\boldsymbol{x}_1, \ldots, \boldsymbol{x}_r, \mathbf{1} + \mathbf{1}, \boldsymbol{z}_1, \boldsymbol{z}_2) \wedge \boldsymbol{y}_1 = \boldsymbol{z}_2),$$

et, par une itération facile, la fonction $(\lambda\vec{N})(F(N,M))$ est définie par la formule Δ_M

$$(\exists \boldsymbol{z}_0, \boldsymbol{z}_1, \ldots, \boldsymbol{z}_M)(\Delta_G(\boldsymbol{x}_1, \ldots, \boldsymbol{x}_r, \boldsymbol{z}_0) \wedge \Delta_H(\boldsymbol{x}_1, \ldots, \boldsymbol{x}_r, \mathbf{1}, \boldsymbol{z}_0, \boldsymbol{z}_1) \wedge \ldots \\ \wedge \Delta_H(\boldsymbol{x}_1, \ldots, \boldsymbol{x}_r, \mathbf{1} + \ldots + \mathbf{1}, \boldsymbol{z}_{M-1}, \boldsymbol{z}_M) \wedge \boldsymbol{y}_1 = \boldsymbol{z}_M).$$

Mais ceci n'établit *pas* la définissabilité de la fonction F en tant que fonction à $r+1$ variables. En effet les formules Δ_0, Δ_1, *etc...* sont deux à deux différentes, et les « ... » figurant dans l'écriture de Δ_M ne doivent pas faire oublier que le paramètre M a une valeur unique fixé dans chaque cas.

Supposons maintenant qu'on quitte la logique du premier ordre et qu'on considère une nouvelle logique avec deux types de variables, les variables $\boldsymbol{X}$, $\boldsymbol{Y}$, ... du second type représentant les suites finies de variables du premier type qui seront toujours notées $\boldsymbol{x}$, $\boldsymbol{y}$, ... On suppose aussi qu'il existe un opérateur « mixte » $\Pi(\boldsymbol{Z}, \boldsymbol{y})$ à une variable de type « suite » et une variable de type « objet » (c'est à dire ici « entier ») qui sera interprêté comme l'application associant à la suite (représentée par) $\boldsymbol{Z}$ sa composante de rang (représenté par) $\boldsymbol{y}$. Considérons alors la formule Δ suivante de cette logique étendue :

$$(\exists \boldsymbol{Z})(\Delta_G(\boldsymbol{x}_1, \ldots, \boldsymbol{x}_r, \Pi(\boldsymbol{Z}, \mathbf{0})) \\ \wedge(\forall \boldsymbol{y})(\boldsymbol{y} < \boldsymbol{x}_{r+1} \Rightarrow \Delta_H(\boldsymbol{x}_1, \ldots, \boldsymbol{x}_r, \boldsymbol{y}, \Pi(\boldsymbol{Z}, \boldsymbol{y} - \mathbf{1}), \Pi(\boldsymbol{Z}, \boldsymbol{y}))) \\ \wedge \boldsymbol{y}_1 = \Pi(\boldsymbol{Z}, \boldsymbol{x}_{r+1})).$$

En supposant définie de la façon évidente la sémantique de la logique étendue considérée, on vérifie que Δ constitue une définition de la fonction F dans $(\mathbb{N}, +, \times, 1, -)$. En effet, si P est $F(\vec{N}, M)$, alors la suite des valeurs $(F(\vec{N}, 0), F(\vec{N}, 1), \ldots, F(\vec{N}, M))$ constitue un choix de valeurs pour la variable $\boldsymbol{Z}$ de Δ qui atteste de sa satisfaction. Inversement, si $\Delta(\vec{N}, P)$ est vraie, la valeur donnée à la variable $\boldsymbol{Z}$ pour attester de la satisfaction commence nécessairement par les entiers $F(\vec{N}, 0)$, ..., $F(\vec{N}, M)$, et, comme P est le $M+1$-ième élément de cette suite, P est nécessairement égal à $F(\vec{N}, M)$.

Le problème n'est toujours pas résolu, puisqu'on a maintenant une définition pour F, mais pas au moyen d'une formule du premier ordre. C'est ici qu'intervient la possibilité de représenter par des entiers les suites finies d'entiers. Supposons que π est une telle représentation. Alors toute formule du type de Δ (et donc non du premier ordre)

$$(\exists \boldsymbol{Z})(\ldots \Pi(\boldsymbol{Z}, \boldsymbol{y}) \ldots)$$

peut être remplacée par une formule

$$(\exists \boldsymbol{z})(\ldots \pi(\boldsymbol{z}, \boldsymbol{y}) \ldots)$$

qui, elle, est du premier ordre. En particulier la formule Δ peut étre remplacée par la formule Δ' du premier ordre

$$(\exists \boldsymbol{z})(\Delta_G(\boldsymbol{x}_1, \ldots, \boldsymbol{x}_r, \pi(\boldsymbol{z}, \mathbf{0})) \\ \wedge(\forall \boldsymbol{y})(\boldsymbol{y} < \boldsymbol{x}_{r+1} \Rightarrow \Delta_H(\boldsymbol{x}_1, \ldots, \boldsymbol{x}_r, \boldsymbol{y}, \pi(\boldsymbol{z}, \boldsymbol{y} - \mathbf{1}), \pi(\boldsymbol{z}, \boldsymbol{y}))) \\ \wedge \boldsymbol{y}_1 = \pi(\boldsymbol{z}, \boldsymbol{x}_{r+1})).$$

A condition de supposer la fonction π définissable dans $(\mathbb{N}, +, \times)$, ce qu'on a vu être possible au lemme 2.4, on a ainsi obtenu une définition pour la fonction F à partir des définitions de G et H. La preuve inductive se poursuit donc, et on peut conclure que toute fonction récursive (c'est-à-dire toute fonction MT-calculable) est définissable dans la réalisation $(\mathbb{N}, +, \times)$. □

Remarque. La réciproque de la proposition précédente est fausse. Il existe des fonctions définissables à partir de l'addition et de la multiplication qui ne sont pas récursives. On peut obtenir un contrexemple simple à partir de la fonction non récursive explicitée à la fin du chapitre 5. En effet la fonction U telle que $U(N)$ est le nombre maximal de 1 écrits par une machine de Turing à un ruban d'alphabet $\{1\}$ à partir de l'entrée vide est définissable dans $(\mathbb{N}, +, \times, B)$, donc (par la proposition précédente) dans $(\mathbb{N}, +, \times)$. Il suffit pour le démontrer d'utiliser une machine $\boldsymbol{U}$ universelle pour les machines de Turing pour un ruban et un codage des calculs de la machine $\boldsymbol{U}$ par des entiers analogue à celui qu'on a utilisé dans la section 1 du chapitre présent.

De la proposition précédente, on déduit que l'exponentiation des entiers est définissable dans $(\mathbb{N}, +, \times)$. On remarquera qu'il n'aurait pas vraiment été plus simple d'établir le résultat pour le cas particulier de l'exponentiation dans la mesure où ce cas nécessite de traiter la définition par récurrence, qui est la seule partie délicate de la démonstration. Par conséquent on peut énoncer le résultat fondamental suivant

Théorème 2.6. (indécidabilité de l'arithmétique) *L'ensemble des formules du premier ordre vraies dans* $(\mathbb{N}, +, \times)$ *n'est pas* MT*-semi-décidable.*

Autrement dit, il ne peut pas exister d'algorithme (simulable sur machine de Turing) qui, à partir d'une formule d'arithmétique, décide si cette formule est vraie ou fausse.

Répétons à nouveau que ce théorème, comme tout résultat d'indécidabilité, ne concerne que l'ensemble infini de toutes les formules, et pas telle ou telle formule particulière. Une formule donnée Φ est ou bien vraie ou bien fausse dans $(\mathbb{N}, +, \times)$, et il existe un algorithme qui, pour cette formule Φ, décide si Φ est vraie ou fausse : c'est ou bien l'algorithme « stupide » qui accepte toujours, ou bien l'algorithme tout aussi « stupide » qui refuse toujours. Même si on sait pas lequel de ces deux algorithmes est correct dans le cas de Φ, il est certain qu'un l'est. Par contre, le théorème affirme qu'il ne peut exister un algorithme *uniforme* (le même dans tous les cas) qui décide la vérité dans $(\mathbb{N}, +, \times)$ pour *toutes* les formules.

3 Incomplétude de l'arithmétique

Comme on l'a rappelé au chapitre précédent, le moyen le plus usuel pour établir qu'une formule donnée est vraie dans une réalisation donnée consiste à *dériver* cette formule à partir d'autres formules dont on sait déjà qu'elles sont vraies, en utilisant des règles de dérivation dont l'archétype est la règle de coupure dérivant Ψ à partir de Φ et $\Phi \Rightarrow \Psi$. L'indécidabilité de l'arithmétique donne immédiatement un résultat négatif quant à l'exhaustivité de cette approche.

Théorème 3.1. (incomplétude de l'arithmétique, forme syntaxique) *Soit Θ un ensemble MT-semi-décidable de formules du premier ordre vraies dans* $(\mathbb{N}, +, \times)$, *et Δ un ensemble MT-calculable de règles de dérivation. Alors il existe toujours une formule qui est vraie dans* $(\mathbb{N}, +, \times)$ *mais n'est pas dérivable par Δ à partir de Θ.*

Démonstration. Si Θ est MT-semi-décidable, il en est de même de l'ensemble Θ' de toutes les formules qui sont MT-dérivables à partir des formules de Θ, d'après le lemme 8.2.3. Si chaque formule de Θ est vraie dans $(\mathbb{N}, +, \times)$, il en est de même des formules dérivables par Δ à partir des formules de Θ. Donc Θ' est un sous-ensemble MT-semi-décidable de $TH_1(\mathbb{N}, +, \times)$. Comme ce dernier ensemble n'est pas MT-semi-décidable, l'inclusion doit être stricte. □

Le résultat précédent s'applique immédiatement au cas particulier de l'unique règle de coupure.

Le théorème d'incomplétude peut s'énoncer comme l'impossibilité d'axiomatiser complètement et récursivement l'arithmétique, en appelant système complet d'axiomes pour une réalisation $\mathcal{R}$ (relativement aux règles Δ) tout ensemble de formules Θ tel que $TH_1(\mathcal{R})$ soit exactement l'ensemble des formules dérivables par Δ à partir de Θ. Un système d'axiomes pour l'arithmétique est donc ou bien non récursif (c'est-à-dire non effectif), ou bien « incomplet » au sens où il existe des formules vraies non dérivables à partir de ces axiomes. Notons que ce résultat, connu comme le *premier* théorème d'incomplétude de donne aucun exemple effectif de formule non démontrable à partir d'un ensemble quelconque Θ de formules vraies.

On peut également énoncer une forme sémantique du théorème d'incomplétude, c'est-à-dire une forme mettant en jeu la notion de satisfaction au lieu de celle de dérivabilité. La passage entre les deux points de vue est fourni comme au chapitre 8 par le théorème de complétude des logiques du premier ordre.

Définition. Soit $\mathcal{L}$ une logique quelconque, Θ un ensemble de formules de $\mathcal{L}$. Une réalisation $\mathcal{R}$ pour $\mathcal{L}$ est *modèle* de Θ si chaque formule de Θ est satisfaite dans $\mathcal{R}$. Une formule Φ de $\mathcal{L}$ est *conséquence* de Θ si Φ est vraie dans chaque modèle de Θ.

Notons qu'avec la définiton précédente, toute formule est conséquence d'un ensemble de formules insatisfaisable. Le théorème de complétude des logiques du premier ordre peut s'énoncer à l'aide la notion de conséquence.

Proposition 3.2. *Soit Σ une signature quelconque, et Θ un ensemble de formules du premier ordre en Σ. Pour toute formule Φ dans $FORM_1(\Sigma)$, il y a équivalence entre*

i) la formule Φ est conséquence de Θ,

ii) la formule Φ est dérivable par coupure à partir de $AX(\Sigma) \cup \Theta$.

Cette forme se déduit de celle du théorème 8.2.4 en remarquant que la formule Φ est conséquence de Θ si et seulement si l'ensemble de formules $\Theta \cup \{\neg\Phi\}$ n'est pas satisfaisable. Indépendamment du mécanisme particulier des dérivations, on en tire le corollaire suivant :

Théorème 3.3. (complétude des logiques du premier ordre, forme abstraite) *Pour toute signature Σ et tout ensemble Θ de formules du premier ordre en Σ, l'ensemble des formules du premier ordre qui sont conséquences de Θ est MT-semi-décidable.*

De là on déduit un énoncé alternatif pour l'incomplétude de l'arithmétique.

Théorème 3.4. (incomplétude de l'arithmétique, forme sémantique) *Soit Θ un ensemble MT-semi-décidable de formules du premier ordre vraies dans $(\mathbb{N}, +, \times)$. Alors il existe toujours une formule qui est vraie dans $(\mathbb{N}, +, \times)$ mais n'est pas conséquence de Θ.*

Et pour terminer cette section, on peut encore formuler l'incomplétude en termes d'existence de modèles.

Proposition 3.5. *Soit Θ un ensemble MT-semi-décidable de formules du premier ordre vraies dans $(\mathbb{N}, +, \times)$. Alors il existe un modèle de Θ qui n'est pas isomorphe à $(\mathbb{N}, +, \times)$.*

Démonstration. Par le théorème d'incomplétude, il existe une formule Φ qui n'est pas conséquence de Θ mais est vraie dans $(\mathbb{N}, +, \times)$. Or dire que Φ n'est pas conséquence de Θ signifie que l'ensemble $\Theta \cup \{\neg\Phi\}$ est satisfaisable. Si $\mathcal{R}$ est une réalisation satisfaisant cet ensemble de formules, $\mathcal{R}$ ne peut être isomorphe à $(\mathbb{N}, +, \times)$ puisque la formule Φ est vraie dans $(\mathbb{N}, +, \times)$ et fausse dans $\mathcal{R}$. En effet une induction facile montre que des réalisations isomorphes satisfont les mêmes formules. □

4 L'axiomatique de Peano

Chacun sait qu'il existe un système d'axiomes dits de Peano qui est souvent proposé comme point de départ pour l'arithmétique. Comment l'existence de ce système est-elle compatible avec les résultats négatifs obtenus dans la section précédente, notamment avec le théorème d'incomplétude ?

La réponse est immédiate : le système de Peano n'est pas, dans sa formulation usuelle, un ensemble de formules d'arithmétique du premier ordre. En effet, le système de Peano, qu'on notera PA_2, est l'ensemble des sept formules suivantes, utilisant la signature qui, en plus des symboles $\boldsymbol{+}$ pour l'addition et $\boldsymbol{\times}$ pour la multiplication, comprend un opérateur unaire $\boldsymbol{s}$ pour l'opération « successeur » $(\lambda N)(N+1)$ et un nom $\mathbf{0}$ pour 0.

$$(\forall \boldsymbol{x}_1, \boldsymbol{x}_2)(\boldsymbol{s}(\boldsymbol{x}_1) = \boldsymbol{s}(\boldsymbol{x}_2) \Rightarrow \boldsymbol{x}_1 = \boldsymbol{x}_2) \qquad (\Phi_1)$$
$$(\forall \boldsymbol{x}_1)(\boldsymbol{x}_1 \neq \mathbf{0} \Leftrightarrow (\exists \boldsymbol{x}_2)(\boldsymbol{x}_1 = \boldsymbol{s}(\boldsymbol{x}_2))) \qquad (\Phi_2)$$
$$(\forall \boldsymbol{x}_1)(\boldsymbol{x}_1 \boldsymbol{+} \mathbf{0} = \boldsymbol{x}_1) \qquad (\Phi_3)$$
$$(\forall \boldsymbol{x}_1, \boldsymbol{x}_2)(\boldsymbol{x}_1 \boldsymbol{+} \boldsymbol{s}(\boldsymbol{x}_2) = \boldsymbol{s}(\boldsymbol{x}_1 \boldsymbol{+} \boldsymbol{x}_2)) \qquad (\Phi_4)$$
$$(\forall \boldsymbol{x}_1)(\boldsymbol{x}_1 \boldsymbol{\times} \mathbf{0} = \mathbf{0}) \qquad (\Phi_5)$$
$$(\forall \boldsymbol{x}_1, \boldsymbol{x}_2)(\boldsymbol{x}_1 \boldsymbol{\times} \boldsymbol{s}(\boldsymbol{x}_2) = (\boldsymbol{x}_1 \boldsymbol{\times} \boldsymbol{x}_2) \boldsymbol{+} \boldsymbol{x}_1) \qquad (\Phi_6)$$
$$(\forall \boldsymbol{X})((\mathbf{0} \in \boldsymbol{X} \wedge (\forall \boldsymbol{x}_1)(\boldsymbol{x}_1 \in \boldsymbol{X} \Rightarrow \boldsymbol{s}(\boldsymbol{x}_1) \in \boldsymbol{X}) \Rightarrow (\forall \boldsymbol{x}_1)(\boldsymbol{x}_1 \in \boldsymbol{X})). \qquad (\Phi_7)$$

Il est bien exact que l'ensemble PA_2 est vrai dans $(\mathbb{N}, +, \times, s, 0)$, c'est du moins ce que notre *intuition* des entiers recommande d'accepter. Le problème ici est que la dernière des formules ci-dessus, connue comme « axiome de récurrence », n'est pas une formule du premier ordre par rapport à la signature considérée. En effet, il y figure à côté de la variable $\boldsymbol{x}_1$ qui représente un entier la variable $\boldsymbol{X}$ qui représente un *ensemble* d'entiers, ainsi qu'une relation binaire $\in$ liant ces deux types de variables.

Il existe deux façons de contourner cette difficulté. La première est de considérer une vaste réalisation regroupant entiers, ensembles d'entiers, ensembles d'ensembles d'entiers, *etc...* dans laquelle l'appartenance est une relation binaire comme les autres, toutes les variables étant considérées comme représentant un objet quelconque de la réalisation. Cette approche consiste simplement à sortir du cadre de l'arithmétique pour se placer dans celui plus large d'une *théorie des ensembles*. La compatibilité entre le fait que PA_2 axiomatise effectivement les entiers dans ce contexte (ainsi qu'on le verra ci-dessous) et le théorème d'incomplétude vient de ce que le phénomène d'incomplétude se trouve alors simplement transféré de l'arithmétique à la théorie des ensembles : les entiers sont axiomatisés par rapport aux ensembles, mais ceux-ci à leur tour ne peuvent l'être. En des termes plus sémantiques, l'ensemble des entiers peut être caractérisé de façon relative à l'intérieur de l'« univers » de tous les ensembles, mais cet univers ne peut être caractérisé de façon absolue.

L'autre approche, moins ambitieuse, consiste à introduire une logique du second ordre en tout point semblable à la logique du premier ordre, à ceci près qu'on utilise deux ensembles disjoints de variables, les unes pour les « éléments », les autres pour les « ensembles », et que $\boldsymbol{x} \in \boldsymbol{X}$ est autorisé comme formule atomique pour $\boldsymbol{x}$ variable-élément et $\boldsymbol{X}$ variable-ensemble. La sémantique associée est claire. Notant $FORM_2(\Sigma)$ l'ensemble des formules du second ordre construites à partir de la signature Σ, on aura ainsi que PA_2 est un ensemble de formules de $FORM_2(\Sigma_0)$, où Σ_0 est la signature $\{(\boldsymbol{+}, 2, 1), (\boldsymbol{\times}, 2, 1), (\boldsymbol{s}, 1, 1), (\mathbf{0}, 0, 1)\}$. A partir de là, les résultats négatifs obtenus plus haut vont se reformuler en résultats négatifs sur les logiques du second ordre.

Lemme 4.1. *Supposons que $\mathcal{R}$ est une réalisation de Σ_0 dans laquelle PA_2 est vrai. Alors $\mathcal{R}$ est isomorphe à* $(\mathbb{N}, +, \times, s, 0)$.

Démonstration. Notons $^*\mathbb{N}$ le domaine de $\mathcal{R}$, et $^*+$, $^*\times$, $^*s$, ^{*0} respectivement les interprétations de $\mathbf{+}$, $\mathbf{\times}$, $\mathbf{s}$ et $\mathbf{0}$ dans $\mathcal{R}$. On définit une application F de $\mathbb{N}$ dans $^*\mathbb{N}$ en posant

$$F(N) = \begin{cases} ^*0 & \text{si } N = 0, \\ ^*s(F(M)) & \text{si } N = s(M). \end{cases}$$

L'application F est injective. En effet on montre par induction sur l'entier N que $M > N$ implique $F(M) \neq F(N)$. Pour $N = 0$, la propriété est vraie puisque $F(0)$ est ^{*0} qui n'est pas dans l'image de $^*s$, contrairement à $F(M)$ pour $M \geq 1$ (puisque $\mathcal{R}$ satisfait Φ_2). Supposons la propriété vraie pour N, et soit $M > N+1$. Alors M est non nul, $F(M)$ est $^*s(F(M-1))$. Comme $M-1 > N$ est vrai, $F(M-1)$ est distinct de $F(N)$, donc, puisque $^*s$ est injective ($\mathcal{R}$ satisfait Φ_1), $F(M)$ est distinct de $F(N+1)$, et la propriété est vraie pour $N+1$.

Ensuite F est surjective. En effet ^{*0} est dans l'image de F, et, si a est $F(N)$, alors $^*s(a)$ est $F(N+1)$. Donc puisque $\mathcal{R}$ satisfait Φ_7, on peut conclure que l'image de F est l'ensemble $^*\mathbb{N}$ entier. Donc F est une bijection.

Il reste à vérifier que F est un homomorphisme vis-à-vis des opérations. Par définition $^*s(F(N)) = F(s(N))$ est vrai pour tout entier N. Donc, pour tout N, on a

$$F(N+0) = F(N) = F(N) \,^*\!+ \mathbf{0} = F(N) \,^*\!+ F(0)$$

(par Φ_3) puis, supposant $F(N+M) = F(N) \,^*\!+ F(M)$ et appliquant Φ_4

$$\begin{aligned} F(N+M+1) &= F(s(N+M)) \\ &= {}^*s(F(N+M)) \\ &= {}^*s(F(N) \,^*\!+ F(M)) \\ &= F(N) \,^*\!+ {}^*s(F(M)) \\ &= F(N) \,^*\!+ F(M+1). \end{aligned}$$

La preuve est analogue pour la multiplication. □

On peut donc énoncer

Proposition 4.2. *L'ensemble* $TH_2(\mathbb{N}, +, \times, s, 0)$ *des formules du second ordre vraies dans* $(\mathbb{N}, +, \times, s, 0)$ *est exactement l'ensemble des conséquences de* PA_2 *dans* $FORM_2(\Sigma_0)$.

Démonstration. Dire que Φ est conséquence de PA_2 signifie que Φ est vraie dans toutes les réalisations de Σ_0 qui satisfont à PA_2, donc que Φ est vraie dans l'unique réalisation $(\mathbb{N}, +, \times, s, 0)$, puisque celle-ci est, à isomorphisme près, la seule à satisfaire PA_2. □

Lemme 4.3. *L'ensemble* $TH_2(\mathbb{N}, +, \times, s, 0)$ *n'est pas MT-semi-décidable.*

Démonstration. Par définition on a

$$TH_1(\mathbb{N},+,\times,s,0) = TH_2(\mathbb{N},+,\times,s,0) \cap FORM_1(\Sigma_0).$$

Comme l'ensemble $FORM_1(\Sigma_0)$ est MT-décidable, si $TH_2(\mathbb{N},+,\times,s,0)$ était MT-semi-décidable, il en serait de même de son intersection avec un ensemble MT-décidable. □

Ceci nous fournit un exemple d'un ensemble de formules du second ordre, à savoir PA_2 (dont on peut évidemment prendre la conjonction pour obtenir une formule au lieu d'un ensemble de sept formules), dont l'ensemble des conséquences (du second ordre) n'est pas un ensemble MT-semi-décidable. On en déduit qu'un analogue du théorème de complétude ne peut exister pour les logiques du second ordre.

Théorème 4.4. (incomplétude des logiques du second ordre) *Il ne peut pas exister d'ensemble MT-calculable de règles de dérivation Δ et d'ensemble d'axiomes $AX_2(\Sigma_0)$ tels que, pour tout ensemble de formules du second ordre Θ, il y ait équivalence, pour toute formule Φ dans $FORM_2(\Sigma_0)$, entre*
(i) la formule Φ est conséquence de Θ,
(ii) la formule Φ est dérivable par Δ à partir de $\Theta \cup AX_2(\Sigma_0)$.

Démonstration. S'il existait de tels ensembles de règles de dérivation et d'axiomes, l'ensemble des conséquences de PA_2 serait, par le lemme 8.2.3, un ensemble MT-semi-décidable, en contradiction avec le lemme précédent. □

Ce résultat indique qu'il n'existe aucun système de déduction pour les logiques du second ordre qui soit complet. On peut toujours décrire des règles valides, mais, pour peu que ces règles forment une famille MT-calculable (c'est-à-dire si on peut les décrire effectivement), il existera toujours des formules vraies dans toute réalisation et néanmoins indémontrables au moyen de la notion de preuve considérée.

Ces résultats négatifs amènent à envisager de remplacer le système PA_2 par un système d'axiomes du premier ordre (même si le théorème d'incomplétude de l'arithmétique prédit que le système obtenu sera nécessairement incomplet). Le seul fragment de PA_2 qui soit du second ordre est l'axiome de récurrence. On l'utilise généralement pour montrer qu'une certaine propriété des entiers est vraie. Autrement dit, l'ensemble X auquel on applique l'axiome est l'ensemble des entiers x vérifiant une certaine propriété $\mathcal{P}(x)$. Si la propriété $\mathcal{P}$ est elle-même exprimée par une formule du premier ordre Φ, alors la formule REC_Φ

$$(\boldsymbol{\Phi}(\mathbf{0}) \wedge (\forall \boldsymbol{x}_1)(\boldsymbol{\Phi}(\boldsymbol{x}_1) \Rightarrow \boldsymbol{\Phi}(\boldsymbol{s}(\boldsymbol{x}_1)))) \Rightarrow (\forall \boldsymbol{x}_1)(\boldsymbol{\Phi}(\boldsymbol{x}_1))$$

est une formule du premier ordre, et correspond exactement au principe de récurrence relativement à Φ. On notera PA_1 l'ensemble des formules Φ_1 à Φ_6 de PA_2 augmenté de chacune des formules REC_Φ pour Φ formule du premier ordre en Σ_0. Notons que les formules de PA_1 sont certainement vraies dans $(\mathbb{N}, +, \times, s, 0)$. Le système PA_1 revient à restreindre le principe général de récurrence de PA_2 au seul cas des ensembles d'entiers qui sont ***définissables*** dans $(\mathbb{N}, +, \times, s, 0)$ par une formule du premier ordre.

Lemme 4.5. *L'ensemble PA_1 est MT-décidable.*

Démonstration. C'est une vérification syntaxique très simple de décider si une formule donnée a ou non la forme REC_Φ. □

Bien que le système PA_1 semble très proche du système PA_2, il ne lui est ***pas*** équivalent.

Proposition 4.6. *i) Il existe une formule du premier ordre qui est vraie dans $(\mathbb{N}, +, \times, s, 0)$ mais n'est pas dérivable par coupure à partir de $PA_1 \cup AX(\Sigma_0)$.*

ii) Il existe une réalisation de Σ_0 qui satisfait à PA_1 mais n'est pas isomorphe à $(\mathbb{N}, +, \times, s, 0)$.

Démonstration. Puisque PA_1 est MT-décidable, il suffit d'appliquer le théorème d'incomplétude de l'arithmétique (théorème 3.1). Le point (ii) résulte de la proposition 3.5. □

Les réalisations de Σ_0 qui satisfont au système PA_1 mais ne sont pas isomorphes à $(\mathbb{N}, +, \times, s, 0)$ sont appelées ***modèles non-standard de l'arithmétique de Peano*** (du premier ordre). La preuve du lemme 4.1 montre que, si $({}^*\mathbb{N}, {}^*+, {}^*\times, {}^*s, {}^*0)$ est un modèle non-standard de l'arithmétique, alors il existe une partie N de ${}^*\mathbb{N}$, à savoir l'image de l'application F, qui contient ^{*0} et est stable par ${}^*+$, ${}^*\times$ et ${}^*s$, et est telle que $(N, {}^*+\restriction N^2, {}^*\times\restriction N^2, {}^*s\restriction N, {}^*0)$ est isomorphe à $(\mathbb{N}, +, \times, s, 0)$. Ainsi, à isomorphisme près, tout modèle non-standard de PA_1 inclut le modèle $(\mathbb{N}, +, \times, s, 0)$, appelé, lui, modèle standard.

La plupart des propriétés de l'arithmétique usuelle sont valables dans tout modèle non-standard : précisément il s'agit des propriétés qui sont conséquences des formules de PA_1, donc encore (en vertu du théorème de complétude) de celles qui peuvent se démontrer à partir de PA_1. On se bornera ici à des exemples simples.

Lemme 4.7. *Soit $({}^*\mathbb{N}, {}^*+, {}^*\times, {}^*s, {}^*0)$ un modèle de l'arithmétique de Peano. Alors l'opération ${}^*+$ est commutative et associative.*

Démonstration. On remarque qu'on a ${}^*0 \,{}^*\!+ {}^*0 = {}^*0$ (par l'axiome Φ_3), puis que ${}^*0 \,{}^*\!+ a = a$ entraîne (par Φ_4)

$$ {}^*0 \,{}^*\!+ {}^*s(a) = {}^*s({}^*0 \,{}^*\!+ a) = {}^*s(a). $$

Donc par l'axiome de récurrence pour la formule ${}^*0 \,{}^*\!+ \boldsymbol{x} = \boldsymbol{x}$, on conclut que ${}^*0 \,{}^*\!+ a = a$ est vrai pour tout a dans ${}^*\mathbb{N}$, et donc (par Φ_3) qu'il en est de même de ${}^*0 \,{}^*\!+ a = a \,{}^*\!+ {}^*0$.

Ensuite, pour tout b dans $^*\mathbb{N}$, on a $s(b{}^*{+}{}^*0) = s(b)$ (par Φ_3), puis $^*s(b{}^*{+}a) = {}^*s(b)\,{}^*{+}\,a$ entraîne

$$^*s(b\,{}^*{+}\,{}^*s(a)) = {}^*s({}^*s(b\,{}^*{+}\,a)) = {}^*s({}^*s(b)\,{}^*{+}\,a) = {}^*s(b)\,{}^*{+}\,{}^*s(a).$$

Donc par l'axiome de récurrence pour la formule $(\forall \boldsymbol{y})(\boldsymbol{s}(\boldsymbol{y}+\boldsymbol{x}) = \boldsymbol{s}(\boldsymbol{y})+\boldsymbol{x})$, on conclut que l'égalité $^*s(b\,{}^*{+}\,a) = {}^*s(b)\,{}^*{+}\,a$ est vraie pour tous a et b dans $^*\mathbb{N}$.

Supposons alors $a\,{}^*{+}\,b = b\,{}^*{+}\,a$. On obtient

$$a\,{}^*{+}\,{}^*s(b) = {}^*s(a\,{}^*{+}\,b) = {}^*s(b\,{}^*{+}\,a) = {}^*s(b)\,{}^*{+}\,a.$$

Par l'axiome de récurrence pour la formule $(\forall \boldsymbol{y})(\boldsymbol{y}+\boldsymbol{x} = \boldsymbol{x}+\boldsymbol{y})$, on conclut que l'égalité $b\,{}^*{+}\,a = a\,{}^*{+}\,b$ est vraie pour tous a et b dans $^*\mathbb{N}$.

L'argument est analogue pour l'associativité. On a d'abord par Φ_3

$$c\,{}^*{+}\,(b\,{}^*{+}\,{}^*0) = c\,{}^*{+}\,b = (c\,{}^*{+}\,b)\,{}^*{+}\,{}^*0.$$

Puis supposant $c\,{}^*{+}\,(b\,{}^*{+}\,a) = (c\,{}^*{+}\,b)\,{}^*{+}\,a$ on déduit

$$\begin{aligned} c\,{}^*{+}\,(b\,{}^*{+}\,{}^*s(a)) &= c\,{}^*{+}\,{}^*s(b\,{}^*{+}\,a) = {}^*s(c\,{}^*{+}\,(b\,{}^*{+}\,a)) \\ &= {}^*s((c\,{}^*{+}\,b)\,{}^*{+}\,a) = (c\,{}^*{+}\,b)\,{}^*{+}\,{}^*s(a). \end{aligned}$$

Par l'axiome de récurrence pour la formule $(\forall \boldsymbol{y},\boldsymbol{z})((\boldsymbol{z}+\boldsymbol{y})+\boldsymbol{x} = \boldsymbol{z}+(\boldsymbol{y}+\boldsymbol{x}))$, on conclut que l'égalité $c\,{}^*{+}\,(b\,{}^*{+}\,a) = (c\,{}^*{+}\,b)\,{}^*{+}\,a$ est vraie pour tous a et b dans $^*\mathbb{N}$. □

Notons que la démonstration précédente est en particulier valable dans le cas du modèle standard de l'arithmétique : il s'agit simplement des premières étapes de la vérification de ce que les propriétés d'arithmétique se déduisent des axiomes de Peano.

Définition. Supposons que $({}^*\mathbb{N}, {}^*{+}, {}^*{\times}, {}^*s, {}^*0)$ est un modèle de l'arithmétique de Peano. On note $a\,{}^*{<}\,b$ s'il existe c distinct de ^{*0} tel que b est $a\,{}^*{+}\,c$.

Autrement dit la relation $^*{<}$ possède la même définition dans $({}^*\mathbb{N}, {}^*{+})$ que l'ordre $<$ dans $(\mathbb{N}, <)$.

Proposition 4.8. *Soit* $({}^*\mathbb{N}, {}^*{+}, {}^*{\times}, {}^*s, {}^*0)$ *un modèle de l'arithmétique de Peano. Alors la relation* $^*{<}$ *est un ordre total sur* $^*\mathbb{N}$ *et* $\mathbb{N}$ *est un segment initial de* $^*\mathbb{N}$ *relativement à* $^*{<}$.

Démonstration. Soit b quelconque dans $^*\mathbb{N}$. Il est clair que $^*0\,{}^*{+}\,b = {}^*0$ entraîne $b = {}^*0$, puisque (par le lemme précédent) $^*0\,{}^*{+}\,b$ est $b\,{}^*{+}\,{}^*0$, donc b par Φ_3. Supposons que $a\,{}^*{+}\,b = a$ entraîne $b = {}^*0$, et supposons qu'on a $^*s(a)\,{}^*{+}\,b = {}^*s(a)$. On a vu que $^*s(a)\,{}^*{+}\,b$ est égal à $^*s(a\,{}^*{+}\,b)$, donc par injectivité de $^*s$ (axiome Φ_2) on a $a\,{}^*{+}\,b = a$ et donc $b = 0$. Appliquant l'axiome de récurrence pour la formule $(\forall \boldsymbol{y})(\boldsymbol{x}\,{}^*{+}\,\boldsymbol{y} = \boldsymbol{x} \Rightarrow \boldsymbol{y} = \boldsymbol{0})$, on conclut que $a\,{}^*{+}\,b = a$ entraîne $b = {}^*0$ pour tous a, b dans $\mathbb{N}$, et donc que la relation $^*{<}$ est antiréflexive.

Ensuite supposons $a \,{}^*\!\!< b$ et $b \,{}^*\!\!< c$: il existe b' et c' non égaux à ^{*0} vérifiant $b = a \,{}^*\!\!+ b'$ et $c = b \,{}^*\!\!+ c'$. On a donc

$$c = (a \,{}^*\!\!+ b') \,{}^*\!\!+ c' = a \,{}^*\!\!+ (b' \,{}^*\!\!+ c'),$$

d'où $a \,{}^*\!\!< c$: la relation $^*\!\!<$ est transitive, et c'est donc un ordre strict sur $^*\mathbb{N}$.

Le fait que a soit $^*0 \,{}^*\!\!+ a$ pour tout a dans $^*\mathbb{N}$ signifie que ^{*0} est le minimum de l'ordre $^*\!\!<$, et, en particulier, est $^*\!\!<$-comparable à tout élément de $^*\mathbb{N}$. Supposons que a a la propriété d'être $^*\!\!<$-comparable à tout élément de $^*\mathbb{N}$, et soit b un élément quelconque de $^*\mathbb{N}$. Si $a \,{}^*\!\!< b$ est vrai, il existe b' distinct de ^{*0} tel que b est $a \,{}^*\!\!+ b'$. Il existe donc c' tel que b' est $^*s(c')$, et donc on a

$$b = a \,{}^*\!\!+ {}^*s(c') = {}^*s(a \,{}^*\!\!+ c') = {}^*s(a) \,{}^*\!\!+ c'.$$

Ou bien c' est égal à ^{*0}, et alors b est égal à $^*s(a)$, ou bien c' n'est pas égal à ^{*0}, et alors $^*s(a) \,{}^*\!\!< b$ est vrai. Ensuite si $a = b$ est vrai, on a

$$^*s(a) = {}^*s(b) = {}^*s(b \,{}^*\!\!+ {}^*0) = b \,{}^*\!\!+ {}^*s({}^*0),$$

et, comme $^*s(^*0)$ n'est pas ^{*0}, on a $b \,{}^*\!\!< {}^*s(a)$. Enfin si $b \,{}^*\!\!< a$ est vrai, il existe a' tel que a est $b \,{}^*\!\!+ a'$, et alors on a

$$^*s(a) = {}^*s(b \,{}^*\!\!+ a') = b \,{}^*\!\!+ {}^*s(a').$$

On en déduit que $b \,{}^*\!\!< {}^*s(a)$ est vrai. Par l'axiome de récurrence pour la formule

$$(\forall \boldsymbol{y})((\exists \boldsymbol{z})(\boldsymbol{y} = \boldsymbol{x} + \boldsymbol{z}) \vee \boldsymbol{x} = \boldsymbol{y} \vee (\exists \boldsymbol{z})(\boldsymbol{x} = \boldsymbol{y} + \boldsymbol{z})),$$

on conclut que l'ordre $^*\!\!<$ est un ordre total sur $^*\mathbb{N}$. Noter que, pour alléguer un axiome de récurrence présent dans PA_1, on doit prendre garde à écrire une formule en la signature Σ_0, et donc en particulier n'utilisant pas le symbole $<$ qui n'en fait pas partie. Ceci se fait en remplaçant dans la formule « naturelle » la relation $^*s$ par sa définition.

On a déjà vu que ^{*0} est le plus petit élément de $^*\mathbb{N}$ pour l'ordre $^*\!\!<$. Pour chaque élément b de $^*\mathbb{N}$, l'élément $^*s(b)$ est le successeur immédiat de b pour $^*s$. En effet, on a toujours $^*s(b) = b \,{}^*\!\!+ {}^*s({}^*0)$, donc $b \,{}^*\!\!< {}^*s(b)$ est vrai. Supposons établi que $^*s(a)$ est le successeur immédiat de a, c'est à dire que si b vérifie $a \,{}^*\!\!< b$ et n'est pas $^*s(a)$, alors $^*s(a) \,{}^*\!\!< b$ est vrai. Supposons $^*s(a) \,{}^*\!\!< b$. Alors il existe b' distinct de ^{*0} tel que b est $^*s(a) \,{}^*\!\!+ b'$. Comme b' n'est pas ^{*0}, il existe c' tel que b' est $^*s(c')$, et on a donc

$$b = {}^*s(a) \,{}^*\!\!+ {}^*s(c') = {}^*s({}^*s(a)) \,{}^*\!\!+ c'.$$

Si c' est ^{*0}, b est $^*s(^*s(a))$, sinon on a $^*s(^*s(a)) \,{}^*\!\!< b$, ce qui est dire que $^*s(^*s(a))$ est le successeur immédiat de $^*s(a)$ pour $^*\!\!<$. Appliquant l'axiome de récurrence pour une formule de Σ_0 convenable, on conclut que $^*s(a)$ est le successeur immédiat de a pour tout a dans $^*\mathbb{N}$. Il en résulte que les premiers éléments de $(^*\mathbb{N}, {}^*\!\!<)$ sont

$$^*0, {}^*s({}^*0), {}^*s({}^*s({}^*0)), \ldots$$

c'est-à-dire les éléments de $^*\mathbb{N}$ qui sont (image par F d'un) entier naturel. □

Ainsi on voit que les modèles de l'arithmétique de Peano sont ou bien le modèle standard $(\mathbb{N}, +, \times, s, 0)$, ou bien des modèles non-standard obtenus à partir du modèle standard en ajoutant des entiers « non-standard » qui sont plus grands que tous les entiers naturels. Une description plus complète de ces modèles nécessite des développements logiques plus substanciels, et va donc au delà des objectifs de ce cours.

5 Commentaires

Sous sa forme générale, l'indécidabilité de l'arithmétique énoncée par Church n'apparaît qu'après le (premier) théorème d'incomplétude de l'arithmétique. Celui-ci a été démontré en 1931 par Kurt Gödel en utilisant un codage direct de la démontrabilité dans les entiers et un argument diagonal (et évidemment pas une réduction du problème de l'arrêt d'une machine de Turing, introduit seulement quatre années plus tard). En étudiant la complexité syntaxique des formules d'arithmétique utilisées pour coder l'arrêt d'une machine de Turing, on constate que l'argument d'indécidabilité est valable pour la restriction de $TH_1(\mathbb{N}, +, \times)$ à des formules de type particulier. L'un des résultats les plus fameux en ce sens est le théorème de Matiyassevitch qui, en codant l'arrêt d'une machine de Turing par la satisfaction dans $(\mathbb{N}, +, \times)$ d'une formule du type

$$(\exists x_1, \ldots, x_k)(P(x_1, \ldots, x_k) = 0)$$

où P est un polynôme, montre l'indécidabilité de l'ensemble des formules de ce type vraies dans $\mathbb{N}$, et, par là, donne une réponse négative au dixième problème de Hilbert (Davis & *al* 1976).

Le premier théorème d'incomplétude de l'arithmétique obtenu dans ce chapitre ne fournit pas de formule explicite dont on sache qu'elle est indémontrable dans le système de Peano du premier ordre. Le second théorème d'incomplétude, démontré en 1936 par Gödel sous une forme partielle, puis Rosser sous sa forme optimale, comble cette lacune en construisant une formule explicite non démontrable, laquelle se trouve être un codage convenable du fait que l'ensemble de formules PA_1 n'est pas réfutable : la formule non démontrable dans PA_1 est celle qui exprime la non-réfutabilité (donc la satisfaisabilité) de PA_1. Autrement dit on ne peut pas démontrer dans le système PA_1 que PA_1 est non contradictoire, résultat qui se généralise à tout système (du premier ordre) étendant l'arithmétique de Peano, par exemple la théorie des ensembles.

Il a fallu attendre environ cinquante ans avant que soit obtenue l'indémontrabilité dans l'arithmétique de Peano de formules plus « naturelles » que celle donnée par le second théorème d'incomplétude, tout au moins de formules ayant un « style » plus arithmétique que logique. Dans (Paris & Harrington 1977) il est établi qu'une certaine propriété combinatoire liée au théorème de Ramsey est indémontrable dans l'arithmétique de Peano (quoique vraie dans les entiers). L'exemple probablement le plus frappant à ce jour est celui du théorème de

Goodstein, dont Kirby et Paris ont obtenu la non-démontrabilité à partir de PA_1. Soit B un entier quelconque. Pour tout entier N, le développement de N en base B consiste à écrire N comme une somme finie décroissante (au sens large)

$$B^{N_1} + \ldots + B^{N_k}.$$

On appelle *développement itéré* de N en base B l'écriture de N consistant à développer à leur tour les exposants $N_1, \ldots, N_k$ ci-dessus en base B, et à recommencer jusqu'à ce que l'expression obtenue ne contienne plus que des sommes, des exponentielles de base B et le chiffre 1. Par exemple le développement itéré de 41 en base 2 est l'expression

$$2^{2^{2^1}} + 2^{2^1+1} + 1.$$

On note alors F_B la fonction de $\mathbb{N}$ dans $\mathbb{N}$ qui, à tout entier non nul N, associe l'entier obtenu à partir de N en remplaçant tous les B dans le développement itéré de N en base B par des $B+1$. Par exemple $F_2(41)$ est l'entier

$$3^{3^{3^1}} + 3^{3^1+1} + 1,$$

qui est $3^{28} + 3^4 + 1$, soit 22 776 792 455 043. De façon extrêment paradoxale, le théorème de Goodstein (démontré en 1944) affirme que, partant d'un entier M_1 quelconque, la suite récurrente $(M_i)_{i \geq 1}$ définie par la relation

$$M_i = F_i(M_{i-1}) - 1$$

atteint la valeur 0 pour un indice i fini. Le résultat de Kirby et Paris est que la fonction qui, à chaque entier M_1 associe l'indice i tel que M_i est nulle, croît plus vite que toute fonction dont on peut montrer dans PA_1 qu'elle est partout définie, un résultat du même type que celui obtenu au chapitre 4 pour la fonction d'Ackerman par rapport aux fonctions primitives récursives, ou au chapitre 5 pour la fonction U par rapport aux fonctions MT-calculables. Comme la famille des fonctions dont le système PA_1 peut montrer qu'elles sont partout définies est beaucoup plus vaste que la famille des fonctions MT-calculables, les résultats de Paris et Harrington, et de Kirby et Paris, sont également d'une démonstration beaucoup plus délicate que les résultats des chapitres 4 et 5 de ce cours. Ces preuves reposent sur une analyse fine des modèles non-standard de l'arithmétique de Peano, voir (Kirby & Paris 1982).

On trouvera davantage de détails sur l'indécidabilité de l'arithmétique de Peano et ses sous-systèmes dans (Boolos & Jeffrey, 1989). En particulier y est établi le théorème de Tarski sur la non-définissabilité de la vérité, qui affirme que l'ensemble $TH_1(\mathbb{N}, +, \times)$ constitue, une fois transporté sur $\mathbb{N}$ *via* une numérotation convenable, un ensemble d'entiers qui non seulement n'est pas MT-décidable, mais même n'est pas définissable dans $(\mathbb{N}, +, \times)$.

Chapitre 10
Complexité de l'addition des entiers

Le but de ce dernier chapitre est de montrer comment le résultat d'indécidabilité de l'arithmétique peut être converti en un résultat de borne inférieure de complexité pour l'addition des entiers. Le principe est de définir à partir de l'addition le plus grand fragment possible de la multiplication et de l'exponentiation des entiers.

Chapitres préalables : 1, 2, 3, 4, 5, 6, 8, 9.

1 Borne supérieure de complexité

En définissant l'exponentiation à partir de l'addition et de la multiplication, on a déduit de l'indécidabilité de l'arithmétique avec exponentiation celle de l'arithmétique « simple » de l'addition et de la multiplication. Il est naturel de chercher si, à son tour, la multiplication peut être définie à partir de l'addition seule. Il n'en est rien, en vertu du résultat suivant, dû à Presburger :

Proposition 1.1. *La théorie (du premier ordre) de* $(\mathbb{N}, +)$ *est* MT*-décidable.*

Le principe de la preuve est de montrer qu'on peut construire algorithmiquement à partir de toute formule Φ en $+$, $\mathbf{0}$ et $\mathbf{1}$ une formule Φ' *sans quantificateur* qui est satisfaite dans la réalisation $(\mathbb{N}, +, 0, 1)$ si et seulement si Φ l'est (sans avoir à déterminer préalablement si Φ est ou non satisfaite). Comme il est immédiat de vérifier si une formule sans quantificateur est vraie ou non (il suffit d'évaluer les termes), on décide alors Φ en décidant Φ'.

La démonstration détaillée du résultat précédent est assez facile (quoique longue). On l'omettra néanmoins pour éviter de s'écarter trop de la direction générale du texte. Un examen soigneux de la procédure d'élimination des quantificateurs donne une borne supérieure de complexité.

Proposition 1.2. *La théorie (du premier ordre) de* $(\mathbb{N}, +)$ *appartient à la classe de complexité* $\boldsymbol{DSPACE}(2^{2^{4n}})$.

Ces résultats montrent qu'il serait vain de chercher à définir la multiplication dans la réalisation $(\mathbb{N}, +)$, puisqu'un succès dans cette recherche entraînerait l'indécidabilité de $TH_1(\mathbb{N}, +)$, qui donc est fausse.

2 Borne inférieure de complexité

Malgré le résultat positif énoncé plus haut on peut tenter de reprendre le principe du codage des calculs de machines de Turing par des entiers en cherchant à n'utiliser que l'addition. De même que la possibilité de coder tous les calculs (non déterministes) de longueur polynomiale dans le problème SAT_0 a permis de montrer que cet ensemble est ***NP***-complet, la possibilité de coder dans X tous les calculs de longueur au plus $T(n)$ entraîne que X ne peut appartenir à la classe $\boldsymbol{DTIME}(T(n))$, ou, tout au moins, à une classe voisine, pour autant qu'un théorème de hiérarchie s'applique.

Définition. Une fonction F de $\mathcal{A}^*$ dans $\mathcal{B}^*$ est ***polynomiale-linéaire*** s'il existe deux entiers d et k tels que, pour tout mot w assez long dans $\mathcal{A}^*$, d'une part, la valeur de $F(w)$ se calcule en temps au plus $|w|^d$, et, d'autre part, la longueur du mot $F(w)$ est majorée par $k|w|$.

Lemme 2.1. *Supposons que, pour tout ensemble Y dans la classe de complexité $\boldsymbol{DTIME}_{sp}(2^{2^n})$, il existe une réduction polynomiale-linéaire de l'ensemble Y dans l'ensemble X. Alors il existe une constante c telle que X n'appartient pas à la classe $\boldsymbol{DTIME}(2^{2^{cn}})$.*

Démonstration. D'après la proposition 5.3.4, il existe un ensemble Y qui appartient à
$$\boldsymbol{DTIME}_{sp}(2^{2^n}) \setminus \boldsymbol{DTIME}(2^{2^{n/3}})$$
puisque $(2^{2^{2n/3}})^6$ est négligeable devant 2^{2^n}. Supposons que F est une réduction polynomiale-linéaire de Y à X, et soient d, k les paramètres associés à F comme dans la définition ci-dessus. Posons $c = 1/(4k)$. Pour n assez grand, on a certainement
$$2^{2^{ckn}} + n^d < 2^{2^{n/3}}.$$
Si X était dans la classe $\boldsymbol{DTIME}(2^{2^{cn}})$, on déciderait l'appartenance à Y d'un mot w de longueur n assez grande en calculant $F(w)$ puis en décidant l'appartenance de $F(w)$ à X en temps
$$n^d + 2^{2^{c|F(w)|}} \leq n^d + 2^{2^{ckn}} < 2^{2^{n/3}},$$
ce qui contredit l'hypothèse sur Y. □

Remarque. Un résultat analogue vaudrait pour les classes ***NTIME*** si un théorème de hiérarchie non déterministe avait été démontré (et, de fait, un tel théorème existe).

Supposons que $\boldsymbol{M}$ est une machine de Turing spéciale à d états, et soit ℓ l'entier inmmédiatement supérieur à $\log_2(d)$. On a défini au chapitre précédent un codage des calculs de $\boldsymbol{M}$ par des entiers : précisément un calcul de longueur t est codé par une suite de $\ell + 1$ entiers inférieurs à 2^{2^t}. On a construit une application Φ de $\mathbb{N}$ dans les formules en $+$, $\times$, $<$, B, 0 et 1 telle que

i) l'application $1^n \mapsto \Phi(n)$ est MT-calculable, et même polynomiale-linéaire, ainsi que la construction explicite le montre ;

ii) la formule $\Phi(n)(N_0, \ldots, N_\ell, t)$ est vraie dans $(\mathbb{N}, +, \times, <, B, 0, 1)$ si et seulement si les entiers $N_0, \ldots, N_\ell$ codent un calcul acceptant de longueur t de $\boldsymbol{M}$ à partir du mot 1^n.

On en déduit que le mot 1^n est accepté par $\boldsymbol{M}$ si et seulement si la formule

$$(\exists \boldsymbol{x}_0, \ldots, \boldsymbol{x}_\ell, \boldsymbol{t})(\Phi(n)(\boldsymbol{x}_0, \ldots, \boldsymbol{x}_\ell, \boldsymbol{t}))$$

est vraie dans $(\mathbb{N}, +, \times, <, B, 0, 1)$. Utilisant la définissabilité de $<$, B, 0, 1 et 2 à partir de $+$, $\times$ et exp, où exp est l'exponentiation $(\lambda N_1, N_2)(N_1^{N_2})$, on obtient un résultat analogue avec une formule $\Phi'(n)$ faisant seulement intervenir ces trois opérations. Ceci fournit finalement une réduction polynomiale-linéaire de l'ensemble des mots acceptés par la machine $\boldsymbol{M}$ dans l'ensemble $TH_1(\mathbb{N}, +, \times, \exp)$.

A défaut de pouvoir définir dans $\mathbb{N}$ les opérations $\times$ et exp à partir de la seule addition, on peut chercher à en définir des fragments, c'est-à-dire à définir la restriction de ces opérations à un certain intervalle. On peut alors « miniaturiser » l'argument précédent pour réduire à la seule théorie de l'addition les calculs de $\boldsymbol{M}$ dont la longueur n'est pas trop grande, c'est-à-dire ceux dont le codage ne fait intervenir que des multiplications et des exponentiations dans l'intervalle où on sait les définir à partir de l'addition.

Définition. Soit T une fonction (croissante) de $\mathbb{N}$ dans $\mathbb{N}$, $\mathcal{R}$ une réalisation de domaine $\mathbb{N}$, et F une opération binaire sur $\mathbb{N}$. L'opération F *jusqu'à* $T(n)$ est *polynomialement-linéairement définissable*, ou p.l.-définissable, dans $\mathcal{R}$ s'il existe pour chaque entier n une formule Δ_n à trois variables libres en la signature de $\mathcal{R}$ telle que les conditions suivantes sont vérifiées :

i) l'application qui à 1^n associe Δ_n est polynomiale-linéaire,

ii) la formule $\Delta_n(a, b, c)$ est vraie dans $\mathcal{R}$ si et seulement si c est $F(a, b)$ et a, b et c sont plus petits que $T(n)$.

Lemme 2.2. *Supposons que la multiplication et l'exponentiation jusqu'à* $2^{T(n)^2}$ *sont p.l.-définissables dans* $(\mathbb{N}, +, 0, 1)$. *Alors il existe une réduction polynomiale-linéaire de tout ensemble dans la classe* $\mathbf{DTIME}_{sp}(T(n))$ *à l'ensemble* $TH_1(\mathbb{N}, +, 0, 1)$.

Démonstration. Soit Y un ensemble quelconque dans la classe $\mathbf{DTIME}_{sp}(T(n))$, et soit $\boldsymbol{M}$ une machine spéciale décidant Y. Avec les notations ci-dessus, pour tout entier n, l'appartenance de 1^n à Y équivaut à la satisfaction dans $(\mathbb{N}, +, \times, \exp, <)$ de la formule

$$(\exists \boldsymbol{x}_0, \ldots, \boldsymbol{x}_\ell, \boldsymbol{t})(\boldsymbol{t} < T(n) \wedge \Phi'(n)(\boldsymbol{x}_0, \ldots, \boldsymbol{x}_\ell, \boldsymbol{t})).$$

Par construction de la formule $\Phi'(n)$, tous les entiers intervenant dans l'évaluation de $\Phi'(n)$ pour une valeur t de la variable $\boldsymbol{t}$ sont inférieurs à 2^{t^2}, et les seules multiplications et exponentiations à effectuer ont des arguments et des résultats inférieurs à cette valeur. Utilisant si besoin est la méthode décrite dans la section 9.2, on peut supposer que la formule $\Phi'(n)$ a la propriété supplémentaire que les opérateurs $\times$ et **exp** n'apparaissent que dans des sous-formules du type $\boldsymbol{y} = t_1 \times t_2$ et $\boldsymbol{y} = \mathbf{exp}(t_1, t_2)$, c'est à dire en position isolée « prêts à être remplacés par une définition ». La mise sous cette forme particulière n'altère pas le caractère polynomial-linéaire de l'application $1^n \mapsto \Phi'(n)$. On appelle alors $\Phi''(n)$ la formule obtenue à partir de $\Phi'(n)$ en remplaçant chaque sous-formule $\boldsymbol{y} = t_1 \times t_2$ par la formule $\Delta_n(t_1, t_2, \boldsymbol{y})$, et, de même, chaque sous-formule $\boldsymbol{y} = \mathbf{exp}(t_1, t_2)$ par la formule correspondante $\Delta'_n(t_1, t_2, \boldsymbol{y})$. La formule $\Phi''(n)$ n'utilise plus que les symboles $+$, $\mathbf{0}$ et $\mathbf{1}$, l'application $1^n \mapsto \Phi''(n)$ est toujours polynomiale-linéaire d'après le point (i) de l'hypothèse, et l'appartenance de 1^n à Y est équivalente à la satisfaction dans $(\mathbb{N}, +, 0, 1)$ de la formule

$$(\exists \boldsymbol{x}_0, \ldots, \boldsymbol{x}_\ell, \boldsymbol{t})(\Phi''(n)(\boldsymbol{x}_0, \ldots, \boldsymbol{x}_\ell, \boldsymbol{t})).$$

On a donc obtenu la réduction souhaitée. □

Le rapprochement des lemmes 2.1 et 2.2 montre que tout résultat de p.l.-définissabilité pour la multiplication et l'exponentiation jusqu'à $2^{T(n)^2}$ à partir de l'addition donne une borne inférieure de complexité du type

$$TH_1(\mathbb{N}, +, 0, 1) \notin \boldsymbol{DTIME}(T(cn))$$

pour une constante c convenable.

La question est donc de définir, à l'aide de la seule addition des entiers, un fragment de la multiplication et de l'exponentiation de taille maximale. Notons d'abord une première tentative triviale. Soit Δ^0_m la formule suivante, où t_i est le terme $\mathbf{0}$ pour $i = 0$, $\mathbf{1}$ pour $i = 1$ et $\mathbf{1} + \ldots + \mathbf{1}$, i fois $\mathbf{1}$, pour $i \geq 2$:

$$\begin{aligned}
(\boldsymbol{x}_1 = \mathbf{0} \wedge \boldsymbol{x}_2 = \mathbf{0} \wedge \boldsymbol{y}_1 = \mathbf{0})&\\
&\vee (\boldsymbol{x}_1 = \mathbf{0} \wedge \boldsymbol{x}_2 = \mathbf{1} \wedge \boldsymbol{y}_1 = \mathbf{0})\\
&\ldots\\
&\vee (\boldsymbol{x}_1 = \mathbf{0} \wedge \boldsymbol{x}_2 = t_m \wedge \boldsymbol{y}_1 = \mathbf{0})\\
&\vee (\boldsymbol{x}_1 = \mathbf{1} \wedge \boldsymbol{x}_2 = \mathbf{0} \wedge \boldsymbol{y}_1 = \mathbf{0})\\
&\vee (\boldsymbol{x}_1 = \mathbf{1} \wedge \boldsymbol{x}_2 = \mathbf{1} \wedge \boldsymbol{y}_1 = \mathbf{1})\\
&\ldots\\
&\vee (\boldsymbol{x}_1 = \mathbf{0} \wedge \boldsymbol{x}_2 = t_m \wedge \boldsymbol{y}_1 = t_m)\\
&\ldots\\
&\vee (\boldsymbol{x}_1 = t_m \wedge \boldsymbol{x}_2 = \mathbf{0} \wedge \boldsymbol{y}_1 = \mathbf{0})\\
&\vee (\boldsymbol{x}_1 = t_m \wedge \boldsymbol{x}_2 = \mathbf{1} \wedge \boldsymbol{y}_1 = t_m)\\
&\ldots\\
&\vee (\boldsymbol{x}_1 = t_m \wedge \boldsymbol{x}_2 = t_m \wedge \boldsymbol{y}_1 = t_{m^2}),
\end{aligned}$$

qu'on peut résumer comme

$$\bigvee_{i=1}^{i=m} \bigvee_{j=1}^{j=m} x_1 = t_i \wedge x_2 = t_j \wedge y_1 = t_{i\times j}.$$

Cette formule définit la multiplication des entiers jusqu'à m à partir de 0 et 1 sans même utiliser l'addition, et l'application $(\lambda n)(\Delta_n)$ est certainement MT-calculable. Le problème est que la formule Δ_m^0 est très *longue* : sans même tenir compte de la longueur des termes t_i, Δ_m^0 est une disjonction de m^2 formules, donc a une longueur minorée par m^2. Donc on ne peut espérer définir de la sorte la multiplication jusqu'à $T(n)$ par une formule de longueur proportionnelle à n que pour une fonction $T(n)$ certainement majorée par $\sqrt{n}$, ce qui n'a guère d'intérêt...

Il s'agit donc d'imaginer des définitions plus astucieuses afin d'être plus *concises*. Notons que le résultat positif de la section 1 montre qu'on ne peut espérer aller au delà d'une certaine limite de l'ordre d'une triple exponentielle puisque sinon la borne inférieure de complexité qu'on déduirait serait au dessus de la borne supérieure qui y est énoncée. La situation « idéale » serait celle où les deux bornes se rejoindraient exactement, constituant ainsi une évaluation parfaite de la complexité de l'ensemble $TH_1(\mathbb{N}, +, 0, 1)$.

Lemme 2.3. *La multiplication jusqu'à* 2^{2^n} *est p.l.-définissable dans* $(\mathbb{N}, +, 0, 1)$.

Démonstration. On remarque que, comme $2^{2^{n+1}}$ est le carré de 2^{2^n}, les entiers inférieurs à $2^{2^{n+1}}$ sont exactement les entiers de la forme $N_1N_2 + N_2 + N_4$ avec $N_1, \ldots, N_4$ inférieurs à 2^{2^n}. On a alors, si N est $N_1N_2 + N_3 + N_4$, pour tout M,

$$N \times M = (N_1 \times N_2) + N_3 + N_4) \times M = N_1 \times (N_2 \times M) + N_3 \times M + N_4 \times M,$$

ce qui donne un moyen pour calculer le produit par M d'un entier inférieur à $2^{2^{n+1}}$ en effectuant quatre produits par des entiers inférieurs à 2^{2^n}. Soit Δ_0^1 la formule Δ_1^0 ci-dessus. L'idée est de définir inductivement la formule Δ_{n+1}^1 à partir de Δ_n^1 comme la formule

$$\begin{aligned}(\exists z_1, \ldots, z_9)(&\Delta_n^1(z_1, z_2, z_3) \wedge x_1 = z_3 + z_4 + z_5 \\ &\wedge \Delta_n^1(z_2, x_2, z_6) \wedge \Delta_n^1(z_1, z_3, z_7) \wedge \Delta_n^1(z_4, x_2, z_8) \wedge \Delta_n^1(z_5, x_2, z_9) \\ &\wedge y_1 = z_7 + z_8 + z_9).\end{aligned}$$

Alors Δ_{n+1}^1 définit la multiplication avec premier argument borné par $2^{2^{n+1}}$ si Δ_n^1 définit la multiplication avec premier argument borné par 2^{2^n}. Le problème est que, dans la construction précédente, la formule Δ_n^1 apparaît cinq fois comme sous-formule de Δ_{n+1}^1. La longueur de Δ_{n+1}^1 est au moins cinq fois celle de Δ_n^1 et donc est minorée par une quantité de l'ordre de 5^n, alors qu'on exige une longueur linéaire par rapport à n. On peut contourner cette difficulté, et assurer que Δ_n^1 n'apparaisse qu'une fois dans Δ_{n+1}^1 en remarquant que, pour toute formule à trois variables libres Φ la conjonction

$$\Phi(x_1, x_2, x_3) \wedge \Phi(y_1, y_2, y_3)$$

équivaut à la formule

$$(\forall z_1, z_2, z_3)$$
$$(((z_1 = x_1 \wedge z_2 = x_2 \wedge z_3 = x_3) \vee (z_1 = y_1 \wedge z_2 = y_2 \wedge z_3 = y_3))$$
$$\Rightarrow \Phi(z_1, z_2, z_3)).$$

Il est facile de traduire la définition ci-dessus en utilisant cette « astuce », et d'obtenir la borne de longueur souhaitée. □

Pour définir un fragment plus important de la multiplication à partir de l'addition, on utilise la décomposition des entiers en facteurs premiers, qui permet d'exprimer qu'un entier est le produit de deux autres en termes des diviseurs premiers de ces trois entiers.

Définition. Pour n entier, $P(n)$ est le produit de tous les nombres premiers strictement inférieurs à $2^{2^{n+1}}$.

Lemme 2.4. *i) Pour N_1, N_2 et N inférieurs à $P(n)$, $N = N_1N_2$ équivaut à*

$$(\forall x < 2^{2^{n+1}})(N \equiv N_1N_2 \quad (mod\ x)).$$

ii) Pour n assez grand, $P(n)$ est plus grand que $2^{2^{2^n}}$.

Démonstration. i) Si N et N' sont congrus *modulo* tous les nombres inférieurs à $2^{2^{n+1}}$, ils sont en particulier congrus *modulo* tous les nombres premiers inférieurs à $2^{2^{n+1}}$, et donc par le lemme de Gauss, ils sont congrus *modulo* le produit de ces nombres premiers, qui est $P(n)$. Donc si N et N' sont en outre inférieurs à $P(n)$, ils doivent être égaux.

ii) On sait que le nombre de nombres premiers inférieurs à l'entier n est équivalent, lorsque n tend vers l'infini, à $n/\log_e(n)$, et donc est strictement supérieur à $n/\log_2(n)$ pour n assez grand. On a donc alors

$$\pi(2^{2^{n+1}}) > \frac{2^{2^{n+1}}}{2^{n+1}} \geq 2^{2^n},$$

et donc $P(2^{2^{n+1}})$ est le produit d'au moins 2^{2^n} entiers au moins égaux à 2. □

Lemme 2.5. *Le multiplication jusqu'à $P(n)$ est p.l.-définissable dans* $(\mathbb{N}, +, 0, 1)$.

Démonstration. On repart des formules Δ^1_{n+1} définissant la multiplication jusqu'à $2^{2^{n+1}}$. On construit successivement plusieurs familles de formules auxiliaires, toutes polynomiales-linéaires par rapport au paramètre n.
La formule $\Psi_n(x)$ exprime « $x < 2^{2^{n+1}}$ et x est un nombre premier ». On peut prendre pour $\Psi_n(x)$

$$\Delta^1_n(x, 0, 0) \wedge (\forall x_1, x_2)(\Delta^1_n(x_1, x_2, x) \Rightarrow (x_1 = 1 \vee x_2 = 1)).$$

La formule $\Psi'_n(x_1, x_2, x)$ exprime « $x < 2^{2^{n+1}}$ et x_2 est le reste de la division euclidienne de x_1 par x ». On peut prendre pour $\Psi'_n(x_1, x_2, x)$

$$\Delta_n^1(\boldsymbol{x}, \mathbf{0}, \mathbf{0}) \wedge (\exists \boldsymbol{y}_1, \boldsymbol{y}_2, \boldsymbol{y}_3)(\boldsymbol{x}_1 = \boldsymbol{y}_1 + \boldsymbol{x}_2 \wedge \boldsymbol{x} = \boldsymbol{x}_2 + \boldsymbol{y}_2 \wedge \Delta_n^1(\boldsymbol{x}, \boldsymbol{y}_3, \boldsymbol{y}_1)).$$

La formule $\Psi_n''(\boldsymbol{x})$ exprime « $\boldsymbol{x} = P(n)$ » en traduisant que $\boldsymbol{x}$ est le plus petit entier qui est multiple de tous les entiers premiers inférieurs à $2^{2^{n+1}}$. Prendre pour $\Psi_n''(\boldsymbol{x})$

$$\begin{aligned}&(\forall \boldsymbol{y}_1)(\Psi_n(\boldsymbol{y}_1) \Rightarrow (\exists \boldsymbol{y}_2)(\Delta_n^1(\boldsymbol{y}_1, \boldsymbol{y}_2, \boldsymbol{x})))\\ &\quad \wedge(\forall \boldsymbol{x}_1)((\forall \boldsymbol{y}_1)(\Psi_n(\boldsymbol{y}_1) \Rightarrow (\exists \boldsymbol{y}_2)(\Delta_n^1(\boldsymbol{y}_1, \boldsymbol{y}_2, \boldsymbol{x}_1)))\\ &\quad\quad \Rightarrow (\exists \boldsymbol{x}_2)(\boldsymbol{x}_1 = \boldsymbol{x} + \mathbf{1} + \boldsymbol{x}_2)).\end{aligned}$$

On peut alors construire $\Delta_n^2(\boldsymbol{x}_1, \boldsymbol{x}_2, \boldsymbol{y})$ comme une formule exprimant que « $\boldsymbol{x}_1$, $\boldsymbol{x}_2$, $\boldsymbol{y}$ sont inférieurs à $P(n)$ et pour tout $\boldsymbol{x}$ premier inférieur à $2^{2^{n+1}}$, le reste *modulo* $\boldsymbol{x}$ de $\boldsymbol{y}$ est le produit des restes *modulo* $\boldsymbol{x}$ de $\boldsymbol{x}_1$ et $\boldsymbol{x}_2$ ». Prendre pour $\Delta_n^2(\boldsymbol{x}_1, \boldsymbol{x}_2, \boldsymbol{y})$ la formule suivante :

$$\begin{aligned}&(\exists \boldsymbol{z})(\Psi_n''(\boldsymbol{z}) \wedge (\exists \boldsymbol{z}_0)(\boldsymbol{z} = \boldsymbol{x}_1 + \boldsymbol{z}_0) \wedge (\exists \boldsymbol{z}_0)(\boldsymbol{z} = \boldsymbol{x}_2 + \boldsymbol{z}_0) \wedge (\exists \boldsymbol{z}_0)(\boldsymbol{z} = \boldsymbol{y} + \boldsymbol{z}_0))\\ &\quad \wedge(\forall \boldsymbol{x})(\Delta_n^1(\boldsymbol{x}, \mathbf{0}, \mathbf{0}) \Rightarrow (\exists \boldsymbol{x}_1', \boldsymbol{x}_2', \boldsymbol{y}')\\ &\quad\quad (\Delta_n^1(\boldsymbol{x}_1', \boldsymbol{x}_2', \boldsymbol{y}') \wedge \Psi_n'(\boldsymbol{x}_1, \boldsymbol{x}_1', \boldsymbol{x}) \wedge \Psi_n'(\boldsymbol{x}_2, \boldsymbol{x}_2', \boldsymbol{x}) \wedge \Psi_n'(\boldsymbol{y}, \eta', \boldsymbol{x})).\end{aligned}$$

La famille de formules Δ_n^2 constitue la définition souhaitée de la multiplication jusqu'à $P(n)$. □

Pour ce qui est de la multiplication, on n'ira pas plus loin que le fragment précédent. Il reste à traiter le cas de l'exponentiation.

Lemme 2.6. *L'exponentiation jusqu'à* $2^{2^{2^n}}$ *est p.l.-définissable dans* $(\mathbb{N}, +, 0, 1)$.

Démonstration. On utilise la même construction inductive que pour la multiplication dans le lemme 2.3. En effet on a

$$M^{N_1+N_2+(N_3N_4)} = M^{N_1} \times M^{N_2} \times (M^{N_3})^{N_4}.$$

Notons que, sauf si M est 0 ou 1, cas où la valeur de M^n est exprimable par une formule triviale, on ne peut avoir $M^N < 2^{2^{2^n}}$ que si N est inférieur à 2^{2^n}. Il suffit donc bien de n étapes d'itération pour définir l'exponentiation jusqu'à $2^{2^{2^n}}$ en utilisant la formule ci-dessus. L'écriture d'une formule Δ_{n+1}^3 définissant l'exponentiation jusqu'à $2^{2^{2^{n+1}}}$ (c'est-à-dire en fait jusqu'à $2^{2^{n+1}}$ en ce qui concerne le second argument) à partir d'une formule analogue Δ_n^3 à l'aide de la formule de multiplication Δ_n^2 est immédiate. Le problème est que, si Δ_n^3 et Δ_n^2 apparaissent comme sous-formules de Δ_{n+1}^3, alors la longueur de Δ_n^3 ne peut être linéaire par rapport au paramètre n (puisque le longueur de Δ_n^2 n'est pas bornée par une constante). Le remède consiste à unifier coûte que coûte les formules Δ_n^2 et Δ_n^3, comme on l'a fait au lemme 3 lorsqu'il fallait fusionner plusieurs copies d'une même formule. Il ne s'agit malheureusement pas ici de deux occurrences de la même formule. On pourra se ramener néanmoins à cette situation en construisant la formule Δ_n^3 non pas comme une formule à trois variables libres définissant la seule exponentiation, mais comme une formule à six variables définissant la multiplication sur les trois premières variables et l'exponentiation sur les trois dernières (on pourrait penser à une formule à quatre variables définissant le couple « multiplication-exponentiation », qu'on pourra du reste obtenir ensuite, mais ce serait malcommode ici car la multiplication et l'exponentiation sont définis jusqu'à des bornes différentes). La construction définitive est donc celle d'une famille $\Delta^3_{n,m}$ avec $m \leq n$, qui est p.l. par rapport au paramètre $n+m$. La formule $\Delta^3_{n,0}$ est simplement Δ^2_n. Ensuite $\Delta^3_{n,m+1}$ est la formule définissant l'exponentiation jusqu'à la valeur $2^{2^{m+1}}$ du second argument, définie comme plus haut à partir de la formule définissant l'exponentiation jusqu'à la valeur 2^{2^m} du second argument, laquelle contient aussi, quant à ses trois premières variables libres, la définition de la multiplication jusqu'à $P(n)$, ce qui dispense de l'usage de la formule Δ^2_n et garantit une relation du type

$$|\Delta^3_{n,m+1}| = |\Delta^3_{n,m}| + \text{constante},$$

suffisante pour assurer le caractère p.l. de la définition. Ayant obtenu la formule $\Delta^3_{n,n}$, on en déduit immédiatament une définition de l'exponentiation jusqu'à $2^{2^{2^n}}$ en prenant $\Delta^3_{n,n}(\mathbf{0},\mathbf{0},\mathbf{0},\boldsymbol{x}_1,\boldsymbol{x}_2,\boldsymbol{y})$, et une définition de la multiplication jusqu'à $2^{2^{2^n}}$ en prenant la conjonction de $\Delta^3_{n,n}(\boldsymbol{x}_1,\boldsymbol{x}_2,\boldsymbol{y},\mathbf{1},\mathbf{1},\mathbf{1})$ et des formules exprimant que $\boldsymbol{x}_1$, $\boldsymbol{x}_2$ et $\boldsymbol{y}$ sont majorés par $2^{2^{2^n}}$, quantité exprimable à l'aide de $\Delta^3_{n+1,n+1}$ puisque définie comme exponentielle en dessous de $2^{2^{2^{n+1}}}$. La preuve est donc complète. □

Du résultat de définissabilité partielle précédent et des lemmes 2.1 et 2.2, on déduit ce qui sera le dernier résultat de ce cours.

Théorème 2.7. (borne inférieure pour la complexité de l'addition) *Il existe une constante c telle que l'ensemble $TH_1(\mathbb{N},+,0,1)$ n'appartient pas à* $\boldsymbol{DTIME}(2^{2^{cn}})$.

Démonstration. Il y a seulement à remarquer que $2^{(2^{2^n})^2}$ est majoré par $2^{2^{2^{n+1}}}$, et que, si l'application F est p.l., il en est certainement de même de l'application $(\lambda n)(F(n+1))$. Donc le lemme 2.2 s'applique, tout ensemble dans la classe $\boldsymbol{DTIME}_{sp}(2^{2^n})$ se réduit à $TH_1(+,0,1)$, et, par le lemme 2.1, il doit exister une constante c telle que ce dernier ensemble n'est pas dans $\boldsymbol{DTIME}(2^{2^{cn}})$. □

De même que l'indécidabilité de l'arithmétique entraîne comme corollaire le théorème d'incomplétude, c'est-à-dire l'impossibilité d'axiomatiser l'arithmétique, le résultat ci-dessus entraîne un corollaire négatif en ce qui concerne l'axiomatisation de l'addition des entiers. Il existe évidemment une axiomatisation MT-décidable de l'addition des entiers : l'ensemble $TH_1(\mathbb{N},+)$ étant lui-même MT-décidable, il suffit de le prendre comme système d'axiomes ! On se doute qu'il existe des systèmes d'axiomes plus simples et commodes. Mais le théorème de borne inférieure entraîne que, si un système d'axiomes Θ est simple (au sens de la complexité algorithmique du problème de décider si une formule donnée est ou non un des axiomes), alors nécessairement il existera des formules « courtes » et vraies dans $(\mathbb{N},+)$ dont la preuve à partir de Θ sera très longue. On peut par exemple énoncer

Proposition 2.8. *Supposons que Θ est un système fini d'axiomes pour $TH_1(\mathbb{N},+)$. Alors, pour tout réel d strictement inférieur à 1, et pour tout n assez grand, il existe une formule Φ de longueur n qui est vraie dans $(\mathbb{N},+)$ et dont la dérivation la plus courte à partir de Θ a une longueur (somme des longueurs des formules qui la composent) au moins égale à 2^{dn}.*

Démonstration. Tester si une suite de caractères de longueur N constitue ou non une preuve d'une formule donnée Φ à partir de Θ peut se faire en temps borné par N^k pour un certain entier k. La construction systématique de toutes suites de caractères de longueur au plus égale à 2^{dn} et la vérification du fait qu'elles constituent ou non une preuve de Φ à partir de Θ peut donc se faire en un temps borné par $r^{2^{dn}}.(2^{dn})^k$, où r est le nombre de caractères distincts utilisés dans les formules d'arithmétique (addition, et tous les caractères « logiques »). Pour toute constante réelle c, ce coût est borné, pour n assez grand, par $2^{2^{cn}}$. Si donc chaque formule Φ vraie dans $(\mathbb{N},+)$ avait une preuve à partir de Θ de longueur au plus $2^{d|\Phi|}$, la méthode précédente permettrait de décider l'ensemble $TH_1(\mathbb{N},+)$ en temps $2^{2^{cn}}$ pour tout c. Ceci est impossible d'après le théorème 2.7. □

Comme on l'a remarqué plus haut, le codage des calculs de machine de Turing par des entiers est tout aussi valable dans le cas des machines non déterministes. Moyennant un théorème de hiérarchie non déterministe analogue au théorème 5.3.2, la démonstration donnée ci-dessus établit l'existence d'une constante c telle que l'ensemble $TH_1(\mathbb{N},+)$ n'appartient pas à la classe ***NTIME***$(2^{2^{cn}})$. Ceci permet d'améliorer le corollaire précédent. En effet puisque la vérification du fait qu'une suite de caractères de longueur N est une preuve d'une formule Φ à partir de Θ nécéssite N^d étapes, on obtiendrait, si toute formule vraie de longueur n avait une preuve de longueur au plus égale à $2^{2^{dn}}$, une méthode non déterministe pour décider si Φ appartient à $TH_1(\mathbb{N},+)$ de coût majoré par $2^{2^{d'n}}$ pour tout d' strictement supérieur à d. Le théorème de borne inférieure, dans sa version non déterministe, permet donc de conclure qu'il existe une constante d telle que, pour tout n assez grand, il existe une formule de longueur n dont la plus courte preuve à partir de Θ a une longueur supérieure à $2^{2^{dn}}$.

Ainsi, bien que le résultat de décidabilité de la théorie de l'addition des entiers établisse que celle-ci est en quelque sorte triviale du point de vue théorique, il est impossible d'espérer trouver une axiomatisation de l'addition qui permette effectivement de démontrer toute formule vraie en un temps raisonnable. La théorie de l'addition est donc loin d'être triviale d'un point de vue pratique (*i.e.* algorithmique).

3 Commentaires

La décidabilité de la théorie de l'addition des entiers est établie par Presburger en 1924. La version algorithmique de cette preuve a été formulée en 1973 par Cooper et Oppen. La borne inférieure de complexité établie ici est obtenue dans (Fisher & Rabin 1974). Elle laisse un fossé d'un étage d'exponentielle entre la borne inférieure et la borne supérieure. Cet écart peut être comblé en introduisant des classes de complexité liées à une extension des machines de Turing, les machines de Turing alternantes. On peut alors obtenir une évaluation précise dans laquelle bornes inférieure et supérieure sont du même ordre de grandeur : (Ferrante & Rackoff 1975) pour la borne supérieure, (Berman 1977) pour la borne inférieure.

Il est naturel d'étudier également le cas de la multiplication des entiers sans addition. Skolem a établi en 1930 la décidabilité de $TH_1(\mathbb{N}, \times)$ en utilisant l'isomorphisme de $(\mathbb{N}, \times)$ avec le produit de $\mathbb{N}$ copies de $(\mathbb{N}, +)$ donné par la décomposition en facteurs premiers. Les résultats généraux sur la complexité des produits donnent pour la théorie de la multiplication une complexité qui est exactement un étage d'exponentielle au dessus de la théorie de l'addition. (Grigorieff 1991) recense un nombre impressionnant de résultats de décidabilité et de complexité pour diverses théories arithmétiques : addition et divisibilité, ordre et divisibilité, divisibilité, coprimarité, *etc.*.. et propose une bibliographie remarquablement complète.

Bibliographie

Arora, S., Lund, C., Motwani, R., Sudan, M. et Szegedy, M. (1992) : « Proof Verification and Hardness of Approximation Problems » , Conférence FOCS'92.

Autebert, J.M. (1987) : Langages algébriques, Masson, Paris.

Baker, T., Gill, J., Solovay, R. (1975) : « Relativizations of the P= ?NP question ». *SIAM Journal on Computings* Vol. 4, pages 431–442.

Balcázar, J.L., Díaz, J.., et Gabarró, J. (1988) : Structural Complexity I, Springer, Berlin.

Bermann, L. (1977) : « Precise bounds on Presburger arithmetic and the reals with addition ». *Proceedings 18th Symposium on the Foudation of Computer Science*, pages 95-99.

Boolos, G.S. et Jeffrey, R.C. (1989) : Computability and logic, Cambridge University Press (3ème édition).

Börger, E. (1989) : Computability, Complexity, Logic. North Holland, Amsterdam.

Church, A., (1936) : « An unsolvable problem of elementary number theory ». *American Journal of Mathematics* Vol. 58, pages 345–363.

Cook, S.A. (1971) : « The complexity of theorem proving procedures », Proceedings of the Third Annual ACM Symposium on the Theory of Computing, pages 151-158.

Davis, I. , Matiyassevitch, I., Robinson, J. (1976) : « Hilbert's tenth problem », Proceedings of Symposia in Pure Mathematics, Vol. 28, pages 323–378.

Enderton, H.B. (1972) : A Mathematical Introduction to Logic, Academic Press, New York.

Ferrante, J. & Rackoff, C. (1975) : « A decision procedure for the first order theory of real addition with order ». *SIAM Journal of Computation* Vol. 4, pages 69-76.

Fisher, M. & Rabin, M. (1974) : « Super exponential complexity of Presburger arithmetic ». *SIAM AMS Proceedings* Vol. 7, pages 27–41.

Garey, M.R. & Johnson, D.S. (1979) : Computers and Intractability : a Guide to the Theory of NP-completeness, Freeman, San Francisco.

Gödel, K. (1930) : « Die Vollstandigkeit der Axiome des logischen Funktionenkälkuls ». *Monatshefte für Mathematik und Physic* Vol. 37, pages 349–360.

Gödel, K. (1931) : « Über formal unentscheibare Sätze der Principia Mathematica und verwandter Systeme, I ». *Monatshefte für Mathematik und Physic* Vol. 38, pages 173–198.

Grandjean, E. (1990) : « A nontrivial lower bound for an NP problem on automata ». *SIAM Journal on Computing* Vol. 19, No 3, pages 438–451.

Grigorieff, S. (1991) : « Décidabilité et complexité des théories logiques », dans : *Logique et informatique : une introduction* (B. Courcelle, éd.), pages 7–97. INRIA, collection Didactique, n. 8.

Hartmanis, J. & Stearns, R.E. (1965) : « On the computational complexity of algorithms ». *Transactions of the American Mathematical Society* Vol. 117, pages 285–306.

Hodge, A. (1988) : Turing, ou l'énigme de l'intelligence, Payot, Paris.

Hopcroft ; J.E. et Ullman, J.D. (1979) : Introduction to Automata Theory, Languages and Computation, Addison-Wesley, Reading, Mass.

Karp, R.M. (1972) : « Reducibility among combinatorial problems », dans : *Complexity of Computer Computations* (R. Miller et J. Thatcher, éd.), pages 85-104. Plenum Press, New York.

Kirby, L., et Paris, J. (1982) : « Accessible independence results for Peano arithmetic ». *Bulletin of the Londoin Mathametical Society* Vol. 14, pages 285–293.

Kleene, S.C. (1936) : « General recursive functions of natural numbers ». *Mathematische Annalen* Vol. 112, pages 727–742.

Kleene, S.C. (1952) : Introduction to Metamathematics, Van Nostrand, New York, Toronto ; North Holland, Amsterdam.

Kreisel, G. et Krivine, J.L. (1967) : Eléments de logique mathématique, Dunod, Paris.

Krivine, J.L. (1991) : Lambda-calcul typé, Masson, Paris.

Margenstern, M. (1989) : Langage Pascal et logique du premier ordre, Masson, Paris (2 tomes).

Minsky, M., (1967) : Computation, finite and infinite machines. Prentice-Hall, Englewood Cliffs, New Jersey.

Paris, J. et Harrington, L. (1977) : « A mathematical incompleteness in Peano arithmetic », dans : *Handbook of Mathematical Logic* (J. Barwise éd.), pages 1133–1142, North Holland, Amsterdam

Paul, W.J., Pippenger, N., Szemeredi, E. et Trotter, W.T. (1983) : « On determinism versus nondeterminism and related problems », dans : *Proceedings of 24th IEEE Symposium on Foundations of Computer Science*, Washington, page 429–438.

Pratt, V. (1975) : « Every prime number has a succinct certificate ». *SIAM Journal on Computing* Vol. 4, pages 214–253.

Rabin, M.D., Scott, D. (1959) : « Finite automata and their decision problems », IBM Journal of Research and Development, Vol. 3-2, pages 114–125.

Rogers, H. Jr. (1967) : Theory of Recursive Functions and Effective Computation, McGraw-Hill, New York.

Rouché, E., & Comberousse, Ch. de (1935) : Traité de géométrie, Gauthier-Villars, Paris.

Shamir, A. (1992) : « IP=PSPACE ». *Journal of the ACM* Vol. 29-4, pages 869–877.

Smoryński, C. (1991) : Logical Number Theory I, Springer, Berlin.

Stern, J. (1990) : Fondements mathématiques de l'informatique, McGraw-Hill, Paris.

Trakhtenbrot, B.A. (1950) : « The impossibility of an algorithm for the decision problem for finite models » (en russe). *Doklady Akademia Nauki* Vol. 70 No. 4, pages 559–572.

Trakhtenbrot, B.A. (1984) : « A survey of Russian approaches to *perebor* (brute-force search) algorithms ». *Annals of the History of Computing* Vol. 6, pages 384–400.

Turing, A.M. (1936) : « On computable numbers, with an application to the Entscheidungsproblem ». *Proceedings London Mathematical Society* Vol. 2.42, pages 230–265.

Index

Déjà parus dans la même collection

1.
T. Cazenave, A. Haraux
Introduction aux problèmes d'évolution semi-linéaires

2.
P. Joly
Mise en oeuvre de la méthode des éléments finis

3/4.
E. Godlewski, P.-A. Raviart
Hyperbolic systems of conservation laws

5/6.
Ph. Destuynder
Modélisation mécanique des milieux continus

7.
J. C. Nedelec
Notions sur les techniques d'éléments finis

8.
G. Robin
Algorithmique et cryptographie

9.
D. Lamberton, B. Lapeyre
Introduction an calcul stochastique appliqué

10.
C. Bernardi, Y. Maday
Approximations spectrales de problèmes
aux limites elliptiques

11.
V. Genon-Catalot, D. Picard
Eléments de statistique asymptotique

Printed in the United States
By Bookmasters